化工行业大气污染控制

李凯 宁平 梅毅 王驰 著

北 京
冶金工业出版社
2016

内 容 提 要

本书从化工行业气态污染物的污染现状及特点出发，重点论述了化工行业（燃料化工、无机化工、基础有机化工、精细化工、高分子化工等）气态污染物的治理技术，并针对不同的气态污染物，详述了具体的治理方法。

本书可供环境、化工等专业的师生使用，也可供从事相关专业的工程技术人员参考。

图书在版编目(CIP)数据

化工行业大气污染控制／李凯等著．—北京：冶金工业出版社，2016.1

ISBN 978-7-5024-7103-3

Ⅰ.①化…　Ⅱ.①李…　Ⅲ.①化学工业—空气污染控制　Ⅳ.①X51

中国版本图书馆 CIP 数据核字(2015)第 319299 号

出 版 人　谭学余
地　　址　北京市东城区嵩祝院北巷 39 号　邮编　100009　电话　(010)64027926
网　　址　www.cnmip.com.cn　电子信箱　yjcbs@cnmip.com.cn
责任编辑　郭冬艳　美术编辑　彭子赫　版式设计　孙跃红
责任校对　郑　娟　责任印制　李玉山
ISBN 978-7-5024-7103-3
冶金工业出版社出版发行；各地新华书店经销；固安华明印业有限公司印刷
2016 年 1 月第 1 版，2016 年 1 月第 1 次印刷
169mm×239mm；17.5 印张；342 千字；270 页
36.00 元

冶金工业出版社　投稿电话　(010)64027932　投稿信箱　tougao@cnmip.com.cn
冶金工业出版社营销中心　电话　(010)64044283　传真　(010)64027893
冶金书店　地址　北京市东四西大街 46 号(100010)　电话　(010)65289081(兼传真)
冶金工业出版社天猫旗舰店　yjgycbs.tmall.com

(本书如有印装质量问题，本社营销中心负责退换)

前　言

　　化工行业在各国的国民经济中占有重要地位，是许多国家的基础产业和支柱产业。化学工业的发展速度和规模对社会经济的各个部门有直接的影响，世界化工产品年产值已超过 15000 亿美元。由于化学工业门类繁多、工艺复杂、产品多样，生产中排放的污染物种类多、数量大、毒性高，因此成为环境的污染大户。同时，化工产品在加工、贮存、使用和废弃物处理等各个环节，都有可能产生大量有毒物质而影响生态环境、危及人类健康。我国作为世界上最大的发展中国家，环境污染和资源紧缺问题正困扰着社会、经济、环境的和谐发展。因此，化学工业发展走可持续发展道路对于人类经济、社会发展具有极其重要的现实意义。

　　全书共分为 9 章。第 1 章论述了化工行业的发展现状、气态污染物的来源分类及清洁生产技术；第 2 章论述了气态污染物的常用处理技术及处理设备；第 3 章介绍了化工工业废气中粉尘颗粒的去除技术；第 4 章详述了化工行业中主要的气态污染物的处理技术；第 5 章详述了染料化工行业中大气污染的控制技术；第 6 章详述了无机化工行业中大气污染的控制技术；第 7 章详述了基础有机化工行业中大气污染的控制技术；第 8 章详述了精细化工与高分子化工行业中大气污染的控制技术；第 9 章详述了其他有毒、危险气体污染物的控制技术。

　　本书由昆明理工大学环境科学与工程学院、化学工程学院的相关教师共同编著，其中，第 1 章、第 2 章、第 4 章、第 6 章由昆明理工大学环境科学与工程学院的李凯编写；第 5 章、第 8 章由昆明理工大学化学工程学院的梅毅教授编写；第3章、第7章、第9章由昆明理工大学化学工程学院的王驰编写。昆明理工大学环境科学与工程学院的宁平教授为本书的撰写提出了指导性意见。除以上主要编著者外，在本书的编写过程中，昆明理工大学环境科学与工程学院的孙鑫、宋辛、刘贵、刘烨、郭惠斌、李山、张贵剑、黄彬、王英伍、刘思健、张瑞元、阮昊天等老师和同学在查阅资料、文本编排、文字校正等方面也付出了艰辛的劳动。

本书可为研究工业废气处理的科研人员、从事环境废气治理的工程技术人员使用，也可供与环境工程和环境科学相关的科研设计单位、环境咨询单位及相应专业的管理、设计人员参考，并可作为高等院校相关专业的教学参考书。

在编写过程中，许多院校、研究单位和相关的专家教授给予了大力支持和帮助，在此致以衷心的感谢！由于编者水平有限，书中如有缺点、错误，望广大读者批评、指正。

编 者

2015 年 9 月

目　　录

1 绪 论

1.1 化工行业概述

1.1.1 化工行业的分类及主要产品

关于化工的分类，目前没有一个完全统一的标准，有的将化工行业划分为三大类：石油化工、基础化工以及化学化纤。其中基础化工再分为九小类：化肥、有机品、无机品、氯碱、精细与专用化学品、农药、日用化学品、塑料制品以及橡胶制品。有的将化工行业分为有机化工和无机化工两大类。本书将化工行业分为无机化工、有机化工、精细化工及燃料化工。

1.1.1.1 无机化工

（1）酸类：包括盐酸、硝酸、硫酸等。化工行业有"三酸二碱"之称，其中的"三酸"即指此三酸。

1）盐酸：主要用于制造氯化物（如：氯化铵、氯化锌等）的原料，用于染料和医药，也用于聚氯乙烯、氯丁橡胶和氯乙烷的合成，还用于湿法冶金和金属表面处理，在石油工业也有大量应用。另外，还用于印染工业、制糖、制革和离子交换树脂的再生等。目前全国年产量在500万吨以上。

2）硝酸：硝酸是用途很广的化工基本原料，是制造化肥、染料、炸药、医药、照相材料、颜料、塑料和合成纤维等的重要原料。目前我国年产量在110万吨左右。

3）硫酸：硫酸是重要的基本化工原料。我国硫酸生产发展很快，产量位居世界前三位。

（2）碱类：纯碱（碳酸钠）和烧碱（氢氧化钠）（二碱）。

1）纯碱：纯碱是基本化工原料之一，广泛用于化工、冶金、国防、建材、农业、纺织、制药和食品等工业，其耗量较大，属于大宗化工产品。我国产量位居世界前三位。

2）烧碱：氯碱工业已有近百年的历史，是基础化学工业，也是经历过重大技术变革至今日臻成熟的大吨位产品工业。烧碱在化学工业上用于生产硼砂、氰化钠、甲酸、草酸和苯酚等，还用于造纸、纤维素浆粕的生产、用于肥皂、合成洗涤剂、合成脂肪酸的生产以及玻璃、搪瓷、制革、医药、染料和农药等等。

（3）无机盐及化合物类：此类产品约有530余种，主要有钡化合物（15

种）、硼化合物（42 种）、溴化合物（10 种）、碳酸盐（20 种）、氯化物及氯酸盐（44 种）、铬盐（12 种）、氰化物（17 种）、氟化合物（22 种）、碘化合物（98 种）、镁化合物（7 种）、锰盐（14 种）、硝酸盐（16 种）、磷化合物及磷酸盐（66 种）、硅化合物及硅酸盐（40 种）和硫化物及硫酸盐（56 种）以及钼、钛、钨、钒、锆化合物等等。

（4）化肥类：主要是氮肥、磷肥和复合肥。氮肥：合成氨，尿素。磷肥：过磷酸钙等。钾肥。复合肥：硝酸磷肥，磷酸铵肥。

（5）气体产品：主要有二氧化碳、氢气、氮气、氧气和各种惰性气体等。

（6）其他无机产品：主要有氧化物、过氧化物、氢氧化物、稀土元素化合物和单质等（约有 100 多种）。

1.1.1.2　有机化工

（1）基本有机原料：这是有机化工产品的主要部分，品种较多（约有 1500 种左右），产量也比较大，主要包括以下几大类：

1）脂肪族化合物：分为脂肪族烃类（如：乙烯、乙炔等）、脂肪族卤代衍生物（如：氯乙烯、四氟乙烯等）、脂肪族的醇、醚及其衍生物（如：酒精）、脂肪族醛、酮及其衍生物（如：甲醛）、脂肪族羧酸及其衍生物（如：醋酸、乙酸乙烯酯等）、脂肪族含氮化合物、含硫化合物和脂环族化合物及其衍生物等。

2）芳香族化合物：和脂肪族一样，包括芳香族的烃类，醇、醛、酮、酸、脂及其衍生物等各类，不再列举。

3）杂环化合物：如各种呋喃、咪唑、吡啶等等。

4）元素有机化合物、部分助剂及其他：如防老剂、促进剂、甲基氯硅烷、电石及明胶等。

（2）合成树脂及塑料：目前国内生产的有 18 大类约 200 个品种，其中聚烯烃 7 种，聚氯乙烯 6 种，苯乙烯类 4 种，丙烯酸类 4 种，聚酰胺类 15 种，线型聚酯聚醚类 13 种，氟塑料 11 种，酚醛树脂及塑料 16 种，氨基塑料 4 种，不饱和聚酯 9 种，环氧树脂 4 种，聚氨酯塑料及部分主要原料 12 种，纤维素塑料 6 种，聚乙烯醇缩醛 2 种，呋喃树脂 3 种，耐高温聚合物 7 种，有机硅聚合物 13 种，离子交换树脂及离子交换膜约 20 余种。2016 年我国树脂和聚合物的总产量预计可达 1600 万吨，其中产量最大的三种树脂：聚乙烯树脂约 400 万吨，聚氯乙烯树脂和聚丙烯树脂都在 400 万吨以上。

（3）合成纤维：随着民用和各行各业需求的不断提高，化纤的品种和产量也在迅速增加。合成纤维中产量最大的是涤纶，其次是胶粘纤维和腈纶，再次是丙纶、锦纶、维纶等。

（4）化学医药：医药是品种较多更新换代较快的一大类产品，国内产量不断增加。

（5）合成橡胶：又称人造橡胶，是人工合成的高弹性聚合物，也称合成弹性体。产量仅低于合成树脂（或塑料）、合成纤维。根据化学结构可分为烯烃类、二烯烃类和元素有机类等。重要的品种有丁苯橡胶、丁腈橡胶、丁基橡胶、氯丁橡胶、聚硫橡胶、聚氨基甲酸酯橡胶、聚丙烯酸酯橡胶、氯磺化聚乙烯橡胶、硅橡胶、氟橡胶等。

（6）炸药、油脂、香精、香料和其他。需要说明的是在有机化工类别中，不完全是有机产品，也有一些无机化工产品，例如在医药中就有不少是无机产品，炸药中也有无机产品。

1.1.1.3　精细化工

生产精细化学品的工业称为精细化学工业，简称精细化工。我国的精细化学品包括下列各类：

（1）化学农药：按功能可分为杀虫剂、杀菌剂和除草剂，按种类可分为有机磷农药和有机氯农药。

（2）颜、染料：包括油漆、油墨、染料、涂料和颜料。

（3）化学试剂：它是科学研究和分析测试必备的物质条件，也是新兴技术不可缺少的功能物料。该类物质的特点是品种多、纯度高、产量小。

（4）助剂：包括表面活性剂、催化剂、添加剂和各种助剂等。

1）表面活性剂的种类很多，一般分为阳离子表面活性剂、阴离子表面活性剂和非离子表面活性剂，此外，还有两性表面活性剂，其用途广泛。

2）催化剂又称触媒，一类能够改变化学反应速度而本身不进入最终产物的分子组成中的物质。常用的有金属催化剂、金属氧化物催化剂、硫化物催化剂、酸碱催化剂、络合催化剂、生物催化剂等。多数具有工业意义的化学转化过程是在催化剂作用下进行的。

3）添加剂主要是食品添加剂和饲料添加剂。

4）助剂的品种很多，可分为印染助剂，塑料助剂，橡胶助剂，水处理剂，纤维抽丝用油剂，有机抽提剂，高分子聚合物添加剂，皮革助剂，农药用助剂，油田用化学品，混凝土用添加剂，机械、冶金用助剂，油品添加剂，炭黑，吸附剂，电子工业专用化学品，纸张用添加剂、填充剂、乳化剂、润湿剂、助熔剂、助溶剂、助滤剂、辅助增塑剂和溶剂等。用量较大的有印染助剂和橡胶助剂。

（5）胶黏剂：此类产品虽然产量不大，但是功用不小，且无可替代。胶黏剂可分为八大类，即通用黏合剂、结构黏合剂、特种黏合剂、软质材料用黏合剂、压敏黏合剂及胶黏带、热熔黏合剂、密封材料和其他黏合剂。

（6）信息用化学品和功能高分子材料：包括感光材料、磁性记录材料等能接受电磁波的化学品、功能膜和偏光材料等。

1.1.1.4　按原料分类的化工

化工行业按原料可分为石油化工和煤化工：

（1）石油化工：以石油和天然气为原料。范围广、产品多。原油经过裂解（裂化）、重整和分离，提供基础原料如乙烯、丙烯、丁烯、丁二烯、苯、甲苯、二甲苯和萘等。这些基础原料可以制得各种基本有机原料如甲醇、甲醛、乙醇、乙醛、醋酸、异丙醇、丙酮和苯酚等。基础原料和基本有机原料经过合成和加工，又可制得合成材料如合成树脂、塑料、合成橡胶、合成纤维、合成纸、合成木材、合成洗涤剂以及其他有机化工产品如胶黏剂、医药、炸药、染料、涂料和溶剂等。油田气可直接用于制造化学产品，也可用作裂解（裂化）原料。天然气可直接用于制炭黑、乙炔、氰化氢和甲烷衍生物。油田气和天然气还可用于制合成气（一氧化碳和氢气），以供氨和脂肪族醇、醛、酮、酸等的合成。

（2）煤化工：煤化工是经化学方法将煤炭转换为气体、液体和固体产品或半产品，而后进一步加工成一系列化工产品。从广义上讲还包括以煤为原料的合成燃料工业。在煤的各种化学加工过程中，焦化是应用最早且至今仍然是重要的方法，目的是制取焦炭的同时制取煤气和煤焦油（其中含有各种芳烃化工原料）。电石化学是煤化工中的一个重要领域。用电石制取乙炔，生产一系列有机化工产品（如：聚氯乙烯、氯丁橡胶、醋酸、醋酸乙烯酯等）和炭黑。煤气化在煤化工中占有特别重要的地位。现在煤气化主要用于生产城市煤气和各种工业用燃料气，也用于生产合成气制取合成氨、甲醇等化工产品。通过煤的液化和气化生产各种液体燃料和气体燃料，利用碳化学技术合成各种化工产品。随着世界石油资源不断减少，煤气化技术的改进，煤化工具有广阔的前景。

1.1.2　化工行业现状

1.1.2.1　石油化工现状及发展趋势

石油化学工业简称石油化工，是化学工业的重要组成部分，由于石油化工技术涉及范围广泛，石油化工产值在国民经济的发展中具有重要作用，占有较大GDP 份额，是我国的支柱产业部门之一。石化产业包括石油炼制和石油化学工业，是以石油、天然气为原料生产石油产品和石油化工产品的能源和原材料加工产业。石油产品又称油品，主要包括各种燃料油（汽油、煤油、柴油等）和润滑油以及液化石油气、石油焦炭、石蜡、沥青等。生产这些产品的加工过程即为石油炼制，简称炼油。石油化工产品以炼油过程提供的原料油进一步化学加工获得，主要分为三大合成材料，即橡胶、塑料（合成树脂）、合成纤维，以及基本有机原料等。有机原料主要包括乙烯、丙烯、甲醇、丁醇/辛醇、苯酚/丙酮、双酚 A、顺酐、醋酸、丙烯酸及酯、甲乙酮、环氧丙烷、脂肪醇、甲醛、甲苯二异氰酸酯（TDI）、二苯甲烷二异氰酸酯（MDI）等。

石化产品的作用主要体现在以下三个方面：（1）以汽油、柴油、煤油等石化产品为主的能源在整个能源结构中占据着重要的地位。自 20 世纪 60 年代起，石油在世界一次能源消费结构中的比例达到 40% 以上，成为现代工业和经济发展的主要动力；（2）石化产品是材料工业的重要原料。以石化产品衍生的烯烃产业链、芳烃产业链几乎覆盖了所有工业与民用材料的生产领域；（3）石化产品用途十分广泛。除了作为燃料的汽油、煤油、柴油等石化产品外，合成树脂、合成纤维、合成橡胶等石化产品还广泛应用于工业、农业、国防、科技和人民生活等各个领域。石油和化工上下游资本分布：勘探开发 46%，炼油经销 31%，石油化工 14%。石油化工产品行业的比重是不容小视的。

我国石化工业的产业特征是接近消费领域，属于快速成长的行业。但我国石油化工产品行业目前面临最直接、最大的问题是生产还不能完全满足国内市场需求。以有机原料举例说明，2009 年我国 14 种有机化工原料的平均市场满足率仅为 73.9%，产品大量依赖进口，在一定程度上制约了下游石化及化工行业的发展。

分析现状，今后几年石油化工产品行业的发展重点应为：大力发展石油化工有机原料及中间体，合成材料和精细化工产品；为国民经济支柱产业的发展服务，提供所需的配套化工产品；发展高新技术产业，努力开拓高附加值和高技术含量的化工产品。

A　石油化工产品生产现状

与往常的产业理念有所不同，不再仅仅在产品的数量、原料、能量消耗上有所追求，为了得到更好的产品品质和更加低廉的产品价格，化学功能、分子设计已逐渐成为新型石化产业的核心。当前，对热点石油化工产品生产的工艺路线和特点分析如下。

（1）甲基丙烯酸甲酯。工艺方法为异丁烯氧化法（I–C₄法），其特点是异丁烯氧化法技术先进，成熟，原料异丁烯易得，生产过程简单，成本低，具有一定的竞争力。

（2）顺酐。工艺方法为正丁烷氧化法，其特点是正丁烷原料价廉，污染少，操作费用低。我国正丁烷作为民用液化气，而苯价格较低，故苯法顺酐也将继续存在。

（3）1，4–丁二醇。工艺方法为 BP/鲁奇 Geminox 工艺，其特点是工艺流程短，投资少，维修费用低，催化剂选择高，寿命长，副产物少，顺酐几乎可全部转化为丁二醇。正丁烷–顺酐–丁二醇联合工艺生产成本低，竞争力强。

（4）醋酸/醋酐。工艺方法为甲醇和乙酸的 CO 羰基合成法，其特点是采用"碳一化学"路线，技术水平先进，主原料煤或天然气供应充足，工艺流程短，产品质量好，消耗低，"三废"少，可得到乙酸/醋酐的联合产品。

（5）苯酚。工艺方法为沸石催化异丙苯法，其特点是异丙苯法技术有较大发展，突出技术为沸石分子筛催化法和己二胺法，该技术产品纯度高，装置腐蚀小，几乎无污染，成本低；另外，不联产丙酮的技术也日益受到重视。

（6）苯酐。工艺方法为邻二甲苯固定床法，其特点是工艺技术改进，包括：低能耗，低费用，低空烃比，高收率催化剂，大型化反应器。

（7）乙酸乙烯。工艺方法为流化床乙烯法，其特点是投资费用低，气相法选择较高，原料价格较低，天然气乙炔法污染较小。

（8）二甲醚。工艺方法为合成气一步法，其特点是流程简单合理，设备少，投资少，大规模装置经济性好。

（9）1，3 - 丙二醇。工艺方法为环氧乙烷两步法，其特点是工艺技术成熟先进，生产成本低，催化剂可回收利用，适合有环氧乙烷的情况下选用。

（10）聚对苯二甲酸丙二醇。工艺方法为 PTA 直接酯化法，其特点是生产工艺合理，生产流程短，投资少，生产效率高，不使用甲醇，可简化回收过程，减少环境污染，生产安全，原料及能耗低，成本低。

（11）环保型醛胶。工艺方法为单釜间歇式工艺，其特点是生产工艺不断改进，游离甲醛降低，树脂质量提高，环保型醛胶需求越来越多。

（12）双酚 A。工艺方法为离子交换树脂法，其特点是不用酸性腐蚀介质，产品质量高，操作简单，生产稳定，"三废"少。

（13）聚四亚甲基乙二醇醚 - 四氢呋喃。工艺方法为糠醛或顺酐法，其特点是工艺路线成熟，原料易得，价格低廉，生产成本较低，特别是在农产品丰富的地区，优势突出。

（14）聚四亚甲基乙二醇醚 - 聚（四亚甲基醚）二醇。工艺方法为多氟磺酸催化剂聚合法，其特点是工艺相对简单，一次性投资费用少，避免了污水处理问题，不需防腐处理，节省投资，聚合催化剂可以回收利用，降低了生产成本。

（15）碳酸二甲酯。工艺方法为甲醇氧化羰基法，其特点是规模大，单位投资低，环境污染小，生产安全性高，产品成本较低，是主要的生产方法。

B　几种石油化工产品生产的绿色新工艺

（1）乙烯、丙烯生产技术。目前全世界年产近一亿吨乙烯，主要以石脑油（或乙烷）为原料，采用蒸汽裂解技术生产。以石油为原料时，乙烯收率约为 30%（质量分数），丙烯收率约为 15%，乙烯 + 丙烯的总收率约 45%。

韩国 LG 公司研究开发成功的石油催化裂解技术与现有蒸汽裂解相比，乙烯收率可提高 20%，丙烯收率可提高 10%。

我国石油化工科学研究院（RIPP）研究开发成功的催化热裂解制取乙烯、丙烯的催化热裂解（CPP）技术，在大庆炼化分公司流化床装置上进行工业试验，取得较好的结果。用 45% 大庆蜡油（VGO）和 55% 大庆减压渣油为原料，采用 L 酸/B 酸较高的专用催化剂 CEP，分别进行了以生产乙烯和丙烯为目的的两种方案的试验。以生产乙烯为目的时，乙烯收率为 20.37%，丙烯收率为

18.23%；以生产丙烯为目的时，乙烯收率为9.77%，丙烯收率为24.6%。这一技术由于原料价廉、易得，有一定的推广市场。

将 C_4、C_5 通过歧化反应制取乙烯、丙烯是增产烯烃的重要研究之一。Lummus公司的 Triolefins 工艺采用含钨催化剂和并联固定床反应器，以乙烯和丁烯为原料，在 $330 \sim 400℃$ 气相反应，可增产丙烯58%。

（2）芳烃生产技术。近年来，对芳烃生产技术也进行了很多研究开发，并取得了一些进展。以乙苯/苯乙烯为例，国内研究开发成功的催化干气和苯气相法生产乙苯的技术已实现工业化。但引进的液相法生产乙苯技术，则是采用沸石作催化剂。

近年来研究发现，以 MCM-22 沸石为烷基化催化剂，ZSM-5 分子筛为烷基转移催化剂，乙苯选择性大于93%，乙基化选择性为99.9%，二甲苯含量小于0.02%。这一结果优于仅使用沸石催化剂的水平。Chang C. D. 等采用 WO_3/ZrO_2 作催化剂，低温液相下烷基化也取得了很好的结果。乙烯转化率达97.1%，反应产物中没有二甲苯。

（3）环氧丙烷。工业生产环氧丙烷的传统方法是氯醇法和乙苯（或异丁烷）共氧化法，这两种方法存在污染环境或投资较高的问题。Enichem 公司研究成功了使用含 Ti 的 TS-1 分子筛催化剂、H_2O_2 为氧化剂、丙烯环氧化制备环氧丙烷的技术，这种技术不污染环境，但由于 H_2O_2 价格较贵，至今未见工业化报道。Wu 使用 Ti-MWW 催化剂，丙烯环氧化制备环氧丙烷，其结果明显优于 TS-1 分子筛催化剂。

（4）1,4-丁二醇。1,4-丁二醇的生产方法是甲醛-乙炔法和顺酐加氢法两种。以下主要介绍近期研究的新技术。Dow 化学公司以丁二烯为原料，经环氧化制得1,2-环氧丁烯（EPB），以超稳分子筛为催化剂，碘化钾为助催化剂水解 EPB 得1,4-丁烯二醇，加氢后得1,4-丁二醇。EPB 水解时，转化率达97.8%，1,4-丁二醇的选择性为73.9%。伊斯曼化学公司采用四烷基碘化铵和氢碘酸为催化剂，在 pH 值为 $7.3 \sim 7.4$ 条件下水解 EPB，EPB 转化率为12.03%，1,4-丁二醇的选择性为88%。以上两种方法比日本三菱化成公司的丁二烯与乙酸乙酰比，二段加氢水解制1,4-丁二醇的方法更易工业化。

（5）烯烃。α-烯烃，特别是 $C_6 \sim C_{12}$ 的 α-烯烃是重要的有机化工原料。目前工业上采用的生产方法产物分布较宽，通常得到的是 $C_4 \sim C_{28}$ 的 α-烯烃，其中有些 α-烯烃的价值有限。Phillips 公司研究开发成功的乙烯三聚制1-己烯技术。1-己烯的选择性可达93% ～95%，这一技术现已实现工业化。近来 BP 公司研究成功的双膦配体铬催化剂，乙烯三聚可以得到几乎百分之百的1-己烯。

除此之外，在基本有机原料工业中，乙酸生产技术预计今后一段时间仍以甲醇羰基化法为主。乙烯、乙烷氧化制乙酸由于没有明显的优点，推广使用受到一定的限制。近来，太原理工大学研究了甲烷和 CO_2 反应制备乙酸的新技术，由于原料价廉，易得，如能进一步提高甲烷的转化率和选择性，其优势是相当明显的。

石化产品行业的地位不仅体现在其占国民经济的比重上，也体现在其对整个国民经济提供的基础性作用上，其基础性作用和支柱性地位要求我们不断研发绿色新技术、新工艺。近年来，石油化工产品行业新技术的研究开发取得了较大的进展，有很多新技术将推动石油化工产品领域的持续发展，并取得更大的经济效益。目前，我国具有自主知识产权的石化技术与国际先进水平仍有较大差距，只有立足创新，才能使中国的石化工业立于不败之地。研究开发技术先进、生产成本低、产品质量好、经济效益好的石油化工技术，将是一个长期的任务。

1.1.2.2　煤化工现状及发展趋势

煤化工是以煤炭资源为原料，经化学工序加工转化为气体、液体与固体，并且进一步加工成一系列化工产品的化学过程，传统的煤化工指的是煤炭的气化、液化、焦化与焦油冶炼加工等，并且也包括利用煤炭的化学性质，通过氧化、溶剂处理制作化学制品并以煤炭原料制作碳素材料与高分子材料等。我们将以上的煤化学工业称为煤化工科学与技术、煤转化技术或煤炭利用化学，而日本研究学者称其为"石炭化学工业"。

在煤化工过程中会生成多种化学制品，其可成为现代能源与有机化学工业的重要原料，在 20 世纪 50 年代前，钢铁冶炼工业的快速发展，推动了现代煤化工行业的发展。煤炭的焦化、液化、气化与制造电石能够为化学工业提供乙炔、合成气、苯等原料，让现代化学工业能够借助煤炭为载体迅速发展。随着现代石油工业逐渐兴起，煤炭资源在有机化工原料中所占的比例逐年降低，而有机化学工业资源也逐渐从煤炭资源转变为石油与天然气。近年来，石油原料价格飞涨，这在一定程度上影响到全球石油化学工业的可持续发展，然而煤矿化学工业在煤气化、煤液化等诸多方面取得了极为显著的发展。尤其是 20 世纪 90 年代以来，全球石油资源价格起伏性较大，各个国家进一步加紧了以煤炭资源为原料的化学工业的开发研究，在领域内出现新型煤气化等化学工艺。当前，全球化工行业虽然依然以石油化工与天然气化工为主，但是煤化工在我国依然会受到高度重视，并且实现迅猛发展。

新中国成立初期，我国的煤化工技术基础薄弱，需要从发达国家引进先进技术，然后再采取队伍组织、项目选择、投资分配以及目标管理等措施来正确处理引进和自主开发的关系，最终制定实施技术开发与基础研究并重的方针政策。

步入 21 世纪以来，我国对煤化工技术研发力度持续加大，目前我国的煤化工技术水平及生产能力已接近或已达到世界先进水平。

不仅如此，用煤做原料合成碳酸二甲酯及甲酸甲酯等也有望实现工业化。伴随高科技发展计划的实施，经我国自主研发的神华煤直接液化工艺和新型高效煤液化催化剂问世并投入使用，煤的转化率及液化油产率申请了发明专利，并均已位于国际领先水平之列。

除此之外，我国的煤气净化技术也已领先世界水平。在最大限度地利用煤的同时可将煤释放的污染物得以最大限度的控制，以保证煤的洁净、洁净利用，干息焦、污水处理及地面烟尘处理站等均已进入实用化阶段，焦炭品质得到明显提升，并且其主要化工产品的精制技术取得了不俗成绩。例如：近年来就焦化行业的污染问题，我国为大多数的大中型焦炉装备了高压氨水喷射无烟装煤设备、装煤除尘地面站以及装煤除尘车、推焦除尘地面站和推焦除尘热浮力罩，在炼焦生产过程中有效地减少了粉尘污染，同时还建成投产了一大批脱硫装置和生物脱氮装置，加上干法熄焦和副产煤气的综合利用，有效的控制和改善了焦化行业的环境污染情况。

（1）煤炭气化。煤炭气化是煤化工当中不可或缺的一部分。作为一个热化学过程煤炭气化指的是在温度极高的条件下，用煤或煤焦做原料，以氧气、氢气以及水蒸气等作氧化剂，利用这种化学反应把煤炭或者煤焦中的可燃部分转化为气体燃料的过程。煤炭的气化分别包括：自然式水蒸气气化、外热式水蒸气气化、煤的水蒸气气化、煤的加氢气化和氢化结合制造各种代用天然气等。除此之外，还有另一种煤气化方式，就是煤的地下气化。

我国的煤炭气化技术，在冶金、化工、机械、建材等工业生产中得到了广泛应用。与此同时，我国的煤气化技术已进入自主研发阶段并取得可喜成绩，目前我国拥有自主知识产权的煤气化技术有干煤粉气流床气化及多嘴喷水煤浆气化等。且这些技术的工艺指标均达到或者超越国外同类技术，而软件的费用却比同类技术低一半或者更多。煤炭气化技术在工业燃气、民用燃气、发电、冶金、煤炭气化燃料电池等众多领域均有涉及，应用十分广泛，同时其他各种煤炭变化都不能脱离煤炭气化。因起步比较晚，国内的煤气化技术可以借鉴从国外引进的先进技术，结合自身煤质及煤种的特点，进而研发出具有自己特色的炉型及工艺。此外，研究开发煤气化技术离不开具有专业知识的技术人才，这样才能拓宽研究道路、研发出更多优秀的煤气化产品。

（2）煤炭液化。煤炭液化包括间接液化与直接液化两种。间接液化指的是合成原料气后，再以其为原料合成液体燃料。目前，在我国煤炭的间接液化中，气流反应器、固定床反应器、浆态床反应器已相继投入使用。相比间接液化，煤炭的直接液化对原料的要求要严格得多，但同时直接液化具有比较高的效率，可生产汽油及芳烃。我国已相继引进了煤液化的相关技术，以适应国内煤炭液化发展的趋势。

结合我国国情分析，石油资源的供给不足在很大程度上拖慢了我国能源发展的步伐。因而煤炭企业关注的焦点逐渐转向了煤炭液化，与煤气化相比，煤炭液化要求比较高的煤质，这在经济上和技术上都要求更大的支持和更高的投入，基于此，煤炭的液化还需很长一段时间来适应和发展。同时煤炭液化作为煤化工技术中重要的组成部分，国家应加大拓宽融资渠道的力度，组织培养专业队伍，建立专门的煤炭液化工程研究基地，以达到加快煤炭液化技术进程的目的。事实表明，在将来的煤炭工业中我国将继续保持一贯旺盛的发展劲头和趋势，并且煤炭液化将在今后较长的一段时间内成为研究的中心及重点。

（3）煤炭焦化。焦炭、煤焦油煤气及化学产品等三类是煤在焦化后的主要产品。在这三类产品中，焦炭最重要，在焦化工业中，煤焦油是重要产品，主要由氢和甲烷成分构成的煤气及化学产品在分离合成后可以代替天然气作为日常的燃料。现今，我国在焦炭方面的产量约 1.3 亿吨/年，位居世界之首；全国煤炭消费总量中直接消耗的原料煤占 15%。由此可以看出，焦炭在我国的主要出口产品中占有重要地位，且每年的出口量仍持续上升。除此之外，在国外市场中低硫、低灰等优质的焦炭也具有很大的弹性发展空间。

现在，煤炭工业已进入我国的投资项目之列。此政策对煤炭焦化后的附属产品的价格也将产生影响，焦化行业将继续进行调整及重组，整个煤炭行业的模式都将面临巨大转变。在山西、黑龙江等地，煤商们在煤炭焦化方面已开始投入大量资金，此举极大地推动了焦化工业的发展。另外，煤化工合成产品和替代燃料逐渐引起了人们重视。

1.2　化工行业大气污染概述

1.2.1　化工行业主要气态污染物的来源及分类

1.2.1.1　化工行业主要气态污染物的来源

化工行业主要气态污染物，从产生源来看，主要来自以下几个方面：

（1）燃料燃烧。火力发电厂、钢铁厂、炼焦厂等工矿企业的燃料燃烧，各种工业窑炉的燃料燃烧以及各种民用炉灶、取暖锅炉的燃料燃烧均向大气排放出大量污染物。燃烧排气中的污染物组分与能源消费结构有密切关系。发达国家能源以石油为主，大气污染物主要是一氧化碳、二氧化硫、氮氧化物和有机化合物。我国能源以煤为主，主要大气污染物是颗粒物和二氧化硫。

（2）工业生产过程。化工厂、石油炼制厂、钢铁厂、焦化厂、水泥厂等各种类型的工业企业，在原材料及产品运输、粉碎以及由各种原料制成成品的过程中，都会有大量的污染物排入大气，由于工艺、流程、原材料及操作管理条件和水平的不同，所排放污染物的种类、数量、组成、性质等差异很大。这类污染物主要有粉尘、碳氢化合物、含硫化合物、含氮化合物以及卤素化合物等。

（3）农业生产过程。农业生产过程对大气的污染主要来自农药和化肥的使用。有些有机氯农药如 DDT，施用后在水中能悬浮，并同水分子一起蒸发进入大气；氮肥在施用后，可直接从土壤表面挥发成气体进入大气；而以有机氮或无机氮进入土壤的氮肥，在土壤微生物作用下可转化为氮氧化物进入大气，从而增加了大气中氮氧化物的含量。此外，稻田释放的甲烷，也会对大气造成污染。

（4）交通运输。各种机动车辆、飞机、轮船等均会排放有害废物到大气中。由于交通运输工具主要以燃油为主，因此主要的污染物是碳氢化合物、一氧化碳、氮氧化物、含铅污染物、苯并芘等。排放到大气中的这些污染物，在阳光照射下，有些还可经光化学反应，生成光化学烟雾，因此它也是二次污染物的主要来源之一。

大气污染物的上述几个来源，具体到不同的国家，由于燃料结构的不同，生产水平、生产规模以及生产管理方法的不同，污染物的主要来源方向也不相同。

根据对烟尘、二氧化硫、氮氧化物和一氧化碳四种主要污染物的统计表明，我国大气污染物主要来源于燃料燃烧，其次是工业生产与交通运输，它们所占的比例分别为70%、20%和10%。我国的燃料构成是以燃煤为主，煤炭消耗约占能源消费的75%，因此煤的燃烧成为我国大气污染物的主要来源，同时也形成了我国煤烟型大气污染的特点。虽然随着交通运输等事业的发展，这种状况会有所改变，但我国的资源特点和经济发展水平决定了以煤为主的能源结构将长期保持，因此，控制煤烟型大气污染，将是我国大气污染防治的主要任务。

1.2.1.2 化工行业主要气态污染物的来源

化工行业主要气态污染物是以分子状态存在的。气态污染物的种类很多，总体上可按表1-1所示分类。

表1-1　气态污染物的分类

污染物	一次污染物	二次污染物
含硫化学物	SO_2、H_2S	SO_3、H_2SO_4、MSO_4
含氮化合物	NO、NH_3	NO_3、HNO_3、MNO_3
碳的氧化物	CO、CO_2	无
有机化合物	$C_1 \sim C_{10}$化合物	醛、酮、过氧乙酰硝酸酯、O_3
卤素化合物	HF、HCl	无

注：MSO_4、MNO_3 分别为硫酸盐和硝酸盐。

（1）硫氧化物主要指 SO_2，它主要产生于化石燃烧，以及硫化物矿石的焙烧、冶炼等过程。火力发电厂、有色金属冶炼厂、硫酸厂、炼油厂以及所有烧煤或油的工业炉窑等都排放 SO_2 烟气。

（2）氮氧化物。氮和氧的化合物有 N_2O、NO、NO_2、N_2O_3、N_2O_4 和 N_2O_5，

用氮氧化物（NO_x）表示。其中污染大气的主要是 NO 和 NO_2·NO 毒性不太大，但进入大气后可被缓慢地氧化成 NO_2，当大气中有 O_3 等强氧化剂存在时，或在催化剂作用下，氧化速度会加快。NO_2 的毒性约为 NO 的 5 倍。当 NO_2 参与大气的光化学反应，形成光化学烟雾后，其毒性更强。人类活动产生的 NO_x，主要来自各种工业炉窑、机动车和柴油机的排气，其次是硝酸生产、硝化过程、炸药生产及金属表面处理等过程。其中由燃料燃烧产生的 NO_x 约占 90%。

（3）碳氧化物。CO 和 CO_2 是各种大气污染物中产生量最大的一类污染物，主要来自燃料燃烧和机动车排气。CO 是一种窒息性气体，进入大气后，由于大气的扩散稀释作用和氧化作用，一般不会对人体造成危害。但在城市冬季采暖季节或在交通繁忙的十字路口，当气象条件不利于排气扩散稀释时，CO 的浓度有可能达到危害人体健康的水平。CO_2 是无毒气体，但当其在大气中的浓度过高时，氧气含量会相对减小，对人产生不良影响。地球上 CO_2 浓度的增加，能产生"温室效应"，各国政府开始实施控制。

（4）有机化合物。有机化合物种类很多，从甲烷到长链聚合物的烃类。大气中的挥发性有机化合物（VOCs），一般是 C1～C10 化合物，它不完全相同于严格意义上的碳氢化合物，因为它除含有碳和氢原子外，还常含有氧、氮和硫的原子。甲烷被认为是一种非活性烃，人们常以非甲烷总烃类（NMHC）的形式报道环境中烃的浓度。多环芳烃类（PAHs）中的苯并芘，是强致癌物。VOCs 是光化学氧化剂臭氧和过氧乙酰硝酸酯（PAN）的前体物，也是室温效应的贡献者之一。VOCs 主要来自机动车和燃料燃烧排气，以及石油炼制和有机化工生产等。

1.2.2　化工行业主要气态污染物的性质及危害

1.2.2.1　硫氧化物的性质及危害

大气中的硫化物通常指 SO_2、H_2S、羰基硫（COS）和二硫化碳（CS_2）等。

二氧化硫是最常见的硫氧化物，大气主要污染物之一。火山爆发时会喷出该气体，在许多工业过程中也会产生二氧化硫。由于煤和石油通常都含有硫的化合物，因此燃烧时会生成二氧化硫。当二氧化硫溶于水时，会形成亚硫酸（酸雨的主要成分）。若把二氧化硫进一步氧化，通常在催化剂作用下，会迅速高效地生成硫酸。这就是使用这些燃料作为能源所担心的问题。

羰基硫（COS）和二硫化碳（CS_2）广泛存在于大气中，并且 COS 是大气层中对流层和平流层底的主要含硫气体，它们的来源可分为自然源和人为源。COS 的自然来源主要包括海洋、陆地的释放气，例如农田、沼泽地和火山喷发等。而大气中的 CS_2 和 COS 也有着密切的联系，在大气中，CS_2 和 HO·通过氧化反应过程可以生成 COS，并且在大气颗粒物的表面，CS_2 也可被催化氧化生成 COS。COS 和 CS_2 的人为源主要来自工业废气的排放，其广泛存在于煤气、焦炉气、水煤气、炼厂气、天然气、克劳斯尾气以及其他化工行业尾气。

二氧化硫进入呼吸道后，因其易溶于水，故大部分被阻滞在上呼吸道，在湿润的黏膜上生成具有腐蚀性的亚硫酸、硫酸和硫酸盐，使刺激作用增强。上呼吸道的平滑肌因有末梢神经感受器，遇刺激就会产生窄缩反应，使气管和支气管的管腔缩小，气道阻力增加。上呼吸道对二氧化硫的这种阻留作用，在一定程度上可减轻二氧化硫对肺部的刺激。但进入血液的二氧化硫仍可通过血液循环抵达肺部产生刺激作用。二氧化硫可被吸收进入血液，对全身产生毒副作用，它能破坏酶的活力，从而明显地影响碳水化合物及蛋白质的代谢，对肝脏有一定的损害。动物试验证明，二氧化硫慢性中毒后，机体的免疫功能会受到明显抑制。二氧化硫浓度为 $(10 \sim 15) \times 10^{-6}$ 时，呼吸道纤毛运动和黏膜的分泌功能均会受到抑制。浓度达 20×10^{-6} 时，引起咳嗽并刺激眼睛。若每天吸入浓度为 100×10^{-6}，支气管和肺部可出现明显的刺激症状，使肺组织受损。浓度达 400×10^{-6} 时可使人产生呼吸困难。二氧化硫与飘尘一起被吸入，飘尘气溶胶微粒可把二氧化硫带到肺部使毒性增加 $3 \sim 4$ 倍。若飘尘表面吸附金属微粒，在其催化作用下，使二氧化硫氧化为硫酸雾，其刺激作用比二氧化硫增强约 1 倍。长期生活在大气污染的环境中，由于二氧化硫和飘尘的联合作用，可促使肺泡纤维增生。如果增生范围波及广，可形成纤维性病变，发展下去可使纤维断裂形成肺气肿。二氧化硫可以加强致癌物苯并芘的致癌作用。据动物试验，在二氧化硫和苯并芘的联合作用下，动物肺癌的发病率高于单个因子的发病率，在短期内即可诱发肺部扁平细胞癌。

二氧化硫对人体健康的危害，主要是对眼结膜和上呼吸道黏膜的强烈刺激作用。其浓度与反应关系为：$0.4mg/m^3$ 时无不良反应；$0.7mg/m^3$ 时，会感到上呼吸道及眼睛的刺激；$2.6mg/m^3$ 时，短时间作用即可反射性的引起器官、支气管平滑肌收缩，增加呼吸道阻力。一般认为空气中二氧化硫浓度达 $1.5mg/m^3$，即对人体产生危害，长期接触可引起鼻、咽、支气管，嗅觉障碍和尿中硫酸盐增加。吸入高浓度二氧化硫，可引起支气管炎、肺炎，严重时可发生肺水肿及呼吸中枢麻痹。二氧化硫进入血液可引起全身性毒作用，破坏酶的活性，影响糖及蛋白质的代谢；对肝脏有一定损害。液态二氧化硫可使角膜蛋白质变性引起视力障碍。二氧化硫与烟尘同时污染大气时，两者有协同作用。因烟尘中含有多种重金属及其氧化物，能催化二氧化硫形成毒性更强的硫酸雾，加剧其毒性作用。

COS 和 CS_2 排放到大气中，会对环境和生物造成非常严重的污染和迫害。例如，当 COS 和 CS_2 扩散到大气圈的平流层时，会通过光解－氧化作用生成 SO_2 气体，这是酸雨的主要来源之一，与此同时有可能转化为硫酸盐的气溶胶，使大气层中的臭氧受损，加剧全球气候变化；工业生产中的 COS 和 CS_2 对催化剂有毒害作用，使其催化效果和使用寿命受到严重的影响；同时由于 COS 和 CS_2 会通过缓慢的水解反应生成硫化氢（H_2S），腐蚀生产设备，不仅给工业生产带来了严重的经济损失，而且提高了设备投资和产品成本。同时，COS 和 CS_2 的吸入对人类身体健康存在较大的危害。其中，空气中 COS 的最高允许浓度是 $10mg/m^3$，使人致死浓度为 $8.9g/m^3$ 时。COS 可以侵袭人类的神经系统，由此带来巨大的危害；而 CS_2 可通过呼吸道、消化道和皮肤进入人体，作用于人体的各种器官，产生致畸作用、神经性衰弱、神经性麻痹、胚胎发育障碍和子代先天缺陷等症状，危及人们身体健康。

1.2.2.2　氮氧化物的性质及危害

氮氧化物（NO_x）是造成大气污染的主要污染源之一，NO_x 产生的原因可分为两个方面：自然发生源和人为发生源。自然发生源除了因雷电和臭氧的作用外，还有细菌的作用。自然界形成的 NO_x 由于自然选择能达到生态平衡，故对大气没有多大的污染。然而人为发生源主要是由于燃料燃烧及化学工业生产所产生的。例如：火力发电厂、炼铁厂、化工厂等有燃料燃烧的固定发生源和汽车等移动发生源以及工业流程中产生的中间产物，排放 NO_x 的量占到人为排放总量的 90% 以上。据统计全球每年排入大气的 NO_x 总量达 5000 万吨，而且还在持续增长。研究与治理 NO_x 已经成为国际环保领域的主要方向，也是我国需要降低排放量的主要污染物之一。

氮氧化物（NO_x）主要包括 NO、NO_2、N_2O、N_2O_3、N_2O_4、N_2O_5 等几种，其危害主要包括：（1）NO_x 对人体及动物的致毒性；（2）对植物的损害性；（3）NO_x 是形成酸雨、酸雾的主要原因之一；（4）NO_x 与碳氢化合物形成光化学烟雾；（5）NO_x 亦参与臭氧层的破坏。

（1）对动物和人体的危害。NO 对血红蛋白的亲和力非常强，是氧的数十万倍。一旦 NO 进入血液，就从氧化血红蛋白中将氧驱赶出来，与血红蛋白牢固地结合在一起。长时间暴露在 $1\sim1.5mg/L$ 的 NO 环境中较易引起支气管炎和肺气肿等病变，这些毒害作用还会促使早衰、支气管上皮细胞产生淋巴组织增生，甚至是肺癌等。

（2）形成光化学烟雾。NO 排放到大气后有助于形成 O_3，导致光化学烟雾的形成 $NO + HC + O_2 \xrightarrow{\text{阳光}} NO_2 + O_3$（光化学烟雾），这是一系列反应的总反应。其中 HC 为碳氢化合物，一般指 VOC（Volatile Organic Compound）。VOC 的作用可使 NO 转变为 NO_2 时不利用 O_3，从而使 O_3 富集。光化学烟雾对生物产生严重的危害，如 1952 年发生在美国洛杉矶的光化学烟雾事件致使大批居民出现眼睛红肿、咳嗽、喉痛、皮肤潮红等症状，严重者心肺衰竭，有几百名老人因此死亡。该事件被列为世界十大环境污染事故之一。

（3）导致酸雨酸雾的产生。高温燃烧生成的 NO 排入大气后大部分转化成 NO_2，遇水生成 HNO_3、HNO_2，并随雨水到达地面，形成酸雨或者酸雾。

（4）破坏臭氧层。N_2O 能转化为 NO，破坏臭氧层，其过程可以用以下几个反应表示：

$N_2O + O^- \longrightarrow N_2 + O_2$，$N_2 + O_2 \longrightarrow 2NO$，$NO + O_3 \longrightarrow NO_2 + O_2$，$NO_2 + O^- \longrightarrow NO + O_2$，$O_3 + O^- \longrightarrow 2O_2$

上述反应不断循环，使 O_3 分解，臭氧层遭到较大的破坏。

1.2.2.3　碳氧化物的性质及危害

大气环境中存在的碳氧化物主要是指一氧化碳和二氧化碳。二氧化碳是一种无色无味的气体，其分子没有极性，很容易被液化。在地表大气层中二氧化碳的来源有自然因素和人为因素。自然因素有：地球上各种生命物质的呼吸作用、自然的燃烧过程、森林火灾、火山喷发等。一般来说，人为排出二氧化碳的渠道有多种：

人们生活、发电厂等所用的煤和褐煤燃烧排放的二氧化碳占了二氧化碳排放量的很大一部分。人类所采用的所有动力交通工具都是以石油的裂解产物作为燃料的，在燃油的燃烧过程中产生了大量的二氧化碳。人们使用的另一种燃料——天然气在燃烧的过程中也释放出大量的二氧化碳。人为森林火灾或人类使用木材作燃料时，会在燃烧后向大气排放二氧化碳。

通过生物学原理知道，动物通过呼吸作用排出的二氧化碳在大气的循环过程中通过生物光合作用和溶解于海洋而重新被地球吸收。然而，大气中二氧化碳的浓度还是在逐年增加。因此可以判断，人为排放对大气中二氧化碳的平衡有着重要的作用。近年来大气中二氧化碳含量逐渐增多，这是由于太阳光中绝大多数的紫外线被大气上空的臭氧层吸收，其余部分的光进入大气。大气中的水汽和二氧化碳不吸收可见光，因此可见光可通过大气层而到达地球表面。同时，地球也会向外辐射能量，不过此能量是以红外光形式辐射出去的。水汽和二氧化碳能吸收红外光，这就使得地球应该失去的那部分能量被贮存在大气层内，造成大气温度升高。有人估计，若大气温度升高 2~3K，就会使世界气候发生剧变，同时会使地球两极的冰山发生部分融化，从而使海平面升高，甚至造成沿海一些城市被海水淹没的危险。这就是所谓的"温室效应"。正如20世纪六七十年代科学家所预言的那样：在空气污染技术中，我们对微不足道的小事倒很关心，如浓度极小的碳氢化合物的光化学反应、微量二氧化硫对植物的影响；而对大量的污染物二氧化碳和亚微细粒子，由于它们的局部影响很小，却被普遍忽视，这些污染物可能是引起世界性环境重大变化的原因。因此，二氧化碳在对整个地球环境的影响上起到了举足轻重的作用。在本章节的讨论中，我们把二氧化碳作为一种环境污染物进行探讨。除了植物的光合作用等消耗地球上的二氧化碳气体。在大气电离层中，同样也存在着二氧化碳和其他活性物质的反应。

1.2.2.4　有机化合物的性质及危害

在众多的大气环境污染物中，挥发性有机物（VOCs）是一类会对人体健康构成极大威胁的典型污染物。VOCs 最早由国际室内空气科学学会（International Academy of IndoorAir Science）于 20 世纪 70 年代提出，到目前为止，其存在着多种定义。普遍认为的 VOCs 是指室温下饱和蒸汽压超过 133.322Pa，沸点介于 50（或 100）℃到 240（或 260）℃之间的易挥发性化合物，它的主要成分包括烃类（含氧烃类、氮烃类、硫烃类等多环芳香烃类）、烷类、烯类、醇类、酮类、胺类、有机酸类等。VOCs 主要来源于机动车尾气的排放、化工原料和有机溶剂使用和加工过程中的释放、某些有机物（木材烟草等）的不完全燃烧以及植物的自然排放等。VOCs 在阳光的作用下易与大气中的硫化物、氮氧化物发生光化学反应，生成毒性更强的二次污染物，形成光化学烟雾。而苯系物（BTEX）是挥发性有机物的重要成分之一。

苯系物作为挥发性有机物的重要组成成分，属单环芳香烃类物质，是苯及其衍生物的总称。苯系物通常包括苯、甲苯、乙基苯、邻二甲苯、间二甲苯、对二甲苯、异丙苯、苯乙稀等芳香族类化合物。其中，苯、甲苯和二甲苯均被列入美国 EPA 的 129 种优先污染物名单中。

挥发性有机化合物（VOCs）是大气中的重要气态污染物之一，组分复杂多样，其中一些化合物甚至对人体健康产生直接危害，而且 VOCs 是形成光化学氧化剂的重要前体物之一。苯系物（BTEX）作为 VOCs 的典型代表，是苯及其衍生物的总称，其来源广、毒性大、易挥发、难降解。尤其苯，具有致癌性，已成为美国环保局优先控制的污染物之一。空气中苯系物的污染日趋严重且复杂，尤其交通干道两侧是受污染最严重的区域。苯系物大多以气态形式存在，通过暴露人群的呼吸系统和皮肤进入人体，进而直接或间接地威胁人体健康。

苯系物不仅是燃油的成分，也是工业生产中重要的生产原料和优良的有机溶剂。随着工业社会的发展，苯系物的使用频率越来越高，范围越来越广，广泛应用于农药、医药、塑料、纤维合成以及有机化工等行业。但是苯系物毒性大、易挥发、难降解、来源广、周期长的特性，决定了其污染的严重性与复杂性。此外，人体接触苯系物时，苯系物所具有的特殊气味会刺激人体感官，引起不适反应，同时其毒性和致癌性对人体健康产生威胁。因此，BTEX 的污染及其对人体健康的危害已经成为亟待解决的公共卫生安全和健康问题之一。

苯系物来源多样，有的是污染源直接排放而来，这部分主要是天然源，包括海洋和自然水系、土壤和沉积物、植物叶片和木质部、有机物的微生物分解等；有的则是一次污染物经过大气化学反应而产生的中间产物或二次污染物，这部分主要属于人为源，包括化石燃料和某些有机物（木材、烟草等）的不完全燃烧以及汽车尾气的排放等。除此之外，现代居室中各种油漆、涂料、黏结剂、稀释剂扩散出的苯系物也占很大比重。在众多苯系物中，苯主要来自石油化工生产的排放以及建筑、装饰材料的广泛使用；甲苯与二甲苯则主要来自汽车尾气的排放、化工原料的使用以及有机溶剂的挥发等；乙苯主要来自于汽车尾气的排放，苯乙稀和异丙苯主要来源于建筑材料的有机溶剂、家具装潢等的挥发和扩散，是重要的有机化工原料。

不同渠道和方式产生的苯系物主要以废气或废水的形式进入生态环境系统，直接或间接地对动植物及人类的身体健康产生影响。1897 年，人类首次发现苯接触者出现再生障碍性贫血，1927 年出现第一例苯接触者患急性淋巴性白血病后，许多学者进行了大量有关苯造血毒性效应、动物实验以及临床病例的研究，其结果都肯定了苯的血液毒性和遗传毒性。有研究显示，神经衰弱样症状和白细胞减少是苯及苯系物对人体健康影响的主要表现，患病率均在 15% 以上，且女性的患病率高于男性。长期接触苯会致使骨髓与遗传的损害，血象检查表现为白细胞、血小板减少，全血细胞与再生障碍性贫血，甚至是白血病。低浓度苯也会引起苯慢性中毒，造成血液系统、氧化抗氧化系统以及细胞遗传学的损伤。而甲苯高浓度中毒时会发生肾、肝和脑细胞的坏死以及退化性变。二甲苯的毒性则主要是对中枢神经和植物神经系统的麻醉和刺激作用。苯乙烯具有致癌性，急性毒性作用主要是中枢神经抑制作用以及对皮肤黏膜的刺激作用，长期接触苯乙烯会造成试听刺激反应延长、运动不准确、视力模糊、视野缩小以及色觉敏感度降低等异常，呼吸苯乙烯气体会使人得淋巴瘤、造血系统瘤和非瘤疾病。异丙苯对人体的危害主要表现为抑制神经系统的传导冲动功能，产生麻醉，神经系统障碍或引起神经炎等。1982 年 IARC（国际癌症研究机构）正式将苯列为人类的第一类致癌物质。吸入不同浓度的苯可对人体健康产生不同程度的危害。

1.3　中国化工行业大气污染控制的管理制度

国外发达国家的工业化和城市化进程都早于中国，他们对区域性大气污染问题已有诸多的政策尝试。区域复合型大气污染的国外实践以美国和欧洲为两个典型代表。美国的控制体系侧重于通过排污交易市场的创建和运作来减少区域整体的控制成本。欧洲的控制手段则更侧重于利用决策支持技术来优化区域内污染减排量分配从而实现区域的环境质量目标。

美国大气污染控制有其自身的特点，尤其值得提出的是排污权交易。排污权交易是通过市场体制促进企业主动守法的经济制度之一。20 世纪 70 年代以来，美国环保局尝试将排污权交易用于大气污染源管理，逐步建立起以气泡、补偿、银行、容量节余为核心内容的排污权交易体系。其中制定的"泡泡"政策，即将一个地区的环境容量设定为大泡泡，该地区某企业的大气污染排放量为小泡泡，在该地区容量限定的前提下，所有企业的小泡泡之和小于大泡泡。在环境容量限制范围内，企业可以自主选择减排或在市场购买指标以满足排放需要。对减排的企业可以通过将剩余"泡泡"量在市场上出售，从而获得一定的经济效益。

这一时期，排污交易只在部分地区进行，涉及二氧化硫、氮氧化物、颗粒物、一氧化碳和消耗臭氧层物质等多种大气污染物，交易形式也是多样的。同时美国还执行严格的许可证制度，即未获得许可证的不得新建、扩建主要的污染源。在许可证的发放上，如果州政府违规发放，那么州政府的排污许可证发放权将被联邦环保局收回。美国对区域复合型大气污染的控制始于酸雨计划，近几年开始通过整合各类污染物控制政策来建立多种污染物共同控制的政策体系。

1.3.1 我国大气质量概况

中国污染控制政策的形成是在 1972 年联合国人类环境会议后开始起步的。而污染控制政策得到快速发展是从 1992 年联合国环境与发展大会之后开始的，我国出台了一系列文件和相关政策，制定和实施可持续发展战略，明确了环境保护的基本国策地位。

近二十年来，随着我国经济的迅速发展，不断增加对自然资源的过度消耗。过度开发和不合理利用自然资源引起的环境污染与破坏日益严重。据统计资料显示，我国因污染每年造成的损失约为 986 亿元，相当于 GNP 的 4%，其中因大气污染造成的损失高达 58%，中国科学生态环境研究所中心统计，20 世纪 90 年代我国因环境污染而造成的直接损失每年占 GDP 的 3%~5%。

我国大气污染控制始于 20 世纪 70 年代，40 多年以来，制定并修改了大气污染防治法，在全国范围内建立了污染源排污申报制度，建立了覆盖全国的空气质量监测网和酸雨监测网，建立和完善了主要大气污染物总量控制制度和排污许可证制度以及排污收费制度，通过实施环境影响评价制度实现了对新建项目的科学管理。

近年来，我国大气污染防治工作得到了加强，通过实施工业污染防治、点源面源集中整治、机动车污染防治、提高能源利用效率等综合措施。尽管我国环境空气质量有所好转，环保重点城市空气质量逐年改善，但城市空气污染严峻的形势并未发生根本改变。目前，我国空气质量污染物中可吸入颗粒污染物超标情况严重；二氧化硫浓度依然维持在高水平，为欧美等发达国家的 2~4 倍。虽然达标城市的比例从 31.1% 提高到 38.6%，未达标的城市比例从 40.5% 下降到 30.3%。以上的空气质量情况还是参照 1996 年的《环境空气质量标准》（GB 3095—1996），而 2012 年 2 月 29 日出台的新的《环境质量标准》（GB 3015—2012）将 PM2.5 和臭氧纳入空气质量评价指标体系。从 PM10 到 PM2.5，对环境管理来讲是一个巨大的跨越，对社会发展来讲是一个显著的进步。而根据新的环境质量标准的要求，我国城市空气质量都不达标。随着城市机动车的快速增长，我国城市大气污染已由煤烟型污染向煤烟型—机动车复合型污染转变，增加了控制与治理的难度。

1.3.2　我国大气污染控制

我国大气污染控制大致经历了以下四个不同的阶段（见表1-2）。

表1-2　我国大气污染控制历程

年　份	1970~1980年	1980~1990年	1990~2000年	2000~至今
主要污染源	工业点源治理	燃煤、工业	燃煤、工业、扬尘	燃煤、工业、机动车、扬尘
主要污染物	烟、尘	SO_2、TSP、PM10	SO_2、NO_x、TSP、PM10	SO_2、NO_x、TSP、PM10、PM2.5、VOCs、NH_3
主要控制措施	改造锅炉、消烟除尘	消烟除尘	消烟除尘、搬迁/关停/综合整治	脱硫除尘、工业污染治理、机动车治理、总量控制
主要大气污染问题	烟、尘	煤烟	煤烟、酸雨、颗粒物	煤烟、酸雨、光化学污染、灰霾/细粒子、有毒有害物质
大气污染尺度	工业行业	局部地区	局部地区、区域	区域

1973年国务院召开第一次第一阶段全国环境保护会议，主要开展以工业点源治理为主的大气污染防治工作。改造锅炉、消烟除尘、控制大气点源污染作为这一时期的主要工作。

第二阶段主要是从20世纪80年代开始，以国家正式颁布《中华人民共和国大气污染防治法》（以下简称《大气法》）为标志，此次确立了以防治煤烟型污染为主的大气污染防治基本方针，燃煤烟尘污染防治成为当时我国大气污染防治的重点。在这一阶段，结合国民经济调整，改变城市结构和布局，编制污染防治规划等，做出了将大气污染防治从点源治理到综合防治的改变。同时，结合企业技术改造和资源综合利用，防治工业污染；节约能源与改变城市能源结构，综合防治煤烟型污染。通过调整企业和工业布局，对污染严重的企业实行关、停、并、转、迁等措施，这些手段和措施对控制大气环境的急剧恶化发挥了一定的作用。

第三个阶段主要是从20世纪90年代到2000年，我国大气污染防治工作开始从浓度控制向总量控制转变，从城市环境综合管理向区域污染控制转变。同时我国在制定法律法规、建立和完善监督管理体系、加强大气污染防治措施、防治技术开发和推广等方面做了大量工作。此阶段，国务院批准了SO_2和酸雨控制为主的"两控区"划分方案，并提出了相应的配套政策，两控区的划分不仅促进了我国酸雨和SO_2的综合防治工作，而且在我国大气污染防治进程中发挥了重要作用。

进入 21 世纪，大气污染控制全面进入了第四阶段（大气污染物排放总量控制的阶段）。2000 年 4 月，《大气法》的第二次修订，主要规定了在重点区域实行排放总量控制与排污许可证制度，对污染物排放种类和数量实行排污费征收制度等一系列措施，加大了对超标排放的处罚和加强了对机动车排放控制的力度。

我国大气污染防治工作经过近四十年的努力，总体来说污染物排放量有所控制，排放强度也取得了一定成绩，但总量上并没有减少。机动车污染物排放上做出了很大努力，但是机动车的污染物排放并没有下降，原因在于机动车的保有量迅速增加。到 2030 年前，如果每个家庭有一辆机动车，机动车数量就将达到 4 亿辆，机动车尾气排放带来的有机物污染量迅速增加。此外，由于经济的高速增长，工业产业的快速发展，工业结构的不合理发展，大气污染控制尚未建立完善的运行机制，大气污染治理任务依然艰巨，尤其是挥发性有机物的对人体和环境稳定带来的危害越来越显著，加强对挥发性有机物的控制和研究刻不容缓。

1.4 清洁生产技术

1.4.1 清洁生产概述

环境问题的实质是有限的环境容量不能吸收消化当下社会生产中所产生的各种各样的污染物；自然资源的补给和缓慢的再生速度不能与人类急剧增加的需求相适应。

造成全球环境问题的原因是多方面的，其重要的原因是几十年来以被动反应为主的环境管理体系存在严重缺陷，无论是发达国家还是发展中国家均走着先污染后治理这一人们为之付出沉重代价的道路。

"末端处理"是现有且认可度较高的一种环境保护战略，但是其存在着诸多缺陷：投资大、运行费用高；没有经济效益且不能从根本上消除废弃物，属于一种被动的环境保护方式；重要的是它不属于可持续方式。因此，需要具有前瞻性、预防性和更加经济的环境保护战略——清洁生产来预防污染物、废弃物的产生，将被动的环境保护战略转变为主动的污染防范战略。清洁生产可以通过：加强管理；原材料替代；加强过程控制；设备改造；技术更新；生产有用的副产品；产品改造等渠道得以实现。就目前世界范围内的环境形势来看，实施清洁生产是很必要的。

清洁生产彻底改变了过去被动的、滞后的污染控制手段，强调在污染产生前就给予削减，即在产品及其生产过程并在服务中减少污染物的产生和对环境的不利影响。这一主动行为，经近几年国内外许多实践证明具有效力高、可带来经济效益、容易为企业接受等特点，因而实行清洁生产是控制环境污染的一项有效手段。

1987 年，世界环境与发展委员会在第 38 届联合国大会发布的报告《我们共同的未来》中提出可持续发展概念：可持续发展是既满足当代人的需求，又不对后代人满足其自身需求的能力构成危害的发展。

清洁生产提供了一种把可持续发展从理论框架推向实际行动的可操作的途径。它不是针对全球污染问题的一种头痛医头式的被动的措施，而更多是一种预防的战略。在世界上已有不少实施清洁生产的例子，像欧洲的"少废无废工艺"、日本的"无害工艺"、美国的"废物最少化"等。

综合看，清洁生产要同时关注两方面：一方面是资源环境因素，致力于污染减少、改善环境绩效和资源持续利用，以预防性的渗透贯穿到生产活动全过程中的措施，来替代过去那种分离、附加在生产活动之外仅在污染产生后施以治理的末端控制方式；另一方面是经济竞争因素，致力于有效降低生产成本、改善产品或服务质量和提高企业的市场竞争力，从产品和服务生命周期过程来有效降低生产活动对资源环境的压力，改进生产的生态效率，推动产业系统的生态化转型。

因此，清洁生产可以达到环境效益和经济效益的双赢。更重要的是，清洁生产有利于构建生态化的生产体系，促进环境保护与社会生产一体化，不再造成环境保护模式与社会生产模式的割裂。

1.4.1.1 清洁生产的概念

1996 年，联合国环境署将清洁生产定义为：清洁生产是指为提高生态效率和降低人类及环境风险而对生产过程、产品和服务持续实施的一种综合性、预防性的战略措施。清洁生产是一种新的创造性思想，该思想是将整体预防的环境战略持续运用于生产过程、产品和服务中，以提高生态效率，并减少对人类及环境的风险。对生产过程而言，它要求采用清洁工艺和清洁生产技术，清洁的原材料和能源，提高能源、资源利用效率以及通过源头削减和废物回收利用来减少降低所有废弃物的数量和毒性。对产品而言，要求对产品的全生命周期实行全过程管理控制，不仅要考虑产品的生产工艺、生产的操作管理、有毒原料替代、节约能源资源，还要考虑产品的配方设计、包装与消费方式，直至废弃后的资源回收利用等环节。与服务而言，要求将环境因素纳入设计和提供的服务之中。

2002 年，我国出台的《中华人民共和国清洁生产促进法》借鉴了上述定义，将清洁生产定义为：清洁生产是指不断采取改进设计、使用清洁的能源和原料、采用先进的工艺技术与设备、改善管理、综合利用等措施，从源头削减污染，提高资源利用效率，减少或者避免生产、服务和产品使用过程中污染物的产生和排放，以减轻或者消除对人类健康和环境的危害。

与以往环境战略不同，清洁生产强调战略措施的预防性、综合性和持续性。

（1）预防性，即污染预防，防胜于治。清洁生产强调事前预防，要求以更为积极主动的态度和富有创造性的行动来避免或减少废物的产生，而不是等到废物产生以后再采取末端治理。

（2）综合性是指清洁生产以生产活动全部环节为对象，围绕资源投入与产品产出的转换，从资源采掘、加工、消费、废弃全生命周期环节来寻求改变资源能源的使用方式、降低废物或污染产生的机会。

（3）持续性。清洁生产的实施是一个持续深化的动态过程。企业还是实施清洁生产的主体，它总是处在一个优胜劣汰的动态发展环境中，任何污染预防措施即在当时取得了所期望的效果，也会由于这种动态发展而变得相对落伍。因此，清洁生产是一个持续改进的过程。

一般而言，清洁生产的实施途径包括：原材料替代、工艺改进、管理改善和废物循环利用 4 个方面。在原材料有效利用和替代环节实施清洁生产包括无毒、无害或少害原料替代有毒有害原料；改变原料配比或降低其使用量；保证或提高原料的质量、进行原料加工或减少产品的无用成分；采用二次资源或废物原料替代稀有短缺资源等。在工艺改进环节实施清洁生产的主要途径包括利用最新科技成果，开发新工艺、新设备；简化流程、减少工序和所用设备；提高单套设备的生产能力，装置大型化、强化生产过程；优化工艺条件等。实践证明，规范操作、强化管理，通过较小的费用可提高资源/能源利用效率，削减相当比例的污染，因此，优化改进操作、加强管理是最容易实施的清洁生产手段，具体措施有：合理安排生产计划，改进物料存储方法。加强物料管理，消除物料的跑冒滴漏，保证设备完好等。废物循环利用主要包括将废物、废热回收作为能量利用；将流失的原料进行产品回收再利用；将回收的废物分解处理成原料或原料组分。

清洁生产要解决资源问题，而传统的环境保护重视的是废物和排放物产生后的处置和再利用问题。清洁生产是实现污染物减排最直接、最有效的办法，通过源头预防、全过程控制达到"节能、降耗、减污、增效"的目的，也就是达到提高资源利用效率，减少和避免污染物的产生，改善环境，保障人体健康，达到经济与社会可持续发展的目的。

1.4.1.2 清洁生产审核的概念

清洁生产审核，又称清洁生产审计或评价，是指对特定生产过程进行分析评价、识别清洁生产机会、形成清洁生产方案并组织实施的系统化的活动程序或方法，是企业实施清洁生产的基础。

清洁生产审核是在清洁生产实践过程中逐渐发展起来的一个行之有效的组织清洁生产的方法。清洁生产审核的对象是企业，其目的在于：找出企业中不符合清洁生产的地方和做法；提出解决问题的方案，从而实现清洁生产。通过清洁生产审核，对企业生产过程中的重点环节、工序产生的污染进行定量检测，找出高物耗、高污染的原因，然后有的放矢地提出对策，制订方案，解决实际问题。

一般情况下，对所要审核的生产过程进行系统的调查和分析，掌握该过程所产生的废物种类、数量及来源是清洁生产审核的前期准备工作；然后，针对前期的调查和分析，提出如何减少能源和原材料的使用，消除或减少有毒有害物质的使用以及各种废物的排放方案；最后，对方案的技术、经济和环境进行可行性分析，确定生产方案，进而取得环境效益与经济效益双赢的效果。简而言之，清洁生产审核过程即是发现问题、分析问题、提出方案、实施方案的一般性解决问题思路。

借鉴国外清洁生产审核方法的经验，结合和我国清洁生产审核的实践，我国建立了一套包含筹划与组织、预审核、审核、方案产生于筛选、方案可行性分析、方案实施以及持续清洁生产共七个环节的清洁生产审核方法。

从清洁生产审核的总体思路及具体的工作程序看，它具有目的鲜明、系统性强、突出预防性、强调持续性、注重可操作性等特点。

从前面清洁生产审核的定义可以看出：实行清洁生产的前提是进行清洁生产审核。因此，要想真正实现清洁生产，我们必须大力推行清洁生产审核，对企业现在和计划进行的工业生产进行预防污染的分析和评估，帮助企业实现清洁生产。因此，在我国目前的形势下，大力倡导和推行清洁生产审核显得尤为重要。

1.4.1.3　清洁生产与可持续发展

1987 年，受联合国委托，以挪威首相布伦特兰夫人为首的世界环境与发展委员会提交了一份著名的报告《我们共同的未来》。报告中正式提出了"可持续发展"的概念。将其定义为"既满足当代人的需求，又不对后代人满足自身需求能力构成危害的发展"。可持续发展的基本原则是公平性原则、可持续性原则及共同性原则。

在人类可持续发展系统中，经济可持续是基础，环境可持续是条件，社会可持续是目的。人类共同追求的应当是以人的发展为中心的经济 – 环境 – 社会复合系统持续、稳定、健康的发展。其中环境的可持续性要求保持稳定的资源基础，避免过度地对资源系统加以利用，维护环境吸收功能和健康的生态系统，并且使不可再生资源的开发程度控制在投资能产生足够的替代作用的范围内。

评判可持续性的四项指标：（1）污染物和废弃物排放是否超过了环境的承载能力；（2）对可再生资源的利用是否超过它的可再生速率；（3）对不可再生资源的利用是否超过了其他资本形式对它的替代速率；（4）收入是否可持续增加。

综上所述，实现可持续发展就要求人类在生产过程中合理利用资源与能源，尽量避免污染环境，利用可持续发展战略思想来生产和发展人类社会。

清洁生产作为一种新型的生产思维，符合可持续发展战略思想。是实现可持续发展战略的一种具体措施与途径；反过来，清洁生产的产生与发展则需要利用可持续发展战略思想来作指导、作参考，也就是说，可持续发展战略思想是清洁生产的风向标。

1.4.1.4　全国清洁生产的总体进展情况

我国是世界上最早积极响应联合国环境与发展大会可持续发展和清洁生产战略的国家之一。1993 年，国家环保总局与国家经贸委联合召开的第二次全国工业污染防治工作会议，明确提出了工业污染防治必须从单纯的末端治理向生产全过程控制转变，实现清洁生产的要求。这次会议正式确立了清洁生产在我国环境保护事业中的战略地位，推行清洁生产开始成为政府的一项施政任务。

我国在清洁生产方面与发达国家相比有很大的差距，尤其体现在原材料的消耗、"三废"的产生及清洁生产的管理等方面。因此在我国提倡和发展清洁生产方面有很大的空间，其对我国社会主义建设和可持续发展具有重要意义。

我国对清洁生产的管理日益重视，专门成立了中国国家清洁生产中心、化工部清洁生产中心及部分省市的清洁生产指导中心，逐步建立和健全了企业清洁生产审计制度，在联合国环境规划署的帮助下进行了数十家企业的清洁生产审计，并取得了良好的效果。建设（改建）项目的环境影响评价工作，以此为立项审批的重要依据。随着科学技术和国民经济的发展，我国的清洁生产水平将会不断提高。

我国清洁生产的形成和发展可以分成 3 个阶段：第一阶段：从 1983 年至 1992 年——形成阶段；第二阶段：从 1993 年至 2002 年——试点阶段；第三阶段：从 2003 年至今，全面推广阶段。

1983 年国务院批转原国家经贸委关于结合技术改造防治工业污染的几项规定（国发〔1983〕20 号），提出："通过采用先进的技术和设备，提高资源能源的利用率，把污染物消除在生产过程中。"

1992 年：国家环保局、联合国环境署工业与环境办公室联合在我国组织举办的第一次国际清洁生产研讨会，会上中方首次推出"中国清洁生产行动计划（草案）"。

1993 年：第二次全国工业污染防治会议上，确定了清洁生产在我国工业污染控制中的地位。

1994 年：国务院通过《中国 21 世纪议程》，专门设立了"开展清洁生产和生产绿色产品"这一方案领域。此外，在各有关章节中多处提到推进清洁生产的内容。

1997 年：《关于推行清洁生产的若干意见》，要求地方环境保护主管部门将清洁生产纳入已有的环境管理政策中，以便更深入地促进清洁生产。

1999 年：《关于实施清洁生产示范点的通知》，选择北京、上海等 10 个试点城市和石化、冶金等 5 个试点行业，开展清洁生产示范和试点。

2002 年：《中华人民共和国清洁生产促进法》。

2003 年：制定清洁生产标准。

2005 年：制定清洁生产指标体系。

1.4.1.5 化工行业清洁生产发展状况

化工行业是环境污染的主要来源。从国家环保总局 1998 年发布的环境统计年报可以看出，在工业废物排放总量中，化工占 19%，位居第一位。在化工工业废物排放量中，化工工业废气占 7%，位列第三；化工固体废物的产生量及排放量分别占 7% 和 1.6%，位列第四。在化工工业废气排放量中，主要污染物二氧化硫的排放量位列第三，烟尘、粉尘排放量位列第四等。由于化工行业的环境污染使化工行业实施清洁生产的潜能和机会变大，如果在化工行业中能有效实施清洁生产，将改变目前采取"末端治理"为主的被动环境污染控制模式，走上可持续发展道路。

我国化工产业的现状是：企业规模结构不合理，主要表现为企业结构小而散。部分企业规模小，生产集中度低，专业化水平低，规模效益差，竞争力弱，污染治理能力差；产品结构不合理，我国低档化工产品和低附加值化工产品多，生产过剩，高新技术化工产品和专用化工产品少，主要依靠进口。因此，我国急需增加有市场需求、高性能、高技术含量的产品，替代无市场前景、缺乏竞争力的产品；创新能力差，化学工业是技术密集型的产业，从原料消耗到产品质量、能源消耗，全员劳动生产率等方面考虑都需要大力发展高新技术。我国化学工业的创新能力不强，行业平均的研发投入仅占销售收入的 0.5% ~ 1.0%，有的行业甚至更低，而发达国家一般在 3% ~ 10%。因而，具有自主知识产权的核心技术少，一些重要的化工产品技术主要依靠国外；管理方式较为落后，这是中国企业普遍存在的问题。由于各种认识问题的干扰和过分强调投资和技术，使企业看不到或不愿看到由于管理落后造成的巨大浪费和污染。管理方式落后造成能耗高、原料利用率低、浪费大，劳动生产率低，废物循环利用率低，污染严重。

针对化工行业对环境造成的严重污染，在推行清洁生产的基础上，人们又提出"绿色化学"的概念。绿色化学，即用化学的技术和方法减少或消灭那些对人类健康、生态环境有害的原料、催化剂、产物、副产物等的使用和生产。绿色化学与清洁生产一样要求把现有化工生产技术路线从"先污染，后治理"改为"从源头上消除污染"。

化工行业开展清洁生产的主要途径主要包括改革工艺和设备；淘汰有毒原材料，合理有效利用资源；合理组织物料循环；改革产品体系；进行必要的末端治理等。

改革工艺和设备：在国内，大多数企业因装备水平较低，生产工艺陈旧落后，原材料的转化率和产品的产出率较低，导致消耗高、损耗大、废弃物多。要改变企业成本高、污染严重的状况，达到清洁生产的目标，就必须采用先进的生产工艺和技术装备，淘汰落后工艺，这样既带动产品升级，提高市场竞争力，又降低消耗，减少污染，实现可持续发展。

淘汰有毒原材料，合理有效利用资源：传统的化学反应常使用一些有毒有害原料，对人和环境造成极大危害，因此清洁生产的任务就要在整个生产过程中淘汰这些有毒原材料，节约原材料和能源，减少废弃物的数量和毒性。通过原材料的综合利用可直接降低生产成本、提高经济效益，同时减少废物的产生和排放。

合理组织物料循环：现在企业内的物料循环主要包括以下几类：一是将流失的物料回收后作为原料返回生产流程；二是将生产过程中产生的废料经适当处理后作为原料或原料的替代物返回生产流程；三是将生产中产生的废料经适当处理后作为原料反用于其他生产过程。

改革产品体系：对产品进行生命周期清单分析。将产品生命周期中的任何阶段，包括产品制造过程中原材料加工、产品生产组合及加工、包装、发送等各环节列入生命周期清单分析中，由分析结果制定相应的清洁生产措施。做到少用昂贵或稀缺原料，简化包装，采用可再生材料，考虑产品的寿命及报废因素，产品要易于回收、复用和再生，易于处置和降解。总之，目的在于在生产过程中、使用过程中甚至在使用后，都不对人体健康和生态环境造成影响。

进行必要的末端治理：普遍认为，末端治理是与清洁生产相对立的一种环境治理方式。其实不然，由于工业生产中不可能完全避免污染的产生，最先进的生产工艺也会产生污染物，只是相对较少而已，所以即使采用清洁生产，也需要进行必要的末端治理。末端治理是一种采取其他措施后的最后把关措施，在生产过程中必须先尽量减少污染物的产生量，然后再对不得不产生的污染物进行末端治理，这样才能真正实现可持续发展。

作为化工企业，应积极开展创建清洁工厂活动，结合企业的技术改造、污染治理和环境情况，可极大地促进清洁生产的开展。

1.4.2 审核程序

1.4.2.1 筹划和组织

筹划和组织环节要点是实施清洁生产审核的宣传培训，发动和组织准备等工作，主要包括以下几个方面：

一是强有力的组织和筹划，清洁生产是一项系统工程，涉及观念、资金、技术、信息等诸多因素，有效的组织与筹划可为清洁生产奠定坚实的基础。重点是取得企业领导的支持和参与，特别是最高决策者的支持，对组织动员、协调配合、提供必要的组织保证和物资资金保障、清洁生产方案的实施及清洁生产在企业的持续开展具有重要意义。

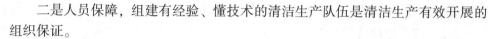

二是人员保障，组建有经验、懂技术的清洁生产队伍是清洁生产有效开展的组织保证。

三是注重宣传和培训，进行清洁生产审核和持续清洁生产前，必须注重广泛宣传和多渠道的培训，以提高全体员工的思想意识，增强清洁生产理念、实施清洁生产的意义和作用，最终使全体员工自觉参与到清洁生产工作中去。

四是注重清洁生产和ISO14000标准的结合，ISO14000环境管理体系是实施管理手段，控制环境因素，减少环境影响，做好环境保护管理的基础。将其与清洁生产同时应用在企业的环境管理上，可使管理方案有的放矢，使技术方案得以充分保障，起到相辅相成的作用。在这一环节还应制订审核工作计划。

1.4.2.2 预审核

清洁生产是一个持续性的工作，需要长期与近期结合，突出重点。怎样从企业整个生产过程中确定审核的重点，是预审核阶段的主要工作内容。通常需要在全厂范围内进行调研和考察，完成企业生产过程的总体评价，初步识别生产系统内各个过程单元的资源、能源消耗高，废物产生排放大等的产生部位和产生数量，找出进一步深入进行审核的重点。对于那些明显改进生产过程的无费、低费清洁生产方案，一旦可行和有效就应立即实施，属于管理问题应建立相应的管理制度和监管系统。

1.4.2.3 审核

审核阶段的要点是通过物料平衡分析工作，识别清洁生产的机会。针对审核重点进行物料平衡分析，以便准确判明物料流失和污染物产生的部位和数量。根据物料平衡，分析存在的能源物料消耗、资源转化，废物产生排放的问题和产生的原因，包括原材料的存储、运行与管理等多方面的问题。

1.4.2.4 方案的产生与筛选

对审核等有关阶段获得的结果，主要是各种可能的清洁生产机会，进行提炼，综合，形成清洁生产方案，并进行初步筛选，包括无费、低费和中高费方案。方案的产生是审核过程的关键环节。在重点审核基础上产生的清洁生产方案，特别要注意在整个生产过程系统层面上分析综合。

1.4.2.5 方案可行性分析

对筛选出的预选方案，特别是中高费用清洁生产方案进行可行性评估。在结合市场调查和收集与方案相关的资料基础上，对方案进行技术、环境、经济等可行性分析和比较，通过各投资方案的技术工艺、设备、运行、资源利用率、环境情况、投资回收期、内部收益率等指标分析，确定最佳可行的推荐方案。

1.4.2.6 方案的实施

编制清洁生产方案时实施计划（包括管理方案），组织实施。编写清洁生产审核报告，内容一般包括：企业基本情况。清洁生产审核过程和结果、清洁生产方案综合效益预测分析、清洁生产方案实施计划等。

1.4.2.7　持续清洁生产

在清洁生产方案实施计划取得成效的基础上，开展下一轮审核，持续地推进清洁生产。

参考文献

[1] 钱易，唐孝炎. 环境保护与可持续发展 [M]. 北京：高等教育出版社，2010.

[2] 高忠柏. 清洁生产与清洁生产审核 [J]. 中国皮革，2011，40 (9)：36~41.

[3] 毛娜. 清洁生产概述 [J]. 河北环境科学，2012：10~11.

[4] 杨李春，曲东. 推行企业清洁生产审核，实现经济可持续发展 [J]. 天津科技，2009，36 (5)：84~85.

[5] 蒋斌，严桂英. 清洁生产——化工行业的可持续发展道路 [J]. 污染防治技术，2011，24 (5)：61~63.

[6] 陈坚. 化工行业清洁生产问题 [J]. 中国科技博览，2010 (18)：254.

[7] 陈灿辉. 浅谈我国大气污染防治与可持续发展 [J]. 科技信息，2006，9.

[8] 李培，王新，柴发合，等. 我国城市大气污染控制综合管理对策 [J]. 环境与可持续发展，2011，5：8.

[9] Dechapanya W, Eusebi A, Kimura M, et al. Secondary organic aerosol formation from aromatic precursors [J]. Environmental Science and Technology, 2003, 37 (16)：3662~3670.

[10] Zhang Y H, Su H, Zhong L J, et al. Regional ozone pollution and observation – based approach for analyzing ozone – precursor relationship during the PRIDE – PRD2004 campaign [J]. Atmospheric Environment, 2008, 42 (25)：6203~6218.

[11] 王海林，张国宁，聂磊，等. 我国工业 VOCs 减排控制与管理对策研究 [J]. 环境科学，2011，12：3462~3468.

[12] 沈学优，罗晓璐，朱利中. 空气中挥发性有机化合物的研究进展 [J]. 浙江大学学报，2001，28 (5)：547~556.

[13] 张少梅，沈晋明. 室内挥发性有机化合物 (VOC) 污染的研究 [J]. 洁净与空调技术，2003，3：1~4.

[14] 夏森，林海军. 总挥发性有机化合物定义定量问题的探讨 [J]. 工程质量 (A 版)，2010，28 (2)：18~20.

[15] 盖立奎，宗呈祥，裴宝伟，等. 苯及苯系物接触人员健康状况调查 [J]. 中国自然医学杂志，2007，9 (1)：34~36.

[16] 王萍，周启星. BTEX 污染环境的修复机理与技术研究进展 [J]. 生态学杂志，2009，2：329~334.

[17] 童玲，郑西来，李梅，等. 不同下垫面苯系物的挥发行为研究 [J]. 环境科学，2008，29 (7)：2058~2062.

[18] Ranathan K, Debler V L, Kosusko M, et al. Evaluation of control strategies for volatile organic compounds in indoor air, Environmental Progress, 1988, 7 (4): 230~235.

[19] Jacek N, Tadeusz G, Bozena K Z, et al. Indoor air quality, pollutants, their sources and concentration leaves [J]. Building and Environment, 1992, 27 (3): 339~356.

[20] Pilidis G A, Karakitsios S P, Kassomenos P A. BTX measurements in a medium – sized European city [J]. Atmospheric Environment, 2005, 39 (33): 6051~6065.

[21] Kourtidis K, Ziomas I, Zerefos C, et al. Benzene and toluene levels measured with a commercial DOAS system in Thessaloniki Greece [J]. Atmospheric Environment, 2000, 34 (9): 1471~1480.

[22] Fernandes M B, Brickus L S R, Moreira J C, et al. Atmospheric BTX and Polycyclic Aromatic hydrocarbons in Rio de Janeiro Brazil [J]. Chemosphere, 2002, 47 (4): 417~425.

[23] Nishikawa Y, Okumura T. Determination of nitro – benzenes in river water, sediment and fish samples by gas chromato – graphy – mass spectrometry [J]. Analytical Chemistry, 1995, 312: 45~55.

[24] 钟天翔. 杭州市空气环境中挥发性有机物与 PM (2.5) 污染研究 [D]. 杭州: 浙江大学, 2005.

[25] 张楠. 济南城区空气中苯系物的污染特征研究 [D]. 济南: 山东大学, 2012.

[26] Qian Qun, Zhang Danian. Composition and characteristics of NMVOC in ambient air in Shanghai [J]. Shanghai Environ Sci, 1999, 18 (9): 400~403.

[27] US EPA. 2001 Nonxnethane Organic Compounds (NMOC) and Speciated Nonmethane Organic Compounds (SNMOC) monitoring program, Final Report, EPA Contract No. 68 – D – 99 – 007. 2002.

[28] Na K, Kim Y P, Moon K C, et al. Concentrations of volatile organic compounds in an industrial area of Korea [J]. Atmos Environ, 2001, 35 (15): 2747~2756.

[29] 何秋生, 王新明, 盛国英, 等. 南宁市街区挥发性有机物暴露水平初步分析 [J]. 环境科学研究, 2005, 18 (4): 106~108.

[30] 贾佳. 顶空气相色谱法同时测定水中的异丙苯和苯乙烯 [J]. 广东化工, 2012, 12: 158~160.

[31] 吴洪波, 王晓, 陈建民, 等. 羰基硫与气溶胶典型组分的复相反应机制 [J]. 科学通报, 2004, 49 (8): 739~743.

[32] 刘永春, 刘俊锋, 贺泓, 等. 羰基硫在矿质氧化物上的非均相氧化反应 [J]. 科学通报, 2007, 52 (5): 525~532.

[33] 张峰. COS 在氧化物上的反应研究 [D]. 复旦大学, 2003.

[34] 余春, 上官炬, 梁丽彤, 等. TiO_2 和 V_2O_5 改性 Al_2O_3 催化剂催化有机硫化物水解的性能 [J]. 石油化工, 2009, 38 (4): 384~388.

[35] 朱世勇. 环境与工业气体净化技术 [M]. 北京: 化学工业出版社, 2001.

[36] 王琳, 张峰, 宋国新, 等. CS_2 在大气颗粒物表面上的催化氧化反应研究 [J]. 宁夏大学学报 (自然科学版), 2001, 22 (2): 169~171.

[37] Li X H, Liu J S, Wang J D, et al. Biogeochemical cycle of Sulfer in the Calamagrostis angusti-

folia wetland ecosystem in the Sanjiang Plain, China [J]. Acta Ecologica Sinica, 2007, 27 (6): 2199~2207.

[38] 邱晓林. 炼油厂 LPG 脱硫技术新进展 [J]. 化工进展, 2000, 20 (20): 55~59.

[39] 梁丽彤. 改性氧化铝基高浓度羰基硫水解催化剂研究 [D]. 太原: 太原理工大学: 2005.

[40] 何丹, 易红宏, 唐晓龙, 等. 低温催化水解二硫化碳技术的研究进展 [J]. 化学工业与工程, 2011, 28 (3): 62~66.

[41] 汪海涛, 胡长江, 牟玉静. 二硫化碳气体近紫外吸收截面积测定 [J]. 光谱学与光谱分析, 2009, 29 (6): 1586~1589.

[42] 金谷大. 化纤行业废气的污染及治理 [J]. 环境保护, 1994, 15 (10): 19~21.

[43] Todd J T, Mark C. New sulfur adsorbents derived from layered double hydroxides II: DRIFTS study of COS and H_2S adsorption [J]. Applied Catalysis B: Environmental, 2008, 82 (3~4): 199~207.

[44] Sparks D E, Morgan T, Patterson P M, et al. New sulfur adsorbents derived from layered double hydroxides I: Synthesis and COS adsorption [J]. Applied Catalysis B: Environmental, 2008, 82 (3~4): 190~198.

2 气态污染物处理技术基础

2.1 吸收法

2.1.1 吸收法基本概念

2.1.1.1 吸收法分类

吸收分为物理吸收和化学吸收两大类。吸收过程无明显的化学反应时为物理吸收，如用水吸收氯化氢。吸收过程中伴有明显化学反应时为化学吸收，如用碱液吸收硫化氢。

（1）物理吸收：较简单，可看成是单纯的物理溶解过程。

吸收限度取决于气体在液体中的平衡浓度；

吸收速率主要取决于污染物从气相转入液相的扩散速度。

（2）化学吸收：吸收过程中组分与吸收剂发生化学反应。

吸收限度同时取决于气液平衡和液相反应的平衡条件；

吸收速率同时取决于扩散速度和反应速度。

相同点：两类吸收所依据的基本原理以及所采用的吸收设备大致相同。

异同点：一般来说，化学反应的存在能提高反应速度，并使吸收的程度更趋于完全。结合大气污染治理工程中所需净化治理的废气，具有气量大，污染物浓度低等特点，实际中多采用化学吸收法。

2.1.1.2 吸收平衡理论

物理吸收时，常用亨利定律来描述气液两相间的平衡，即：

$$p_i^* = E_i x_i$$

式中　p_i^*——i 组分在气相中的平衡分压，Pa；

　　　x_i——i 组分在液相中的摩尔分数，%；

　　　E_i——i 组分的亨利系数，Pa。

若溶液中的吸收质（被吸收组分）的含量 c_i 以千摩尔/米^3 表示，亨利定律可表示为：

$$p_i^* = c_i/H_i \quad 或 \quad c_i = H_i p_i$$

式中，H_i 为 i 气体在溶液中的溶解度，单位为 kmol/（m^3·Pa）。

亨利定律适用于常压或低压下的溶液中，且溶质在气相及液相中的分子状态相同。如被溶解的气体在溶液中发生某种变化（化学反应、离解、聚合等），此定律只适用于溶液中未发生化学变化的那部分溶质的分子浓度，而该项浓度决定于液相化学反应条件。

2.1.1.3　双膜理论

吸收是气相组分向液相转移的过程，由于涉及气液两相间的传质，因此这种转移过程十分复杂，现已提出了一些简化模型及理论描述，其中最常用的是双膜理论，它不仅用于物理吸收，也适用于气液相反应。

简单地说，就是假设气相和液相之间接触的部分有气膜和液膜存在，气膜、液膜的大小薄厚都是均匀的、一致的。双膜理论就是研究气液两相在气膜和液膜之间的传播速度的。有的情况是被吸收组分通过液膜的速度较慢，而通过气膜的速度较快，这时实际上控制其接触的是液膜，称为液膜控制；有时被吸收组分通过液膜的速度快，而经过气膜的速度慢，则整个过程是由气膜扩散的时间来控制，称为气膜控制。

2.1.1.4　吸收法处理气态污染物的优点

吸收法不但能消除气态污染物对大气的污染，而且还可以使其转化为有用的产品。并且具有捕集效率高、设备简单、一次性投资低等优点，因此，广泛用于气态污染物的处理。如处理含有 SO_2、H_2S、HF 和 NO_x 等废气的污染物。

2.1.2　吸收法设备配置及其处理工艺

2.1.2.1　吸收剂的选择

一般吸收剂的选择原则是：吸收剂对混合气体中被吸收组分具有良好的选择性和较强的吸收能力。同时吸收剂的蒸气压低，不宜产生气泡，热化学稳定性好，黏度低，腐蚀性小，价廉易得。但是任何一种吸收剂很难同时满足以上要求，这就需要根据处理的对象及处理目的，权衡各方面因素而定。

吸收剂的选择：吸收剂性能的优劣是决定吸收操作效果的关键因素：

（1）对溶质的溶解度大，以提高吸收速度并减少吸收剂的需用量；

（2）对溶质的选择性好，对溶质组分以外的其他组分的溶解度要很低或基本不吸收；

（3）挥发性差，以减少吸收和再生过程中吸收剂的挥发损失；

（4）操作温度下吸收剂应具有较低的黏度，且不易产生泡沫以实现吸收塔内良好的气流接触状况；

（5）对设备腐蚀性小或无腐蚀性，尽可能无毒；

（6）要考虑到价廉，易得，化学稳定性好，便于再生，不易燃烧等经济和安全因素。

水是常用的吸收剂，例如，用水洗涤煤气中的 CO_2；洗除废气中的 SO_2；除去含氟废气中的 HF 和 SiF_4；除去废气中的 NH_3、HCl 等。用水清除这一类气态污染物，主要依据它们在水中溶解度较大的特性。这些气态污染物在水中的溶解度，一般是随气相中分压的增加，吸收液温度的降低而增大的。因而理想的操作条件是在加压和低温下进行吸收，在升温和降压下进行解吸。用水作吸收剂主要是价廉易得，流程、设备和操作都比较简单。主要缺点是吸收设备庞大，净化效率低，动力消耗大。

碱金属钠、钾、铵或碱土金属钙、镁等的溶液，则是另一类吸收剂。由于这一类吸收剂能与被吸收的气态污染物 SO_2、NO_x、HF、HCl 等发生化学反应，因而使吸收能力大大增加，表现在单位体积吸收剂能净化大量废气，由于净化效率高，液气比小，吸收塔的生产强度高，使技术经济上更加合理。一般在吸收净化酸性气体污染物 SO_2、NO_x、HF、HCl 等时常采用上述碱金属或碱土金属溶液作吸收剂。

但化学吸收的流程较长，设备较多，操作也较复杂，有的吸收剂不易得到或价格较贵。另外，吸收剂的吸收能力强，有利于净化气态污染物，但吸收能力强的吸收剂不易再生，会消耗较多能量。因而在选择吸收剂时，要权衡多方面的利弊。

2.1.2.2 工艺流程设置中应考虑的一些问题

工艺流程设置中应考虑的问题有：

（1）用于气态污染物控制的吸收操作，不仅要达到净化废气的目的，还必须使吸收了气态污染物后的富液处理合理。如将富液排放，这不但浪费了资源，更重要的是其中的污染物转入水体造成二次污染，达不到保护环境的目的。所以，富液是否得到经济合理的处理与利用，往往又成为吸收法净化气态污染物成败的关键因素之一。因此，在吸收净化气态污染物的流程中，需同时考虑气态污染物的吸收及富液的处理两大部分。例如，用碳酸钠（或氢氧化钠）碱液处理废气中的 SO_2，就需同时考虑用加热或减压再生的方法脱除吸收后的富液中的 SO_2，使吸收剂碱液恢复吸收能力，得以循环使用，同时收集排出的 SO_2 制取硫酸产品，既达到了消除 SO_2，减少污染，同时又达到了"废物资源化"的目的。

（2）某些废气，如燃烧产生的废气，除含有气态污染物外，往往还含有一定的烟尘。在吸收前，若能专门设置高效的除尘器（如电除尘器），除去烟尘是最理想的。但这样做不太经济，若能在吸收时考虑清除气态污染物的同时，一同清除烟尘，即是较为理想的。因为吸收过程也是很好的湿式除尘。然而湿式除尘的设计与气态污染物脱除的设计要求不大一致，湿式除尘需要相当大的能量输入（压力增大），才能保证细尘与液滴或湿表面碰撞，黏附在上面。而气态污染物的脱除则受诸如气体流速、液气比、吸收剂表面积的数量等因素的影响。因而，有的采取在吸收塔前增设预洗涤塔，在预洗涤塔中有水直接洗涤，既冷却了高温气体，又起到除尘作用；有的为了简化流程，采取将吸收塔置于预洗涤塔之上，两塔合为一体；有的采用文丘里洗涤器，除尘性能较好，而对气态污染物的吸收并不好，有望今后研究出能在同一设备中既除尘又能吸收气态污染物的洗涤器。

（3）烟气的预冷却问题由于产生过程不同，排出的废气温度差异很大。例如，锅炉燃烧排出的烟气，通常在 423～458K 左右，而吸收操作则希望在较低温度下进行。这就需要在吸收前将烟气冷却降温。其方法有：在低温省煤器中间接冷却，虽可回收一部分余热，提高热效率，但所需的换热器太大，同时烟气中的酸回冷却为酸性气体会腐蚀设备；直接增湿冷却，即采用水直接喷入烟气管道中增湿降温，方法虽简单，但要考虑水冲击管壁和形成的酸雾会腐蚀设备，还可能造成沉积物阻塞管道和设备，用预洗涤塔降温除尘，是最好的方法，也是目前使用最广泛的方法。将烟气冷却到何种程度是十分重要的，如果将烟气冷却到接近冷却水的温度（293～298K），虽可改善洗涤塔的效果，但费用高。综合各方面的因素，一般认为将高温烟气冷却到 333K 左右较为适宜。

（4）结垢和堵塞问题已成为某些吸收装置能否正常长期运行的关键因素。首先要弄清结垢的机理，造成结垢和堵塞的因素，然后针对性地从工艺设计、设备结构、操作控制等方面进行解决。防止结垢的方法和措施常用的有：工艺操作上，控制溶液或料浆中水分的蒸发量，控制溶液的 pH 值，控制溶液中易结晶物质不要过饱和，严格除尘，控制进入吸收系统的烟尘量。设备结构上设计和选择不易结垢和堵塞的吸收器。例如，流动床型洗涤器较固定填充床洗涤器不易阻塞和结垢，选择表面光滑，不易腐蚀的材料作吸收器等。

（5）除雾。雾不仅仅是水分，还是一种气态污染物的盐溶液。任何漏到烟囱中的雾，实际上就是把污染物排入大气。雾气中所含液滴直径主要在 10～60μm 之间，因而工艺上应对吸收设备提出除雾的要求，通常加设除雾器。

（6）气体再加热问题。在处理高温烟气的湿式净化中，烟气在洗涤塔中被冷却增湿，就此排入大气后，在一定的气象条件下，将发生"白烟"。由于烟气温度低，使热力抬升作用减小，扩散能力降低，特别是在处理烟气的情况下和某些不利的气象条件下，白烟没有充分稀释前就已降落到地面，容易出现较高浓度的污染。防止白烟发生的措施：一是使吸收净化后的烟气与一部分未净化的高温烟气混合以降低混合气体的湿度，升高其温度。这种措施虽然能防止白烟的产生，但由于未净化烟气的温度不太高，因而需混入大量未净化的烟气，使气态污染物的排放量增大，相当于大大降低了净化效率。防止白烟的另一个措施是净化器尾部加设一燃烧炉，在炉内燃烧天然气或重油，产生 1273～1373K 的高温燃烧气，再与净化气混合。这种措施简单，且混入的燃烧气量少，吸收器的净化效率降低不大，因而目前国外的湿式排烟脱硫装置大多采用此法。

化学吸收法分离脱除烟气 CO_2 的工艺流程如图 2-1 所示,经过除尘脱硫等处理后的烟气经初步冷却和增压后从吸收塔下部进入塔内与由塔顶喷射的吸收剂溶液逆相接触烟气中的 CO_2 与吸收剂发生化学反应而形成弱联结,化合物脱除 CO_2 的烟气从吸收塔上部排出,吸收塔吸收了 CO_2 的吸收剂富 CO_2 吸收液简称富液,经富液泵抽离吸收塔在贫富液热交换器中与贫 CO_2 吸收液简称贫液进行热交换后,被送入再生塔中解吸,再生富液中结合的 CO_2 在热的作用下被释放的 CO_2 气流经冷凝和干燥后进行压缩,以便于输送和储存。再生塔底的贫液在贫液泵作用下,经贫富液换热器换热贫液冷却器冷却到所需的温度从吸收塔顶喷入,进行下一次的吸收。

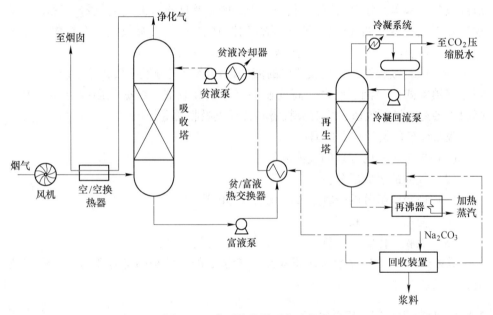

图 2-1 典型的化学吸收法分离

2.1.3 吸收设备

吸收设备包括:(1) 填料塔;(2) 湍球塔;(3) 筛板塔;(4) 喷洒式吸收器。其中喷洒式吸收器又可分为:1) 空心喷洒吸收器;2) 高气速并流式喷洒吸收器;3) 机械喷洒吸收器。

为了强化吸收过程,降低设备的形资和运行费用,要求吸收设备满足以下基本要求:

(1) 气液之间应有较大的接触面积和一定的接触时间;

(2) 气液之间扰动强烈,吸收阻力低,吸收效率高;

(3) 气流通过时的压力损失小,操作稳定;

（4）结构简单，制作维修方便，造价低廉；

（5）应具有相应的抗腐蚀和防堵塞能力。

正确选择吸收设备的形式是保证经济有效地分离或净化废气的关键。目前，工业上常用的吸收设备的类型主要有表面吸收器、鼓泡式吸收器、喷洒吸收器三大类。

（1）表面吸收器：凡能使气液两相在接触表面（静止液面或流动的液膜表面）上进行吸收操作的设备均属表面吸收器。有水平液面的表面吸收器、液膜吸收器、填料吸收器和机械膜式吸收器。

（2）鼓泡式吸收器：鼓泡式吸收器中气体以气泡形式分散于液体吸收剂中。形式很多，基本上分为以下几类：连续鼓泡式吸收器、板式吸收器、活动（浮动）填料吸收器（湍球塔）、液体机械搅拌吸收器。主要吸收设备有板式塔（如泡罩塔、筛板塔、浮阀塔等），湍球塔（即活动填料塔）等。

（3）喷洒吸收器：该吸收器中的液体以液滴形式分散于气体中。分为三类：空心（喷嘴式）喷洒吸收器、高气速并流喷洒吸收器、机械喷洒吸收器。主要吸收设备有喷洒吸收塔、喷射吸收塔和文丘里吸收塔等。

吸收设备的设计计算依据：

（1）单位时间内处理的气体流量；

（2）气体的组成成分；

（3）被吸收组分的吸收率或净化后气体的浓度；

（4）使用何种吸收液；

（5）吸收操作的工作条件，如工作压力、操作温度等。

其中（3）~（5）多数情况下是设计者选定的，但是确定时要考虑到经济效益，取最佳条件。

2.1.4 吸收剂的制备和再生

吸收剂使用到一定程度，需要处理后再使用。处理方式：

（1）通过再生回收副产品后重新使用；

（2）直接把吸收液加工成副产品。

2.1.5 吸收法案例分析

国内外防治 SO_2 污染的方法主要有：清洁生产工艺、采用低硫燃料、燃料脱硫、燃料固硫及烟气脱硫等。其中，烟气脱硫居主要地位。含硫的矿物燃料（主要是煤），燃烧后产生的 SO_2 烟气排出，其中 SO_2 含量达到 3.5% 以上，便可以采用一般接触法制 H_2SO_4，既可控制 SO_2 对大气的污染，又可回收硫黄，这里着重讨论的是低浓度（含量在 3.5% 以下） SO_2 的控制和回收技术，即所谓烟道脱硫 HGP（Hue Gas Desulfurization）流程，亦有书将排烟中去除 SO_2 的技术简称"排烟脱硫"（Flue Gas Desulfurization）。目前烟气脱硫方法有一百多种，可用于工业上的仅有十几种。

在工业装置上排烟脱硫应注意以下几个原则：

（1）工艺原理及流程应简单，装置紧凑，易于操作和管理；

（2）具有较高的脱硫效率，能长期连续运转，经济效益好，节省人力，占地面积小；

（3）脱硫过程中不产生二次污染，回收产物应无二次污染；

（4）脱硫用的吸收剂价格便宜且又易获得；

（5）在工艺方法选择上应尽可能考虑到回收有用的硫资源。

烟气脱硫：

按应用脱硫剂的形态分为：（1）干法脱硫：采用粉状或粒状吸收剂、吸附剂或催化剂；（2）湿法脱硫：采用液体吸收剂洗涤烟气，以除去 SO_2。

（1）干法脱硫的优缺点：

优点：净化后烟气温度降低很多，从烟囱向大气排出时易扩散，无废水问题；

缺点：脱硫率低。

（2）湿法脱硫的优缺点：

优点：脱硫率高，易操作控制；

缺点：存在废水处理问题，烟气经洗涤处理后，烟气温度降低较多，不利于高烟囱排放扩散稀释，易造成污染，目前实际中广泛使用的是湿法脱硫，因为 SO_2 酸性气体易采用碱液吸收。

按烟气脱硫生成物是否回收可分为：

（1）抛弃法：用碱或碱金属氧化物与 SO_2 反应产生硫酸盐或亚硫酸盐作为废料抛弃；

（2）回收法（再生法）：碱与 SO_2 反应，其产物通常是 S 或 H_2SO_4，而碱液循环使用，只需补充少量损失的碱。

现再就 Fe 盐溶液吸收法处理 H_2S 气体进行举例。对大多数被处理的气体除硫化氢外，气体的其他组分，如天然气、石油炼厂的瓦斯气中的烃类气体，对 Fe^{3+} 溶液是惰性的，因此这里采用 N_2 气与 H_2S 气体的混合气模拟实际气体，具有一定的代表性，其结果在实际应用时是可行的。本实验的工艺流程如图 2-2 所示。实验中通过调整纯硫化氢和氮气的流量控制硫化氢气体浓度。从吸收塔出来的吸收液进入硫黄分离器分离出固体硫黄，然后送入电解槽电解再生后循环使用。

吸收法净化含 NO_x 尾气，包括：N_2O、NO、NO_2、N_2O_3、N_2O_4、N_2O_5，对大气造成污染的主要是 NO、NO_2。

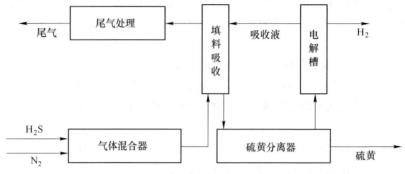

图 2 - 2　H₂S 气体吸收系统流程图

NO$_x$ 的来源：约 95% 以上由燃料燃烧产生。主要来自：各种锅炉、焙烧炉、窑炉等的燃烧过程；机动车尾气排放；硝酸生产和各种硝化过程（如化肥厂）；冶金行业中的炼焦、烧结、冶炼等高温过程；金属表面的硝酸处理。

目前控制 NO$_x$ 污染的方法有：

（1）源头处理：改革工艺设备，改进燃料，清洁生产。

（2）终端治理：排烟脱氮（排烟脱硝），高烟囱扩散稀释（目前为主要方法）。

此外，还有：1）碱式硫酸铝法治理钢厂尾气；2）氨 – 酸吸收法，主要用于化工工艺含硫尾气；3）氨 – 亚硫酸铵法，用于造纸工业含硫尾气治理，具有一定的环保和经济效益。

2.2　吸附法

2.2.1　吸附法基本概念

2.2.1.1　吸附法的分类

用多孔性固体处理气体混合物，使其中所含的一种或几种组分聚集在固体表面，而与其他组分分开的过程称为吸附。具有吸附作用的固体称为吸附剂，被吸附到固体表面的物质称为吸附质。根据吸附剂和吸附质之间发生作用力的性质，通常将吸附分为物理吸附和化学吸附。

（1）物理吸附：又称范德华吸附，是由于吸附剂与吸附质之间的静电力或范德华引力产生的吸附。物理吸附是一种放热过程，其放热量相当于被吸附气体的升华热，一般为 20kJ/mol 左右。物理吸附过程可逆，当系统的温度升高或被吸附气体压力降低时，被吸附的气体将从固体表面逸出。在低压下，物理吸附一般为单分子层吸附，当吸附质的气压增大时，也会变成多分子层吸附。

（2）化学吸附：又称活性吸附，是由于吸附剂表面与吸附质分子间的化学反应力导致的吸附。化学吸附亦为放热过程，但较物理吸附放热量大，其数量相当于化学反应热，一般为 84~417kJ/mol。化学吸附的速率随温度升高而显著增加，宜在较高温度下进行。化学吸附有很强的选择性，仅能吸附参与化学反应的某些气体，吸附是不可逆过程，且总是单分子层或单原子层吸附。

物理吸附与化学吸附之间没有严格的界限，同一物质在较低温度下可能发生物理吸附，而在较高温度下往往是化学吸附。

2.2.1.2 吸附剂必需具备的条件

吸附剂必需具备的条件有：

(1) 有巨大的内表面积；

(2) 选择性好，有利于混合气体的分离；

(3) 具有足够的机械强度、热稳定性及化学稳定性；

(4) 吸附容量大；

(5) 来源广泛，价格低廉。

2.2.1.3 吸附理论

A 吸附平衡

吸附平衡用到的方程主要有：

(1) 朗格缪尔（Langmuri）等温方程。适用于无孔固体，用于描述单分子层吸附，其基本假设为固体表面能量状态均一，每个吸附位只能吸附一个分子，被吸附分子间无相互作用力，定位吸附，即被吸附分子或原子被保持在某些确定的位置上，它可由动力学关系导出，也可通过统计热力学推导出来。Langmuir 方程是吸附理论中描述吸附等温线最经典的模型之一，适用于描述 Ⅰ 型等温线。人们在此基础上，提出了许多改进和修正式。在用能量分布或孔径分布表示吸附剂表面的不均一性时，Langmuir 方程由于其形式简单，是最常用的局部吸附等温线方程。

(2) BET 方程。适用于无孔或含有中孔的固体，用于描述多分子层吸附，其假设条件为 Langmiur 方程可以应用于第一层；固体表面吸附第一层分子后，被吸附的分子和碰撞在其上面的气体分子之间，存在着范德华力，仍可发生吸附作用，即发生多层吸附。第二层以上的吸附由于是相同分子之间的相互作用，被认为类似于气体液化过程。BET 方程已被普遍作为测量吸附剂比表面积的主要工具，适用于描述 Ⅱ 型等温线。

(3) DR（DA）方程。适用于微孔固体，其基本理论为微孔容积填充理论。认为吸附机理不是分子层的吸附，而是吸附质分子在微孔体积内的凝聚。由于微孔孔径小，壁与壁产生的力场叠加，使微孔对吸附质分子有更强的吸引力，被吸附分子不是覆盖孔壁，而是以液体状态对微孔体积的填充，这就是 Dubinin 学派发展了 Polanyi 的吸附势理论而提出的微孔容积填充理论。它将 1mol 气体变成微孔内吸附相时所需要的功定义为吸附势，并认为吸附势与温度无关，从而使得不同温度下的吸附现象都可用同一条特征曲线来描述。DR（DA）方程能够很好地描述 I 型等温线。该模型本身并不提供描述吸附等温线的公式，往往需要采用图解法计算。DR(DA) 方程的一个主要的缺陷是：压力趋于零时方程不能回归到 Henry 定律，因此 Dubinin 指出微孔填充理论仅适用于填充率大于 0.15 的吸附过程。

（4）Gibbs 方程。Gibbs 方程是把被吸附气体处理成二维的微观流体，将经典热力学应用于吸附平衡而得到的基本关系式，其形式为：

$$A\left(\frac{\partial \pi}{\partial p}\right)_T = \frac{RT}{p}n$$

式中，A 为吸附剂比表面积；π 为表面铺张压；p、T 分别为平衡状态下的系统压力和温度。如果使用类似于描述气体 pVT 关系的状态方程来表征吸附相的行为，则可由 Gibbs 方程导出相应的吸附等温线，许多模型均可由这种方法得到，如表 2-1 所示。

表 2-1　由吸附相状态方程和 Gibbs 方程导出的吸附等温线

吸附相状态方程	由 Gibbs 方程导出的吸附等温线
$\pi A = nRT$	$n = Kp$（Henry 定律）
$\pi(A-\beta) = nRT$	$bp = \left(\frac{\theta}{1-\theta}\right)$（Langmuir 方程）
$\left(\pi + \frac{\alpha}{A^2}\right)(A-\beta) = nRT$	$bp = \left(\frac{\theta}{1-\theta}\right)\exp\left(\frac{\theta}{1-\theta}\right)\exp\left(-\frac{\alpha'\theta}{RT}\right)$（范德华方程）
$\frac{\pi}{nRT} = 1 + A_1 n + A_2 n^2 + \cdots$	$\frac{bp}{n} = \exp\left(2A_1 n + \frac{3}{2}A_2 n^2 + \cdots\right)$（Virial 方程）

B　吸附速率

吸附速率可分为：外扩散速率和内扩散速率。

吸附公式主要有以下几种：

（1）Freundlich 等温式：

$$q = kc^{1/n} \quad 或 \quad \lg q = \lg k + \frac{1}{n}\lg c$$

式中，q 为平衡吸附量，mg/g；c 为平衡浓度，mg/L。

一般认为：$1/n$ 的数值一般在 0 与 1 之间，其值的大小则表示浓度对吸附量影响的强弱。$1/n$ 越小，吸附性能越好。$1/n$ 在 0.1～0.5，则易于吸附；$1/n > 2$ 时难以吸附。k 值可视为 c 为单位浓度时的吸附量，一般说来，k 随温度的升高而降低。

（2）Langmuir 等温式：

$$q = \frac{q_e bc}{1 + bc}$$

或
$$\frac{1}{q} = \frac{1}{q_e b} \cdot \frac{1}{c} + \frac{1}{q_e} \qquad (2-1)$$

或
$$\frac{c}{q} = \frac{1}{q_e} c + \frac{1}{q_e b} \qquad (2-2)$$

式中，q 为平衡吸附量，mg/g；c 为平衡浓度，mg/L；q_e 为饱和吸附量，mg/g。

当 c 值 <1 时采用式（2-1）；c 值较大时采用式（2-2）。符合 Langmuir 等温式的吸附为化学吸附。化学吸附的吸附活化能一般在 40～400 kJ/mol 的范围，除特殊情况外，一个自发的化学吸附过程是放热过程，饱和吸附量将随温度的升高而降低。b 为吸附作用的平衡常数，也称为吸附系数，其值大小与吸附剂、吸附质的本性与温度的高低有关，b 值越大，则表示吸附能力越强，同时是具有浓度倒数的量纲。

（3）颗粒内扩散方程：
$$q = k \cdot t^{0.5}$$

式中，q 为 t 时刻的吸附量，mg/g；t 为吸附时间，min；k 为颗粒内扩散速率常数，mg/(g·min$^{0.5}$)。

（4）准二级吸附动力学方程：
$$\frac{t}{q} = \frac{1}{k_2 \cdot q_e^2} + \frac{1}{q_e t}$$

式中，q_e、q 分别为吸附平衡及 t 时刻的吸附量，mg/g；t 为吸附时间，min；k_2 为准二级吸附速率常数，g/(mg·min)。

（5）二级动力学方程：
$$\frac{1}{q_e - q} = \frac{1}{q_e} + k_2' t$$

式中，q_e、q 分别为吸附平衡及 t 时刻的吸附量，mg/g；t 为吸附时间，min；k_2' 为二级吸附速率常数，g/(mg·min)。

（6）Lagergren 方程（准一级吸附动力学方程）：
$$\ln(q_e - q) = \ln q_e - k_1 t$$

式中，q_e、q 分别为吸附平衡及 t 时刻的吸附量，mg/g^{-1}；t 为吸附时间，min；k_1 为准一级吸附速率常数，min^{-1}。

（7）二级反应模型：
$$\frac{c}{c_0} = \frac{1}{1 + k_2' \cdot c_0 \cdot t}$$

式中，c_0、c 分别为溶液中初始及 t 时刻溶液的浓度，mg/L；t 为吸附时间，min；k_2' 为二级反应速率常数，L/(mg·min)。

当吸附过程为液膜扩散控制时，t 与 $\ln(q_e - q)$ 成直线关系，并通过坐标原点。Mckay 等人认为，当 $t^{0.5}$ 应与 q 成直线关系且通过原点时，则说明物质在颗粒内扩散过程是吸附速率的唯一控制步骤。准二级动力学模型包含吸附的所有过程，如外部液膜扩散、表面吸附和颗粒内部扩散等。

（8）阿累尼乌斯（Arrhenius）方程：

$$\ln k = -\frac{E_a}{R} \cdot \frac{1}{T} + \ln k_0 \quad \text{或} \quad \ln\frac{k_2}{k_1} = -\frac{E_a}{R}\left(\frac{1}{T_2} - \frac{1}{T_1}\right)$$

式中，E_a 为活化能，J/mol；R 为气体常数，8.314J/(mol·K)；k 为速度常数；k_0 为频率因子；T 为温度，K。

$\ln k$ 对 $1/T$ 作图，可得一直线，由直线斜率可求出 E_a，由截距可求出 k_0；一般认为 E_a 与 T 无关。已知两个温度 T_1、T_2 下的速度常数 k_1、k_2，也可根据方程求出 E_a。已知 E_a 和 T_1 下的 k_1，可求任一温度 T_2 下的 k_2。

（9）修正伪一级动力学方程（Modified pseudo-first-order equation）：

$$\frac{\mathrm{d}q}{\mathrm{d}t} = K_1 \frac{q_e}{q_t}(q_e - q_t)$$

对上式进行积分，并利用边界条件：$t = 0$ 时 $q_t = 0$，$t = t$ 时 $q_t = q_t$，得到：

$$\frac{q_t}{q_e} + \ln(q_e - q_t) = \ln q_e - K_1 t$$

式中，q_e、q_t 分别为吸附平衡及 t 时刻的吸附量，mg/g；t 为吸附时间，min；K_1 为伪一级吸附速率常数，min^{-1}。

2.2.1.4　吸附操作注意事项

吸附操作时的注意事项：

（1）选择适合的吸附剂，保证净化效果。

（2）气流速度要合适，即保证吸附时间，还要提高速度，减小装置尺寸，降低投资。

（3）温度是吸附和脱附的关键，保证最佳温度范围。

（4）监测排气中污染物的浓度，及时脱附再生，保证操作顺利进行。

2.2.1.5　吸附法的优点

吸附净化的优点是效率高，能回收有用组分，设备简单，操作方便，易于实现自动控制。

2.2.2　吸附工艺流程与操作要求

2.2.2.1　影响吸附再生的因素

影响吸附再生的因素有：温度、压力、吸附质性质、气体组成、吸附剂结构和特性等。

2.2.2.2　吸附流程分类

根据工艺流程特点和产品输出方式可以将工业生产分为连续流程和间歇流程

两大类。

（1）间歇式流程。适合废气量小，污染物浓度低，间歇排放废气场合。间歇生产过程又称批量生产过程，它是依据预先制定的明确的目标任务来确定生产设备构成和各操作条件，分配生产任务，从而进行生产安排、协调、实施生产的过程。多个分批操作如加热釜、反应器间歇设备单元，以及换热器、过滤器、泵等半连续操作设备单元组成了间歇过程。

间歇生产过程相对于连续生产与离散生产过程的特点是：1）各工艺条件的变化比较明显，参数控制的要求较高，生产操作许多靠人工干预，开关量现场相对较多；2）生产操作顺序是按配方规定进行的；3）设计要求设备可以生产不同产品的柔性连接，可以批量产品输出。

（2）半连续式流程。间歇和连续产气的场合均可用，由 2~3 台吸附器构成。

（3）连续式流程。连续式流程由连续运行的流化床或移动床吸附器构成。

连续式流程的特点是吸附和脱附再生同时进行，利于自动化操作。

2.2.3 吸附剂再生

2.2.3.1 吸附剂性质

吸附剂表面积越大，吸附能力越强。

影响表面积的结构因素有：空隙率、孔径、颗粒大小等。

吸附剂通常应具备以下特征：表面积大、颗粒均匀；对被分离的物质具有较强的吸附能力；有较高的吸附选择性；机械强度高；再生容易、性能稳定；价格低廉。

2.2.3.2 吸附质性质

吸附质分子质量越大、沸点越高、不饱和性越强，则越容易被吸附。

2.2.4 操作条件

温度低有利于物理吸附；温度高有利于化学吸附。增加压力对吸附有利，但会增加消耗，一般不采用。气流速度不宜过大。吸附质浓度越高，吸附的推动力越大，吸附速度快。过高的浓度会加快吸附剂的饱和失效，常用于浓度较低的污染物净化。

2.2.5 吸附法处理气态污染物的案例

现以变压吸附分离法技术为例：变压吸附法分离一氧化碳分为两段法和一段法。目前已大规模工业化提纯 CO 的方法为两段变压吸附法。自 20 世纪 80 年代后期西南化工研究设计院就开始对两段法 PSA 提纯 CO 技术进行研究，在工艺流程的确定、吸附剂的选择、确定最佳操作条件等方面都作了大量和深入的研究。

1993年10月我国第一套从半水煤气中提纯CO的工业装置在山东淄博有机胺厂投入运行，1993年12月通过验收，该装置与从美国AAT公司引进的二甲基甲酰铵（DMF）装置相配套，产品CO纯度高于96%，完全符合生产DMF的要求。装置运行表明，两段法PSA-CO技术工艺先进，装置运行可靠，产品质量稳定，各项技术指标均达到设计要求。并于1994年9月通过了化工部组织的专家鉴定。CO在物理吸附剂（活性炭、分子筛等）上的吸附能力介于CO_2、H_2O或其他强吸附质与H_2、N_2、O_2、CH_4等弱吸附质之间，要得到高纯度的CO，通常采用两段串接的变压吸附装置，即在第一段中脱除比CO吸附能力强的吸附质，第二段装置再从剩余的混合气中提纯CO，故此工艺被称为两段变压吸附法分离CO工艺。其工艺如图2-3所示。

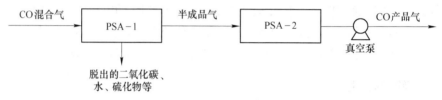

图2-3　两段变压吸附法分离CO工艺

在PSA-1工序中，第一段装填的吸附剂对CO_2具有较强的吸附性能，CO_2与CO有较大的分离系数，在脱除CO_2过程中CO的损失量较小，同时一段吸附剂对H_2O和硫化物也有深度的脱除作用。经PSA-1工序得到的半成品气体进入PSA-2（第二段）分离提纯CO。在半成品气体中，CO是吸附性最强的组分，进入PSA-2吸附床后被优先吸附，富集于吸附床内，CH_4、N_2、H_2等杂质组分从吸附塔的出口端流出。第一段的冲洗步骤采用第二段的吸附废气作为第一段的冲洗气。当吸附床内CO纯度达到要求的指标后，通过放压和抽真空的方式，将床层中的CO回收而得到产品。产品CO纯度为96.0%~99.9%，CO回收率根据原料气源的不同在60%~85%间变化。产品CO中CO_2含量低于1.0×10^{-5}，H_2O低于3.0×10^{-5}，硫化物低于2.0×10^{-7}。在变压吸附分离提纯CO时，为了获得高纯度的CO，在吸附步骤完成后，需要把部分高浓度产品回流，对吸附剂床层进行净化，常规的循环操作是把一部分CO产品回流，可得到均衡的高浓度（99%）的产品气。回流净化的总体积大小对CO的回收率有很大的影响，D. D. Diagne等提出了变化净化气浓度回流置换的思路，提出了系统的路线，H. Miyajima等通过模拟工业四塔吸附搭建的小型实验装置验证了效果，他们指出最初净化步骤里床层的CO浓度大约为50%，在最初的净化气中CO的浓度没有必要跟产品气相同（≥99%）。可以先使一部分的产品气与一部分排放气按一定的比例混合，随着时间的进行逐渐达到高浓度，这个方法能够减少回流净化CO的量，并且提高CO的回收率。两段变压吸附法分离提纯CO解决了传统的深冷分离法难以从复杂的原料气（如水煤气或半水煤气）中分离回收CO的问题，也避免了 COSORB 法需要严格预净化系统和后处理系统。所以，两段变压吸附法分离提纯技术近年来得到了迅速的发展。

2.3　热分解

2.3.1　热分解基本概念

2.3.1.1　热分解机理
热分解是指当温度高于常温或在加热升温情况下才能发生的分解反应。

2.3.1.2　热分解动力学
热分解动力学研究的主要目的是确定某个特定热分解过程的动力学参数及相应的机理函数。对于一个特定的热分解过程：对其进行动力学研究，从研究手段来看，应用较多的是热重分析法（TG）和差示扫描量热法（DSC）。前者是利用分解过程质量的变化以确定相关的动力学参数和机理函数，后者则是利用分解过程的热量变化以确定相关的动力学参数和机理函数；从研究方法来分，常分为定温法和非定温聚丙烯酸钠类高吸水性树脂的合成及其热分解动力学的研究法：前者是在恒定温度下考察试样随时间的变化情况，后者则是采用等速升温的方法考察试样随温度的变化情况，相应的动力学方程可分别表示为：

定温：
$$\mathrm{d}a/\mathrm{d}T = k(T)f(c)$$

非定温：
$$\mathrm{d}a/\mathrm{d}T = (1/\beta)k(T)f(a)$$

式中，$k(T)$ 一般采用 Arrhenius 方程，$k(T) = A\exp(-E/RT)$。

对于均相反应
$$f(c) = (1-c)^n$$

式中，c 为产物浓度；T 为操作温度；a 为转化百分率；β 为升温速率（$\beta = \mathrm{d}T/\mathrm{d}t$）；$R$ 为普朗克常量；n 为反应级数；t 为时间。

依据热分析动力学研究基本方程，进行相应的数学处理后，很多学者得到了大量不同的进行动力学研究的方法。近年来，热分析研究领域从研究手段到研究方法，从动力学参数的求取到反应机理的推断等各方面均有长足发展。

2.3.1.3　热分解优点
热分解是在程序控制温度的条件下，测量物质的物理性质与温度变化关系的一类技术。由于它具有快速、简便、样品用量少等特点，被广泛应用于许多研究领域，如确定高聚物的热稳定性、使用寿命；研究固体物质的脱水、分解过程；测定固体物质的熔点、相变热等。近年来，热分析研究最活跃的领域是进行热分析动力学研究。

2.3.2　热分解工艺流程

2.3.2.1　试样控制热分析技术
传统的热分析（TA）动力学研究最常见的是等温法和非等温法。虽然传统热分析方法可快速、简便地确定动力学参数，但是由于受实验因素的影响较大，实验结果往往会产生较大的偏差。近年来，"试样控制热分析"（Sample Controlled Thermal Analysis）新方法的出现极大地弥补了传统热分析的不足。这种方法的升温速率不像传统热分解那样可预先设定，而是随试样的某一性质参数（如失重量、气体逸出速率等）改变。其中的控制转化速率热分析（Controlled Transformation Rate Thermal Analysis，CRTA）已被人们广泛接受。

CRTA 与传统 TA 关键区别在于：传统 TA 在测定过程中控制升温（或降温）速率不变，CRTA 则是通过控制反应过程中气体产物的逸出速率来达到控制反应速率（一般保持常数）的目的，因此特别适用于有气体产生的固体分解反应。它具有以下优点：

（1）减少了传统方法中试样质量对固态反应的影响；

（2）可以更准确地确定动力学参数；

（3）增加了结果的可重复性。

CRTA 可以非常有效地辨别反应遵循的真实动力学模型。根据反应的动力学模型建立的一系列标准曲线既不依赖于动力学参数，也不依赖于反应速率 C，从这些曲线可以很容易地辨别动力学模型的三大家族：相界面反应模式、成核与生长模式 JMA、扩散反应模式 D。

CRTA 用速率跳跃法确定 E，不受样品及颗粒大小的影响，在较大的颗粒尺寸范围内，E 值大致接近实际值。CRTA 可以有效地控制实验条件，以致动力学参数几乎不受热量或质量迁移现象的影响，可获得很高的灵敏度。对于在一个体系同时发生的相互竞争的、独立的反应，可以通过增大或减小反应速率 C 揭示反应的本质。另外，CRTA 可以把转化速率控制在一个很低的值，使试样的温度及压力梯度保持足够低，从而对复杂无机盐的脱水和分解反应的连续步骤进行有效地分离。鉴于传统的 CRTA 法无法对"n 级"反应进行动力学分析，Ortega 和 Criado 提出了一种新方法，该法可根据一条伊丁曲线得到的数据图，同时确定 E 和动力学模型，被称为有恒定转变加速度的 CRTA（CRTA with constant acceleration of thetransformation）。此法中反应速率不再是常数而是时间的一个线性函数。

2.3.2.2　温度调制热分析技术

近年来，温度调制技术被引入热分析中，产生了像 MDSC（调制差示扫描量热法）、TMTG（温度调制热重法）等热分析新技术，它们在动力学分析中也开始发挥很重要的作用。通过比较测得的温度时间曲线（温度一般使用正弦式调制）上相邻峰顶和峰谷处的失重速率，或通过采用 Fourier 分析的方法，计算得到精度很高的活化能。最近，Ozawa 在此基础上提出了一种 Rts‐TA（Repeated temperature scanning，TA）的技术，进行动力学三因子的全套分析，其基本要点为：

（1）将 Rts‐TA 的数据转换成为速率百分率的形式。通过连接在几个温度处的数据点，得到等价的定温曲线。

（2）确定动力学模式函数。

（3）用准等转化率法（Quasi—iso—conversional method）计算活化能和指前因子。

（4）如果需要，可将实验数据的形式进行转换。

该法较 TMTG 的优点是具有更广的温度适应范围和应用性。

除了 CRTA 和 TMTA 技术之外，由 Paulik 等开发的准定温（Quasi - isothermal），热分析技术等都是很有潜力的新方法。

2.3.3 热分解法处理气态污染物的案例

1999 年联合国开发计划署（United Nations Development Programme，UNDP）已把高温热解法称为废弃物处理的一项有应用前景的新技术。以下介绍一种发源于瑞士的"热解气化组合技术——热分选气化（Thermoselect）"技术，近年来该技术已经实现了商业化应用。热分选技术没有传统焚烧垃圾的锅炉，而是将预先压缩的固体废物放在一个封闭高温高压环境中进行气化。高温及较长的停留时间可以分解复杂的有机化合物并产生可回收的综合型燃气。整个工艺流程由 5 部分组成：压缩 - 焦化 - 气化 - 固态处理 - 水处理。首先在 350℃ 外热式容器内停留约 2h（干馏），将垃圾中的可挥发分及水蒸气从物料中挥发出来，产生的气体进入高温反应器内（2000℃ 左右）；在热解区，垃圾块中的有机物被热解并碳化，无机物和金属则保持在碳化物中；碳化的垃圾块进入高温室后，通入氧气，同时在有水蒸气存在的情况下，将所有的有机化合物完全气化分解成原子状态；与碳、氧气、碳氢化合物气体和水反应生成高温合成燃气；在缺氧状态下的脱气阶段产生连续的碳，送入高温有氧的气化工序中产生复合气体；从高温反应室出来的复合气体温度为 1200℃，采用急剧水喷冷却技术，在 1/3s 内，迅速降到 70℃ 左右，可有效地防止二噁英类合成。与高温热解相比，该工艺包括有热解和气化两个阶段，热解阶段的挥发气和热解碳化物全部从一个入口进入通氧的高温室气化。Thermoselect 热解气化处理工艺与传统焚烧方式相比，其二噁英类的排放总量，仅为焚烧方式的 1/100 左右。

THERMOSEUCT 公司已将热分选技术应用于工业生产，分别于 1992 年在意大利米兰北部建立了示范处理厂，1998 年在德国法兰克福南部的卡兹鲁克建成了商业运行的热分选垃圾处理厂，1999 年日本川崎重工将热分选技术引入日本，在东京千叶县建成了示范处理厂。日本千叶县的 Thermoselect 热解气化垃圾处理厂，日处理量 300t，尾气中二噁英类毒性当量浓度（TEQ）为 0.00039ng/m³（标态），比日本 2002 年执行的新标准 TEQ 0.1ng/m³（标态）低得多。目前，赫德森投资管理咨询（上海）有限公司在国内极力推广该技术，但目前因其成本较高，限制了该技术的应用。开发投资省，运行成本低的技术路线是该领域研究者一直追寻的目标。

2.4   催化转化

2.4.1   催化剂基本概念

2.4.1.1   催化剂定义

催化转化法净化气态污染物是使气态污染物通过催化剂床层，经催化反应，转化为无害物质或易于处理和回收利用的物质的方法。

2.4.1.2   催化剂特性及性能

催化剂除了能改变化学反应速度外，还具有如下特性：

（1）催化剂只能缩短反应达到平衡的时间，而不能使其移动，更不可能使热力学上不可能发生的反应进行。

（2）特定的催化剂只能催化特定的反应，即催化剂具有高选择性。

（3）每一种催化剂都有它的活性温度范围，低于活性温度下限的，反应速度很慢，或不起催化作用，因为催化剂化学吸附气体分子需要相当的能量。高于活性温度上限，催化剂会很快老化或丧失活性，甚至被烧毁。

2.4.1.3   催化剂的选用原则及常用类型

催化转化法选用催化剂的原则：具有很好的活性和选择性，足够的机械强度，良好的热稳定性，化学稳定性及经济性。

2.4.1.4   催化作用原理

化学反应速度因加入某种物质而发生改变，而加入物质的数量和性质在反应终了时却不变的作用称为催化作用。能加快反应速度的称为正催化作用；减慢反应的称为负催化作用。反应物和催化剂同为一相时称均相催化；反应物和催化剂不同相时称多相催化。在大气污染控制中，仅利用多相正催化作用，化学反应为催化氧化和催化还原。

催化过程可作如下简化描述。设有下列化学反应：

$$A + B \longrightarrow AB$$

当受催化剂作用时，至少有一个中间反应发生，而催化剂是中间反应物之一，表示为：

$$A + \delta \Longleftrightarrow \delta A$$

最终仍得到反应产物 AB，催化剂 δ 则恢复到初始的化学状态：

$$\delta A + B \longrightarrow AB + \delta$$

显然，催化剂诱发了原反应没有的中间反应，使化学反应沿着新的途径进行。众所周知，任何化学反应的进行都需要一定的活化能，而活化能的大小直接

影响反应速度的快慢，它们间的关系可用阿累尼乌斯方程表示

$$K = f \cdot \exp\left(\frac{E}{RT}\right)$$

式中　K——反应速度常数，单位随反应级数而不同；

　　　f——频率因子，单位与 K 相同；

　　　E——活化能，kJ/mol；

　　　T——绝对温度，K。

由上式可以看出，反应速度是随活化能的降低而呈指数规律加快的。实验表明，催化剂加速反应速度是通过降低活化能来实现的。如前所述，催化剂使化学反应沿着新的途径进行。新途径往往由一系列基元反应组成，而每一个基元反应的活化能都明显小于原反应的活化能，从而大大加速了化学反应速度。

2.4.1.5　催化转化优点

催化转化与其他净化法的区别在于：无需使污染物与主气流分离，避免了其他方法可能产生的二次污染，又使操作过程得到简化。其另一特点是对不同浓度的污染物具有很高的转化率，因此在大气污染控制工程中得到较多应用。

2.4.2　催化反应器的结构类型

工业上常见的气、固相催化反应分固定床和流动床两大类。而以固定床的应用最为广泛。固定床的优点是催化剂不易磨损，可长期使用，又因为其流动模型最接近理想活塞流，停留时间可以严格控制，能可靠地预测反应进行的情况，容易从设计上保证高的转化率。另外，反应气体与催化剂接触紧密，没有返混，有利于提高反应速度和减少催化剂装量。所有这些，使固定床反应技术在工业反应器中占有绝对优势。固定床的主要缺点是床温分布不均匀。由于催化剂颗粒静止不动，而化学反应总伴随着一定的热效应，这些因素加在一起，使固定床的传热与温度控制问题成为其应用技术的难点与关键。各种床型的反应器都是为解决这一问题设计的，流化床反应技术也正是为了解决固定床所固有的这一问题而发展起来的。固定床催化反应器的类型共有三类单层绝热反应器、多段绝热反应器、多段绝热反应器。

（1）单层绝热反应器。单层绝热反应器内只有一层催化剂，反应物通过单层催化剂即可达到指定的转化率。所谓绝热是对由催化剂、反应物和生成物所组成的反应体而言的，除了通过器壁的散热外，反应体系在反应过程中不与外界进行热交换。因而结构最简单，造价最便宜，结构对气流的阻力也最小。然而，因不与外界进行热交换，催化床内温度分布不均匀，不同流动截面上的催化剂间存在着明显的温差；此外，在放热反应中，容易造成反应热的积累而使床层升温，直到反应热在某一床温下全部被反应气流带出；另外，气固两相间

通常存在着较大的温差，容易导致催化床局部过热。因此，单层绝热反应器通常用在化学反应热小或反应物浓度低等反应热不大的场合；其床层不宜过厚，以免温度分布不均匀，必要时，要像微分反应器那样，加装一定厚度的惰性填料层。在净化气态污染物的催化工程中，由于污染物浓度低而风量大，温度成为次要因素，而多从气流分布的均匀性和床层阻力两个方面来权衡选择床层的截面积和高度。

（2）多段绝热反应器。对于反应热的化学反应，单层绝热床一般是难以胜任的。然而，若把多个单层绝热床串联起来，把总的转化率（或反应热）分摊给各个单层绝热床，并在相邻的两床间引出（或加入）热量，避免热量积累，就能把各个单层绝热床上的反应控制在比较合适的温度范围内。这种串联起来的单层绝热床就称为多段绝热反应器。多段绝热反应器与单层绝热反应器的本质区别不在于催化床数量的多寡，而在于整个反应过程中相邻两段间引入了热交换。正因如此，它才能有效地控制反应温度。段间热交换有直接换热和见解换热两种方式。间接换热就是通过设在段间的热交换器，将热量从反应过程中及时移出（或加入），视需移出热量的大小，载热体可以是反应物料本身，也可以是水或其他介质。这种换热方式适应性广，能够回收反应热，而对催化反应没有影响，但设备复杂，费用高。

2.4.3　气态污染物的催化净化工艺

催化净化的一般工艺是：

（1）废气预处理。除去废气中的固体颗粒或液滴，避免其覆盖催化剂活性中心而降低活性，除去微量致毒物。

（2）废气预热。废气温度在催化剂活性温度范围内，催化反应有合适速度。

（3）催化反应。温度是关键参数，控制最佳温度，催化剂用量最少但效果最好。

（4）废热和副产品的回收利用。体现治理方法的经济效益和治理方法有无二次污染。废热常用于废气的预热。

2.4.4　催化转化法的优点

操作温度低，燃料耗量少，保温要求不严格，能减少回火及火灾危险；催化作用提高了反应速度，减少了反应容积，提高转化率。

2.4.5　催化转化法在大气污染控制方面的应用

催化转化法在大气污染控制方面的应用有：

（1）废气中去除 NO_x；

（2）燃料燃烧废气中的脱硫；

（3）恶臭物质的净化；

（4）汽车排出尾气的净化。

2.4.6　催化转化法处理气态污染物的案例

有机硫水解法，温度太低且要求燃气中有一定量的水蒸气，难以满足高温脱硫的要求；而有机硫加氢转化法转化率高，温度范围较宽，对有氢源的气体还可以直接利用气体中的 H_2 进行脱硫反应，因此是脱除高温煤气中 COS 最可行的方法。COS 加氢催化转化具体流程如图 2 – 4 所示。

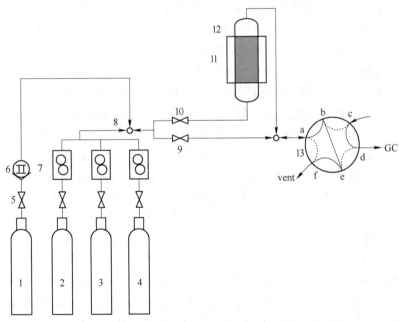

图 2 – 4　COS 加氢催化转化具体流程

1—N_2；2—$N_2 + H_2S$；3—$N_2 + COS$；4—$CO + H_2$；5—稳压阀；6—转子流量计；

7—质量流量计；8—三通阀；9—旁路截止阀；10—入口截止阀；

11—加热器；12—反应器；13—六通阀气体进样器

2.5　等离子体技术

2.5.1　等离子体技术的基本概念

2.5.1.1　等离子体技术基本原理

广义上，等离子体是指带正电的粒子与带负电的粒子具有几乎相同的密度，整体呈电中性状态的粒子集合体。宇宙中99.9%以上物质主要都是以等离子体的形态存在的，等离子体是宇宙中物质存在的主要形式，如太阳本身就是一个灼热的等离子火球以及其他脉冲星、电离气体、恒星星系、地球附近的闪电、星云、极光、电离层等都是等离子体。等离子体是由大量带电粒子组成的非凝聚系统。等离子体状态是物质存在的基本形态之一，与固态、液态和气态并列，称为物质第四态。人造等离子体在科学、技术中的重要性正在迅速提高。等离子体物理学主要研究等离子体的基本运动规律。

等离子体化学诞生于 20 世纪 60 年代，是一门涉及高能物理、放电物理、放电化学、反应工程学、高压脉冲技术的交叉学科从 20 世纪 70 年代开始，国外已相继开发了一些低温等离子体烟气处理技术，包括：（1）电子束法；（2）介质阻挡放电法；（3）表面放电法；（4）填充式反应法；（5）脉冲电晕法；（6）等离子体与催化、吸附结合法；（7）直流电晕法等。非平衡等离子体技术去除气体污染物的基本原理是：通过电子束照射或高压放电形式获得的非平衡等离子体内，有大量的高能电子及高能电子激励产生的 $\cdot O$、$\cdot OH$ 等活性粒子，将有害气体污染物氧化成无害物质或低毒物质。等离子体作为物质的第四态，其物性及规律与固态、液态、气态的都不相同。等离子体又分为热等离子体（平衡等离子体）、冷等离子体（非平衡等离子体或低温等离子体）。前者由稠密气体在常压或高压下电弧放电或高频放电产生，体系中各种离子温度接近相等（电子温度 ≈ 粒子温度 ≈ 气体温度）；后者由低压下的稀薄气体用高频、微波等激发辉光放电或常压气体电晕放电而产生（电子温度远远大于气体温度）。低温等离子体包含大量的活性粒子，如电子、正负离子、自由基、各种激发态的分子和原子等，因为废气的处理一般都在常压或接近常压的情况下进行，此时气体放电产生的等离子体属于低温等离子体。

20 世纪 70 年代初期人们就已开始对电子束法烟气治理技术进行研究。1971年日本原子能研究所（JAERI）与 Ebara 公司开始研究烟道气辐照引起的脱除 SO_2 和 NO_x 的辐射化学反应。1978 年，日本钢铁公司建立了第一个中间规模试验装置，处理能力为 10000m³/h。欧美等国家也相继开展了这方面的研究。在美国能源部的资助下，荏原公司进一步开发该项技术，目前已建立了一批示范点，其中包括我国四川省成都热电厂的电子束烟气脱硫示范装置。

电子束（Electron Beam，EB）法的原理是利用电子加速器产生的高能电子束直接照射待处理的气体，通过高能电子与气体中的氧分子及水分子碰撞，使之离解、电离，形成非平衡等离子体，其中所产生的大量活性粒子（如高能电子、$\cdot OH$、$\cdot O$、$\cdot HO_2$ 等自由基）与污染物反应，使之氧化去除。初步的研究表明，该技术在烟气脱硫、脱硝方面的有效性和经济性优于常规技术。

2.5.1.2　等离子体的分类和特点

等离子体的分类见图 2-5。

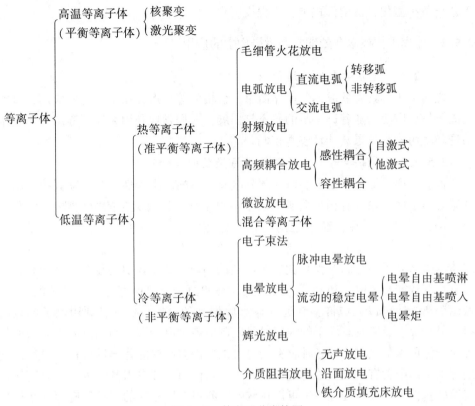

图 2-5　等离子分类简图

等离子体的主要特征是：粒子间存在长程库仑相互作用，等离子体的运动与电磁场的运动紧密耦合，存在极其丰富的集体效应和集体运动模式。等离子体物理学以等离子体的整体形态和集体运动规律、等离子体与电磁场及其他形态物质的相互作用为主要研究对象。与常态物质相比，等离子体处于高温、高能量、高活性状态。

2.5.1.3　等离子体技术处理气态污染物的优点

等离子体技术处理气态污染物具有如下特殊的优点：

（1）高焓、高温（>3000℃）、反应速度快、电热转换效率高（>80%），能量集中。

（2）大多数等离子体化学过程是一级过程，可以简化工艺过程。

（3）等离子体化学过程对原材料的杂质不敏感，有利于处理广泛存在而处理较困难的材料，适应面宽，反应条件可以控制为氧化性、还原性和惰性气氛。

（4）等离子体的化学过程可以模拟、优化和控制。

（5）可以借助磁场控制，使之与壁热绝缘。

这些特点有利于有机物高效快速分解，减少二噁英的排放，资源二次利用，工艺设备小型化，占地面积少，工程投资少。

2.5.2 等离子体技术在处理气态污染物中的应用

2.5.2.1 适用对象和应用行业

之前由于其具有低成本，操作简单，价格低等特点，在工业上的应用比真空等离子体更广泛。随着进一步的研究与拓展，人们发现利用大气压等离子体技术治理环境污染，效果甚佳且成本较低。

2.5.2.2 低温等离子体处理气态污染物的案例简介

低温等离子体物理学主要研究部分电离气体的产生、性质与运动规律。由于低温等离子体中除了有相当数量的电子与离子外，还有大量的中性粒子（原子、分子和自由基）存在，粒子之间的相互作用（电子–电子，电子–离子，电子–中性粒子，离子–离子，离子–中性粒子，中性粒子–中性粒子，以及各种多体碰撞与光子参与的过程）比完全电离的高温等离子体更为复杂。由于有能从外电场获取能量的电子和离子、处于激发态的原子及自由基等中性粒子的存在，低温等离子体可以完成许多普通气体难以做到的事情。例如，利用电子的点辐射、复合辐射及激发态原子的线辐射可以制成各种电光源；利用高温、高密的热等离子体可以加热或熔化各种材料，也可以使许多吸热的化学反应得以进行；利用等离子体中含有一定数量的电子、离子、自由原子和自由基，可以对温度接近室温的基板表面进行处理，也可以在放电空间引发所需要的化学反应而不必把化学反应物全部都升温或活化。

低温等离子体的电离度、电子数密度、电子温度、电子/重粒子温度比、气体成分、气体压强、几何尺度等可在广阔的范围内变化，很难有适用于各种低温等离子体的统一而有效的理论处理方法。冷等离子体已广泛用于微电子加工、光记录、与磁记录介质加工、机械加工工具制造、玻璃装饰、光电池、电光源、医疗杀菌等方面。因此近 10 多年以来，各式各样的低温等离子体源像雨后春笋般出现，而且其中大部分实验室产品已成功工厂化，从而让大气压等离子体的全面发展指日可待。

因为大气压低温等离子体喷枪不仅可以对表面规则的材料进行改性处理，还可以对表面不规则的材料进行改性处理，从而进一步加强处理材料的各项性能指标，增大其应用范围，节省开销成本，所以在美国的加州大学 Los Alamos（UCLA）国家实验室，J. Y. Park 团队多年来一直在从事射频大气压等离子体喷枪的研究，对该类等离子体源的发展进行了深入的研究与探索，表现出广阔的商业应用前景。图 2 – 6 是 PVA – Teplan71 公司成功商业化的大气压冷等离子体笔。图 2 – 7 是 Surfx 公司自主研发并成功商业化的大气压等离子体喷枪。这两者在电子器件封装及有机材料的在线改性和清洁处理方面，发挥了巨大的作用，且作用效果甚佳。

图 2-8 为工业中的中式图。评价污染治理技术，需考虑治理的有效性（环境效益）、经济性和推广适用性等多方面。有效性要求有较高的去除率；经济性要求投资少、能耗省；推广适用性则要求可靠性和安全性高、操作便利、占地面积小、治理的气体污染物种类广等。而低温等离子技术就具备这样的条件。

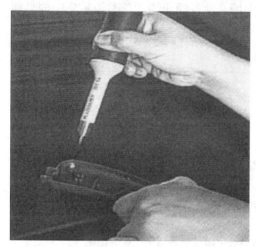 

图 2-6 大气压等离子体笔实物照片
(左边为单根，右边为排笔)

图 2-7 等离子体笔对电子器件表面改性的照片   图 2-8 低温等离子体反应器工程试验图

低温等离子体降解污染物是利用高能电子、自由基等活性粒子与废气中的污染物作用，使污染物分子在极短的时间内发生分解，并发生后续的各种反应以达到降解污染物的目的。对等离子体处理废气装置的技术经济特性和应用范围，有如下优势：

（1）运用低温等离子体技术处理恶臭废气具有很好的去除效果，适合用于末端治理。

（2）将低温等离子体技术应用于恶臭废气处理中具有投资省、运行费用低、运行安全可靠、操作极为简单，无需派专职人员看守，尤其在处理低浓度废气上具有明显的技术优势。

（3）低温等离子体技术应用于恶臭废气处理适用范围非常广泛，能够应用于石油化工、制药、污水处理、涂料、皮革加工、感光材料、汽车制造、食品加工厂、印染厂、垃圾处理厂、公厕、屠宰场、牲畜饲养场、鱼类加工厂、饲料加工厂等诸多能够产生恶臭异味的场所。

参考文献

[1] 胡森，王太勇，乔志峰，等．基于弹光调制的红外光谱吸收法在室内 VOC 检测中的研究 [J]．光谱学与光谱分析，2011，31（12）．

[2] 席玉松，郭鹏宗，张国良，等．化学吸收法处理 PAN 纤维预氧化含氰废气 [J]．合成纤维工业，2014，37（1）：1．

[3] 张卫风，王秋华，方梦祥，等．膜吸收法与化学吸收法分离烟气中 CO_2 的试验比较 [J]．动力工程，2008（5）：759～763．

[4] 颜立伟，余云松，李云，等．吸收法捕集二氧化碳过程的离子浓度软测量 [J]．化工学报，2010（5）：1169～1175．

[5] 郝吉明，马广大．大气污染控制工程 [M]．北京：高等教育出版社，2002：378～429．

[6] 刘海洋，何仕均，杨春平，等．膜吸收法去除丙烯腈废水中的氰化物和氨氮 [J]．中国给水排水，2010（15）：86～88．

[7] 姜安玺．空气污染控制 [M]．北京：化学工业出版社，2003．

[8] 国家环境保护总局．大气污染物综合排放标准详解 [M]．北京：中国环境科学出版社，1997．

[9] 晏水平，方梦祥，张卫风，骆仲泱，岑可法．烟气中 CO_2 化学吸收脱除技术分析与进展 [J]．化工进展，2006，25（9）．

[10] 刘芳，等．电厂烟气氨法脱碳技术研究进展 [J]．化工学报，2009（2）：269～278．

[11] 郭建光，李忠，奚红霞，等．催化燃烧 VOCs 的三种过渡金属催化剂的活性比较 [J]．华南理工大学学报（自然科学版），2004，32（5）：56～59．

[12] 叶青，霍飞飞，王海平，等．$xAu/\alpha-MnO_2$ 催化剂的结构及催化氧化 VOCs 气体性能研究 [J]．高等学校化学学报，2013，34（5）：1187～1194．

[13] 郭玉芳，叶代启，陈克复．挥发性有机化合物（VOCs）的低温等离子体——催化协同净化 [J]．工业催化，2005，13（11）：4～8．

[14] 李海龙，李立清，郜豫川，等．变压吸附处理丙酮废气及其吸附过程数值模拟 [J]．天然气化工（C1 化学与化工），2007，32（3）：11～16．

[15] 周瑛，卢晗锋，王稚真，等．VOCs 和水在 Y 型分子筛表面的竞争吸附 [J]．环境工程学报，2012，6（5）：1653～1657．

［16］ Gregg S J, Sing K S W. Adsorption, Surface Area and Porosity, 2nd ed ［M］. London: Acadelllic Press, 1982.

［17］ Qiao S Z, H X J. Use IAST with MPSD to predict binary adsorption kinetics oil activated carbon ［J］. AIcllE, Journal, 2000, 46 (9): 1743~1752.

［18］ Wang K, King B, Do D D, Rate and equilibrium studies of benzene and Toluene removal by activated carbon ［J］. Separation and Purification Technology, 1999, 17 (1): 53~63.

［19］ Eidan U, SchlUnder E U, Chem. Eng. Adsorption equilibria of pure vapors and their binary mixtures on activated carbon Part Ⅰ & Ⅱ ［J］. Process, 1990, 28 (1): 1~22.

［20］ 周理. 超临界吸附研究: 疑惑、问题与分析, 第四届全国氢能学术会议论文集 ［C］. 155~162.

［21］ Wang C, Do D D, Single and Multicomponent Adsorption equlilibria of Hydrocarbons an Activated Carbon: The Role of Micropore Size Distribution ［J］. Surfactant Sci. Ser., 78 (Surfaces of Nanoparticle and Porous Materials, edited by James A. Schwarz, Cristian I. Contescu), 391~441.

［22］ Ruusheng Bai, Ralph T Yang. Heterogeneous Extended langmiur Model with Multiregion Surfaces for Adsorption of Mixtures ［J］. Journal of Colloid and Interface Science, 2002, 253: 16~22.

［23］ O'Brien J A, A L Myers. Rapid calculations of multicomponent adsorption equilibria from pure isotherm data ［J］. Ind. Eng. Chem. Process Des. Dev., 1985, 24 (4): 1185~1191.

［24］ 李明波, 康颖, 吴祖成. Fereduccer 反应强化直流电晕自由基簇射治理苯的实验 ［J］. 环境科学, 2005, 26 (6): 24~27.

［25］ 李明波. 直流电晕放电诱导自由基簇射治理有机废气的实验研究 ［D］. 杭州: 浙江大学, 2005, 5.

［26］ 王晓曦, 康颖, 吴祖成. 氧化还原氛围下直流电晕等离子体脱除硫化氢 ［J］. 浙江大学学报 (工学版), 2008, 10: 1801~1804.

［27］ 王轩, 等. 离子体技术在大气污染防治中的应用 ［D］. 成都: 成都理工大学, 2010, 12.

［28］ 环保部. 工业 VOC 污染防控技术与管理对策研讨会论文集 ［C］. 2008.

［29］ 聂勇. 脉冲放电等离子体治理有机废气放大实验研究 ［D］. 杭州: 浙江大学, 2004.

3 除尘技术基础

3.1 粉尘颗粒的来源及性质

3.1.1 粉尘颗粒的来源

粉尘（dust）是指悬浮在空气中的固体微粒。习惯上粉尘有许多名称，如灰尘、尘埃、烟尘、矿尘、砂尘、粉末等，这些名词没有明显的区别。国际标准化组织规定，粒径小于 75μm 的固体悬浮物为粉尘。在大气中粉尘的存在是保持地球温度的主要原因之一，大气中过多或过少的粉尘将对环境产生灾难性的影响。但在生活和工作中，生产性粉尘是人类健康的天敌，可诱发多种疾病。

粉尘几乎到处可见。土壤和岩石风化后分裂成许多细小的颗粒，它们伴随花粉、孢子以及其他有机颗粒在空中随风飘荡。除此之外，许多粉尘乃是工业和交通运输发展的副产品；烟囱和内燃机排放的废气中也含有大量的粉尘。

工业粉尘可分为：

（1）固体物质的机械加工或粉碎，如金属研磨、切削、钻孔、爆破、破碎、磨粉、农林产品加工等。

（2）物质加热时产生的蒸气在空气中凝结或被氧化形成的尘粒，如金属熔炼、焊接、浇注等。

（3）有机物质不完全燃烧形成的微粒，如木材、油、煤类等燃烧时产生的烟尘等。

（4）铸件的翻砂、清砂粉状物质的混合，过筛、包装、搬运等操作过程中，以及沉积的粉尘由于振动或气流运动，使沉积的粉尘重新浮游于空气中（产生二次扬尘）也是粉尘的来源。

3.1.2 粉尘颗粒的性质及危害

3.1.2.1 粉尘颗粒的危害

粉尘颗粒可在以下几个方面对人体产生危害：

（1）粉尘浓度：粉尘浓度表示方法有两种，一种以单位体积空气中的粉尘质量（mg/m^3）表示；另一种是用单位体积空气中的粒子数（粒子数/cm^3）表示。后者涉及粉尘粒子直径组别及大小。粉尘浓度直接决定粉尘对人体的危害程度，粉尘浓度愈高，则危害愈大。如粉尘中游离的二氧化硅是粉尘矽肺的病源，二氧化硅含量愈高，危害愈大，引起的病变越严重，病变的发展速度也越快。因而制定生产车间作业地带空气中粉尘的最高容许浓度有重要意义。

（2）粉尘分散度：粉尘分散度是表示粉尘颗粒大小的一个概念，分散相由较小的尘粒组成时，则分散度高；反之则越低。它是用粉尘颗粒按直径大小分组的质量分数表示，即取样粉尘中颗粒直径为 d（按直径大小分组的类别）的粉尘质量（g）与取样粉尘总质量（g）的比值，为该组的分散度。当粉尘粒子的密度衡定时，分散度愈高则粉尘粒子沉降愈慢，在空气中漂浮的时间愈长。在静止的空气中，$1\mu m$ 以下的粉尘，从 $1.5 \sim 2m$ 高处降落到地面，需 $5 \sim 7h$，因而被人吸入的机会较多。分散度还与粉尘在人体呼吸道中的阻留有关，尘粒愈大，被阻留于上呼吸道的可能性愈大，尘粒愈小，通过上呼吸道而吸入肺内的机会愈多，危害也就越大。

（3）粉尘溶解度：粉尘溶解度大小对人体危害程度的关系，因粉尘的性质不同而各异。主要呈化学性作用的粉尘，随溶解度的增加其危害作用增强；呈机械刺激作用的粉尘与此相反，随溶解度的增加其危害作用减弱。难溶性粉尘都能引起气管炎和肺组织纤维化（尘肺）。有毒脂溶性（溶解于油脂）和水溶性（溶于水）粉尘，通过湿润的上呼吸道能迅速溶解而被吸收，还可通过人体表皮的汗腺、皮脂腺、毛囊进入人体而产生中毒反应。

（4）粉尘的形状和硬度：粉尘颗粒形状多种多样，有块状、片状、针状、球状、线装等。粉尘因形状不同，在沉降时所受空气的阻力也不同。当粉尘作用于上呼吸道、眼黏膜和皮肤时，尘粒形状和硬度具有一定意义。锐利而坚硬的尘粒引起的机械损伤较大，柔软的长纤维状有机粉尘，易沉着于气管、大中支气管的黏膜上，使呼吸道黏膜覆盖着一层绒毛样物质，易产生慢性支气管炎及气管炎。

3.1.2.2 粉尘的特性

粉尘具有以下特性：

（1）粉尘荷电性：经测定和超显微观察，漂浮在空气中的尘粒有 90% ~ 95% 荷正电或负电，5% ~10% 的尘粒不带电。此种电荷的来源，或是粉碎时及流动时摩擦而产生，或是吸附了空气中的带电离子，或与其他带电物体表面接触而带电荷。同一种尘粒可带正电、负电或不带电。尘粒的荷电性对粉尘在空气中的稳定程度有一定影响。同性电荷相斥，增加尘粒浮游在空气中的滞留时间而增加人体吸入量，异性电荷相吸引，可使尘粒在撞击时凝聚而沉降，我们常利用粉尘的荷电性能进行除尘。

（2）粉尘爆炸性：爆炸性是高分散度的煤炭、糖、面粉、硫黄、麻、铅、锌、铝等粉尘所特有的性质。发生爆炸的条件是必须有高温（火焰、火花、放电）和粉尘在空气中达到足够的浓度。20 世纪 80 年代哈尔滨亚麻纺织厂（规模世界第三、亚洲第一）曾发生亚麻粉尘爆炸事故，不仅近1/3的财产毁于一旦，至今，事故导致大批的伤残者所遗留的问题仍很棘手。

（3）粉尘的吸水性：粉尘的吸水性决定于粉尘的成分、大小、荷电状态、温度和气压等条件。吸水性随压力增加而增加，随温度的上升而降低、随尘粒的变小而减少。粉尘易被水湿润的称亲水性粉尘，相反则称憎水性粉尘。对于憎水性粉尘不宜采用湿式除尘净化。某些粉尘吸水后会形成不溶于水的硬垢，称为水硬性粉尘，硬垢会造成堵塞而导致除尘系统失灵。

3.1.2.3 粉尘对健康的影响

粉尘可对人体产生全身或局部影响：

（1）全身作用：长期吸入较高浓度粉尘可引起肺部弥漫性、进行性纤维化为主的全身疾病（尘肺）；如吸入铅、铜、锌锰等毒性粉尘，因其可在支气管壁上溶解而被吸收，由血液带到全身各部位，引起全身性中毒。铅中毒是慢性的，但中毒者如果发烧，或者吃了某些药物和喝了过量的酒，也会引起中毒的急性发作；过量吸入含铜烟尘可能导致溶血性贫血；锌在燃烧时产生氧化锌烟尘，人吸入后产生一种类似疟疾的"金属烟雾热"疾病；长期吸入锰及其氧化物粉尘或烟雾，会对中枢神经系统、呼吸系统及消化系统产生不良作用。

（2）局部作用：接触或吸入粉尘，首先对皮肤、角膜、黏膜等产生局部的刺激作用，并产生一系列的病变。如粉尘作用于呼吸道，早期可引起鼻腔黏膜机能亢进，毛细血管扩张，久之便形成肥大性鼻炎，最后由于黏膜营养供应不足而形成萎缩性鼻炎。还可形成咽炎、喉炎、气管及支气管炎。作用于皮肤、可形成粉刺、毛囊炎、脓皮病，如铅尘浸入皮肤，会出现一些小红点，称为"铅疹"等。

3.2 机械除尘技术

3.2.1 重力除尘技术

重力除尘器（gravitate dust filter）利用粉尘自身的重力使尘粒从烟尘中沉降分离的装置。

原理：重力除尘器除尘原理是突然降低气流流速和改变流向，较大颗粒的灰尘在重力和惯性力的作用下，与气分离，沉降到除尘器锥底。属于粗除尘。重力除尘器上部设遮断阀，电动卷扬开启，重力除尘器下部设排灰装置。

重力沉降室（见图3-1）是利用重力作用使尘粒从气流中自然沉降的除尘装置。其机理为含尘气流进入沉降室后，由于扩大了流动截面积而使得气流速度大大降低，使较重颗粒在重力作用下缓慢向灰斗沉降。重力沉降室除尘效率的计算决定于描述气流状态所作的假设，其简单模式是假定气流处于塞式流动状态，且尘粒在入口气体中均匀分布。实际沉降室内包含有湍流、某程度的混合和柱塞式流动的某些波动。为缩短尘粒必须降落的距离以提高除尘效率，可在沉降室内平行放置隔板，构成多层沉降室。多层沉降室排灰较困难，难以使各层隔板间气流均匀分布，处理高温气体时金属隔板容易翘曲。沉降室内的气流速度一般为 $0.3 \sim 0.5 \text{m/s}$，压力损失为 $50 \sim 130 \text{Pa}$，可除去 $40 \mu\text{m}$ 以上的尘粒。除尘效率通常采用：

$$\eta = uLW(n + 1)/Q$$

式中，L、W 为沉降室的长和宽；n 为水平隔板数量。

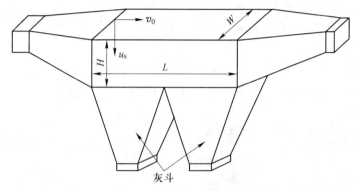

图 3 - 1　重力沉降室

重力沉降室具有结构简单，投资少，压力损失小的特点，维修管理较容易，而且可以处理高温气体。但体积大，效率相对低，一般只作为高效除尘装置的预除尘装置，来除去较大和较重的粒子。

层流式重力沉降室如图 3 - 2 所示，其长、宽、高分别为 L、W、H，处理烟气量为 Q，气流在沉降室内的停留时间：

$$t = \frac{L}{v_0} = \frac{LWH}{Q}$$

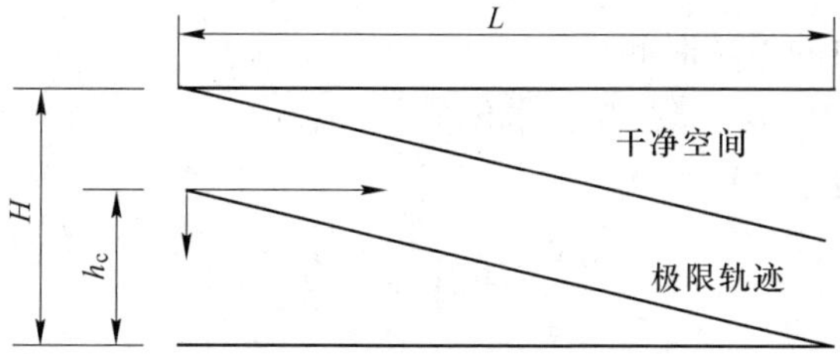

图 3 - 2　层流式重力沉降室

在 t 时间内粒子的沉降距离：

$$h_c = u_s t = \frac{u_s L}{v_0} = \frac{u_s LWH}{Q}$$

该粒子的除尘效率：

$$\eta_i = \frac{h_c}{H} = \frac{u_s L}{v_0 H} = \frac{u_s L W}{Q} \quad (h_c < H)$$

$$\eta_i = 1.0 \quad (h_c \geq H)$$

使沉降高度减少为原来的 $1/(n+1)$，其中 n 为水平隔板层数

$$\eta_i = \frac{u_s L W(n+1)}{Q}$$

层流式多层沉降室如图 3-3 所示。

（1）湍流模式 1。假定沉降室中气流处于湍流状态，垂直于气流方向的每个断面上粒子完全混合。

图 3-4 中宽度为 W、高度为 H 和长度为 dx 的捕集元，假定气体在流过 dx 距离的时间内，边界层 dy 内粒径为 dp 的粒子都会沉降而除去。

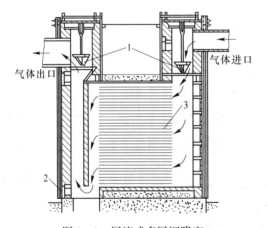

图 3-3　层流式多层沉降室

1—锥形阀；2—清灰孔；3—隔板

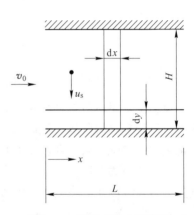

图 3-4　湍流式重力沉降室

粒子在微元内的停留时间：

$$dt = dx/v_0 = dy/u_s$$

被去除的分数

$$\frac{dN_p}{N_p} = \frac{dy}{H} = -\frac{u_s dx}{v_0 H}$$

对上式积分得

$$\ln N_p = -\frac{u_s dx}{v_0 H} + \ln C$$

边界条件：

$$x = 0 \quad N_p = N_{p0} ; x = L \quad N_p = N_{pL}$$

得

$$N_{\mathrm{pL}} = N_{\mathrm{p0}} \exp\left(- \frac{u_{\mathrm{s}}L}{v_0 H} \right)$$

因此，其分级除尘效率为：

$$\eta_i = 1 - \frac{N_{\mathrm{pL}}}{N_{\mathrm{p0}}} = 1 - \exp\left(- \frac{u_{\mathrm{s}}L}{v_0 H} \right)$$

$$= 1 - \exp\left(- \frac{u_{\mathrm{s}}LW}{Q} \right)$$

（2）湍流模式 2。完全混合模式，即沉降室内未捕集颗粒完全混合。

单位时间排出：$n_i v_0 HW$（为除尘器内粒子浓度，均一）。

单位时间捕集：$n_i u_{\mathrm{s}} HW$。

总分级效率

$$\eta_i = \frac{n_i u_{\mathrm{s}} WL}{n_i H v_0 W + n_i u_{\mathrm{s}} WL} = \frac{u_{\mathrm{s}}L/H v_0}{1 + u_{\mathrm{s}}L/H v_0}$$

重力沉降室的优点：

结构简单、投资少、压力损失小（一般为 50~100Pa）、维修管理容易。

缺点：

体积大、效率低，仅作为高效除尘器的预除尘装置，除去较大和较重的粒子。

3.2.2 惯性除尘技术

惯性除尘器是使含尘气体与挡板撞击或者急剧改变气流方向，利用惯性力分离并捕集粉尘的除尘设备。惯性除尘器亦称惰性除尘器。由于运动气流中尘粒与气体具有不同的惯性力，含尘气体急转弯或者与某种障碍物碰撞时，尘粒的运动轨迹将分离出来，使气体得以净化的设备称为惯性除尘器或惰性除尘器。

惯性除尘器分为碰撞式、回流式和反转式三种。前者是沿气流方向装设一道或多道挡板，含尘气体碰撞到挡板上使尘粒从气体中分离出来。显然，气体在撞到挡板之前速度越高，碰撞后越低，则携带的粉尘越少，除尘效率越高。后者是使含尘气体多次改变方向，在转向过程中把粉尘分离出来。气体转向的曲率半径越小。转向速度越快，则除尘效率越高。

其工作原理是含尘气体以一定的进口速度 v_j 冲击到挡板 1 上，具有较大惯性力的大颗粒 d_1 撞击到挡板 1 上而被分离捕集。小颗粒 d_2 则随着气流以 d_2 的半径绕过挡板 1，由于挡板 2 的作用，使气流方向发生转变，小颗粒 d_2 借助离心力被分离捕集。如气流的旋转半径为 R_2，圆周切向速度为 v_{i}，这时小颗粒 d_2 受到的离心力与 $d_2^2 \cdot v_{i2}/R_2$ 成正比。因此，粉尘粒径越大，气流速度越大，挡板板数越多和距离越小，除尘效率就越高，但压力损失相应也越大。本装置采用回流式的平行百叶窗式除尘器形式（原理示意如图 3 - 5 所示）。

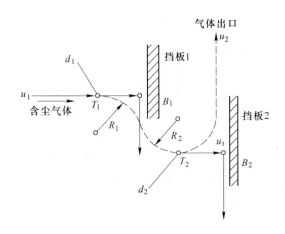

图 3 - 5   回流式平行百叶窗式除尘器

（1）碰撞式。碰撞式惯性除尘器的特点是：用一个或几个挡板阻挡气流直线前进，在气流快速转向时，粉尘颗粒在惯性力的作用下从气流中分离出来；碰撞式惯性除尘器对气流的阻力较小，除尘效率也较低；与重力除尘器不同，碰撞式惯性除尘器要求较高的气流速度，约 18～20m/s，气流基本上处于紊流状态。

（2）回流式。回流式惯性除尘器（见图 3 - 6）的特点是：把进气流用挡板分割成小股气流。为了使任意一股气流都有相同的较小回转半径和较大回转角，可以采用各种百叶挡板结构。

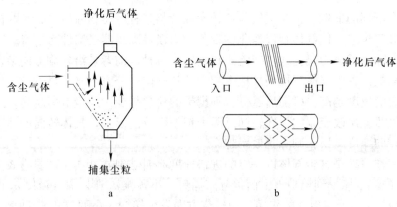

图 3 - 6   冲击式惯性除尘装置
a—单级型；b—多级型

（3）反转式惯性除尘装置，如图 3 - 7 所示。

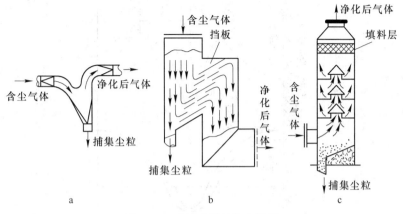

图3-7 反转式惯性除尘装置

a—弯管型；b—百叶窗型；c—多层隔板型

3.2.3 旋风除尘技术

旋风除尘器（见图3-8）属回流式除尘器的一种，是利用旋转气流产生的离心力使尘粒从气流中分离的装置。普通旋风除尘器是由进气管、筒体、锥体和排气管等组成，气流沿外壁由上向下旋转运动：外涡旋，少量气体沿径向运动到中心区域。旋转气流在锥体底部转而向上沿轴心旋转；内涡旋。气流运动包括切向、轴向和径向；切向速度、轴向速度和径向速度。

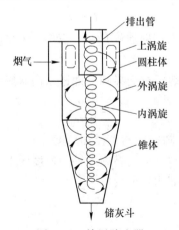

图3-8 旋风除尘器

切向速度决定气流质点离心力大小，颗粒在离心力作用下逐渐移向外壁。到达外壁的尘粒在气流和重力共同作用下沿壁面落入灰斗。上涡旋-气流从除尘器顶部向下高速旋转时，一部分气流带着细小的尘粒沿筒壁旋转向上，到达顶部后，再沿排出管外壁旋转向下，最后从排出管排出（见图3-9）。

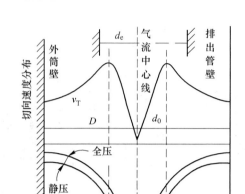

图 3-9 旋风除尘器内气流的切向速度和压力分布

外涡旋的切向速度分布：反比于旋转半径的 n 次方。

$$v_T R^n = \text{const}$$

式中，$n \leqslant 1$，称为涡流指数。

$$n = 1 - (1 - 0.67 D^{0.14}) \left(\frac{T}{283} \right)^{0.3}$$

内涡旋的切向速度正比于半径，v_T 角速度。

$$v_T / R = w$$

内外涡旋的界面上气流切向速度最大，交界圆柱面直径 $d_I = (0.6 \sim 1.0) d_e$，d_e 为排气管直径。

假定外涡旋气流均匀地经过交界圆柱面进入内涡旋，则平均径向速度：

$$V_r = \frac{Q}{2 \pi r_0 h_0}$$

式中，r_0 和 h_0 分别为交界圆柱面的半径和高度，m。

在外涡旋的轴向速度向下、内涡旋的轴向速度向上。在内涡旋，轴向速度向上逐渐增大，在排出管底部达到最大值。

旋风除尘器的压力损失：

$$\Delta P = \frac{1}{2} \xi \rho V_{in}^2$$

式中，ξ 为局部阻力系数。

$$\xi = 16 \frac{A}{d_e^2}$$

式中，A 为旋风除尘器的进口面积。

影响旋风除尘器效率的因素有：

（1）二次效应－被捕集的粒子重新进入气流。在较小粒径区间内，理应逸出的粒子由于聚集或被较大尘粒撞向壁面而脱离气流获得捕集，实际效率高于理论效率（见图3－10）。

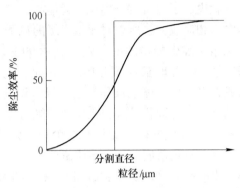

图3－10　旋风除尘器分级效率曲线

在较大粒径区间，粒子被反弹回气流或沉积的尘粒被重新吹起，实际效率低于理论效率。

通过环状雾化器将水喷淋在旋风除尘器内壁上，能有效地控制二次效应。

（2）比例尺寸。在相同的切向速度下，筒体直径愈小，离心力愈大，除尘效率愈高；筒体直径过小，粒子容易逃逸，效率下降。锥体适当加长，可提高除尘效率。排出管直径愈少分割直径愈小，即除尘效率愈高；直径太小，压力降增加，一般取排出管直径 $d_e = (0.4 \sim 0.65)D$。

特征长度（natural length）——亚历山大公式：

$$l = 2.3d_e\left(\frac{D^2}{A}\right)^{1/3}$$

旋风除尘器排出管以下部分的长度应当接近或等于 l，筒体和锥体的总高度以不大于5倍的筒体直径为宜。

3.3　电除尘技术

电除尘也就是静电除尘，而这静电是高压。依靠正、负电离子去中和尘埃上的离子。

电除尘是气体除尘方法的一种。含尘气体经过高压静电场时被电分离，尘粒与负离子结合带上负电后，趋向阳极表面放电而沉积。在冶金、化学等工业中用以净化气体或回收有用尘粒。利用静电场使气体电离从而使尘粒带电吸附到电极上的收尘方法。在强电场中空气分子被电离为正离子和电子，电子奔向正极的过程中遇到尘粒，使尘粒带负电吸附到正极被收集。常用于以煤为燃料的工厂、电站，收集烟气中的煤灰和粉尘。冶金中用于收集锡、锌、铅、铝等的氧化物。

电除尘器（见图3-11）以电力为捕尘机理。分为干式电除尘器（干法清灰）和湿式电除尘器（湿法清灰）。电除尘器按国际通用习惯也称为静电除尘器，与其他除尘器的根本区别在于除尘过程的分离力直接作用在粒子上，而不是作用于整个气流上。这就决定了它具有分离粒子耗能小、气流阻力小的特点。由于作用在粒子上的静电力相对较大，所以对亚微米级的粒子，电除尘器也能有效捕集。电除尘器对 $1 \sim 2 \mu m$ 细微粉尘的捕集效率高达99%以上；压力损失仅为 $200 \sim 500 Pa$；处理烟气量大，处理能力可达 $10^5 \sim 10^6 m^3$；能耗低，一般为 $0.2 \sim 0.4 W/m^3$；能在高温或强腐蚀性气体下操作，正常操作温度高达400℃。其主要缺点是一次性投资费用高、占地面积较大、除尘效率受粉尘比电阻等物理性质限制，不适宜直接净化高浓度含尘气体，此外对粉尘有一定的选择性，且结构复杂，安装、维护管理要求严格；对制造和安装质量要求很高，需要高压变电及整流控制设备。但值得一提的是，静电除尘器设备使用 $3 \sim 5$ 年的总投资比大多数其他除尘设备低。

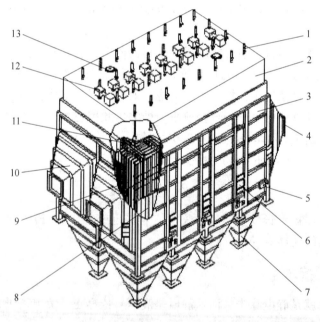

图3-11　电除尘器

1—电磁锤振打器；2—保温箱；3—壳体；4—出口喇叭；5—阳极振打装置；
6—双层人孔门；7—灰斗；8—阳极系统；9—气流均布装置；10—进口喇叭；
11—阴极系统；12—高压进线；13—顶部检修孔

静电除尘器的形式多种多样，通常包括本体、高压直流电源和附属设备三部分组成。静电除尘器本体部分大致可分为内件、支撑部件和辅助部件三大部分：

内件部分包括阳极系统、阳极振打、阴极系统、阴极振打四个部件，这是电除尘器的核心部件，也是静电除尘器的心脏部分；支撑部件包括壳体、顶盖、灰斗、灰斗挡风、进出口封头、低梁、尘中走道、气流均布装置等；辅助部件包括走梯平台、顶部支架、灰斗电加热、灰斗料位计、钢支部等。电除尘器只有在良好的供电情况下，才能获得高除尘效率。因此，为了充分发挥电除尘器的作用，应配备能供给足够的高压并具有足够的功率的供电设备。除了电除尘器的本体和电源，通常还配置一些附属设备，比如输灰管道前端配置的鼓风机、湿式电除尘器需配置溢流装置或喷雾加湿装置。

静电除尘器设备在被处理气体的流量、形状和环境保护的不同要求下，可根据气流流动方向、除尘器结构、清灰方式等进行分类。根据气流流动方向可分为立式和卧式，按阳极板的结构形式可分为管式和板式静电除尘器，按清灰方式不同可分为干式和湿式。

电除尘器是一种用于捕集细微粉尘的高效除尘器，已广泛应用于冶金、化工、水泥、火电站以及轻工（如纺织）等行业，它是利用静电力实现气体中的固体或气体粒子与气流分离的一种除尘装置。

3.3.1　电除尘器的分类

按电极清灰方式不同分为干式电除尘、湿式电除尘、雾状粒子捕集器和半湿式电除尘器等。

（1）干式电除尘器。在干燥状态下捕集烟气中的粉尘，沉积在除尘板上的粉尘借助机械振打清灰的除尘器称为干式电除尘器。这种除尘器振打时，容易使粉尘产生二次飞扬，所以，设计干式电收尘器时，应充分考虑粉尘二次飞扬的问题。现大多数收尘器都采用干式。

（2）湿式电除尘器。收尘器捕集的粉尘，采用水喷淋或用适当的方法在除尘极表面形成一层水膜，使沉积在除尘器上的粉尘和水一起流到除尘器的下部排出，采用这种清灰方法的电除尘器称为湿式电除尘器。这种电除尘器不存在粉尘二次飞扬的问题，但是极板清灰排出水会造成二次污染。

（3）雾状粒子电捕集器。这种电除尘器捕集像硫酸雾、焦油雾那样的液滴，捕集后呈液态流下并除去，它也是属于湿式电除尘器的范畴。

（4）半湿式电除尘器。具有干式和湿式电收尘器的优点，出现了干、湿混合式电除尘器，也称半湿式电除尘器，高温烟气先经干式除尘室，再经湿式除尘室后经烟囱排出。湿式除尘室的洗涤水可以循环使用，排出的泥浆，经浓缩池用泥浆泵送入干燥机烘干，烘干后的粉尘进入干式除尘室的灰斗排出。

按气体在电除尘器内的运动方向分为立式电除尘器和卧式电除尘器。

（1）立式电除尘器。气体在电除尘器内自下而上做垂直运动的称为立式电除尘器。这种电除尘器适用于气体流量小，收尘效率要求不高及粉尘性质易于捕集和安装场地较狭窄的情况。

（2）卧式电除尘器。气体在电除尘器内沿水平方向运动的称为卧式电除尘。卧式电除尘器与立式电除尘器相比具有以下特点：

1）沿气流方向可分为若干个电场，这样可根据除尘器内的工作状态，各个电场可分别施加不同的电压以便充分提高电除尘器的除尘效率。

2）根据所要求达到的除尘效率，可任意增加电场长度，而立式除尘器的电场不宜太高，否则需要建造高的建筑物，而且设备安装也比较困难。

3）在处理较大烟气量时，卧式电除尘器比较容易保证气流沿电场断面均匀分布。

4）设备安装高度较立式电除尘器低，设备的操作维修比较简单。

5）适用于负压操作，可延长排风机的使用寿命。

6）各个电场可以分别捕集不同粒度的粉尘，这有利于有色稀有金属的捕集回收，当原料中钾含量较高时有利于水泥厂提取钾肥。

7）占地面积比立式电除尘器大，所以旧厂扩建或收尘系统改造时，采用卧式电除尘器往往要受到场地的限制。

按除尘器的形式分为管式电除尘器和板式电除尘器。

（1）管式电除尘器。这种电除尘器的除尘极由一根或一组呈圆形、六角形或方形的管子组成，管子直径一般为 200～300mm，长度 3～5m。截面是圆形或星形的电晕线安装在管子中心，含尘气体自上而下从管内通过。

（2）板式电除尘器。这种电除尘器的收尘板由若干块平板组成，为了减少粉尘的二次飞扬和增强极板的刚度，极板一般要轧制成各种不同的断面形状，电晕极安装在每排收尘极板构成的通道中间。

按除尘板和电晕极的不同配置分为单区电除尘器和双区电除尘器。

（1）单区电除尘器。这种电除尘器的收尘板和电晕极都安装在同一区域内，所以粉尘的荷电和捕集在同一区域内完成，单区电收尘器是被广泛采用的电除尘器装置。

（2）双区电除尘器。这种电除尘器的除尘系统和电晕系统分别装在两个不同的区域内。前区内安装电晕极和阳极板，粉尘在此区域内进行荷电，这个区为电离区，后区内安装收尘极和阴极板，粉尘在此区域内被捕集，称此区为收尘区，由于电离区和收尘区分开，称为双区除尘器。

按振打方式分为侧部振打电除尘器和顶部振打电除尘器。

（1）侧部振打电除尘器。这种除尘器的振打装置设置于除尘器的阴极或阳极的侧部，称为侧部振打电除尘器；现用的较多的为挠臂锤振打，为防止粉尘的二次飞扬，在振打轴的 360° 上均匀布置各锤头，避免同时振打而引起的二次飞扬。其振打力的传递与粉尘下落方向成一定夹角。

（2）顶部振打电除尘器。这种电除尘器的振打装置设置在除尘器的阴极或阳极的顶部，称为顶部振打电除尘器。早期引进美式电除尘器多为顶部锤式振打，由于其振打力不便调整，且普遍用于立式电除尘中，因此得不到广泛应用，现应用较多的是顶部电磁振打，安装在除尘器顶部，振动的传递效果好，且运行安全可靠、检修维护方便。

综上所述，电除尘器的类型很多，但是大多数工业窑炉是利用干式、板式、单区卧式，侧部振动或顶部振打电除尘器，本书将较详细介绍20世纪80年代引进美国加以吸收改进的 BE 型及 BEL 型电除尘器。

3.3.2 除尘过程

3.3.2.1 气体的电离

空气在正常状态下是不能导电的绝缘体，但是当气体分子获得能量时就能使气体分子中的电子脱离而成为自由电子，这些电子成为输送电流的媒介、气体就具有导电的能力了。

使气体具有导电能力的过程称为气体电离。如何使气体电离对理解电除尘的基本理论是很有必要的。

任何物质都是由原子构成的。而原子又是由带负电荷的电子，带正电荷的质子以及中性的中子三类亚原子粒子组成的。电子的负电荷与质子的电荷量是等量的，一个电子或一个质子的电荷量是电荷的最小单位，这个电荷量用 e 表示。在原子核的外面一定空间有电子，电子的数目等于原子核中质子的数目。电子围绕原子核沿一定的轨迹运行，不同的原子其形状和层数都是不同的。如果原子没有受到干扰，没有电子从原子核的周围空间移出，则整个原子呈电中性，也就是原子核的正电荷与电子的负电荷相加为零。如果移去一个或多个电子，剩下带正电荷的结构就称为正离子，获得一个或多个额外电子的原子称为负离子，失去或得到电子的过程称为电离。

3.3.2.2 导电过程

在电场中，由于自由电子获得能量而传递的电流是微不足道的。所以，它不能使粉尘荷电而沉积在收尘极上。当电压差再继续增大时，气体中通过的电流可以超过饱和值，从而发生辉光放电，电晕放电和火花放电现象，气体导电过程可用曲线表示（见图 3 - 12）。

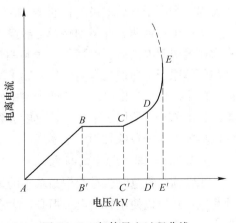

图 3 - 12　气体导电过程曲线

在图中 AB 段，气体导电仅借助大气中存在的少量自由电子。在 BC 段，电流已不再增加，而电压自 B′增加至 C′，使部分电子获得足够的动能，足以使之与碰撞气体的中性分子发生电离，结果在气体中开始产生新的电子和离子，并开始由气体离子传递电流，所以 C′点电压是气体开始电离的电压，通常称为始发临界电压，或临界电离电压。

在 CD 段，电子与气体中性分子碰撞，结合形成阴离子，由于阴离子迁移率大于阳离子迁移率 102 倍。因此在 CD 段使气体发生碰撞电离的离子只是阴离子。所以将电子与中性分子碰撞产生新离子的现象，称为二次电离或碰撞电离。它的放电现象不产生声响，也称无声自发性放电。

在 DE 段，随着电压的升高，不仅迁移率大的阴离子与中性气体碰撞产生电离，迁移率较小的阳离子也因获得能量与中性分子碰撞使之电离，因此电场中连续不断地生成大量的新离子和电子，这就是所谓气体电离中"电子雪崩"现象。为满足电除尘的需要，电场中 $1cm^3$ 的空间就要存在上亿个离子。此时，在黑暗中可观察到电极周围蓝色的光点，同时还可以听到较大的咝咝声和噼啪的爆裂声。这些蓝色的光点或光环称为电晕，也将这一段的放电称为电晕放电，亦称为电晕电离过程。我们将开始发生电晕时的电压（即 D′点的电压），称为临界电晕电压。

电极间的电压升到 E′点，由于电晕区扩大致使电极间可能产生火花，甚至产生电弧。此时，电极间的气体介质全部产生电击穿现象。E′点的电压称为火花放电电压。火花放电的特性是使电压急剧下降，同时在极短暂的时间内通过大量电流。

气体的电离和导电过程具有临界电离，二次电离、电晕电离、火花放电，随着电压的变化，其特性也随着变化，电除尘器就是利用两极间的电晕电离工作的，而火花放电是应限制的。电晕电离主要是电子雪崩的结果。什么叫电子雪崩呢？当一个电子从放电极（阴极）向收尘极（阳极）运动时，若电场强度足够大，则电子被加速，在运动路径上碰撞气体原子会发生碰撞电离。和气体原子第一次碰撞引起电离后，就多了一个自由电子，这两个自由电子向收尘极运动时，又与气体原子碰撞使之电离，每一原子又多产生一个自由电子，于是第二次碰撞后，就变成四个自由电子，这四个自由原子又与气体原子碰撞使之电离，产生更多的自由原子。所以一个电子从放电极到除尘极，由于碰撞电离、电子数将雪崩似的增加，这种现象称为电子雪崩。

3.3.2.3 烟气粉尘的荷电

尘粒荷电是电除尘过程中最基本的过程。虽然有许多与物理和化学现象有关的荷电方式可以使尘粒荷电，但是，大多数方式产生的电荷量不大，不能满足电除尘净化大量含尘气体的要求。因为在电除尘中使尘粒分离的力主要是库仑力，而库仑力与尘粒所带的电荷量和除尘区电场强度的乘积成比例。所以，要尽量使尘粒多荷电，如果荷电量加倍，则库仑力会加倍。若其他因素相同，这意味着电除尘器的尺寸可以缩小一半。根据理论和实践证明单极性高压电晕放电使尘粒荷电效果更好，能使尘粒荷电达到很高的程度，所以，电除尘都是采用单极性荷电。就本质而言，阳性电荷与阴性电荷并无区别，都能达到同样的荷电程度。而实践中对电性的选择，是由其他标准决定的。工业气体净化的电除尘器，选择阴性是由于它具有较高的稳定性，并且能获得较高的操作电压和较大的电流。在电除尘器的电场中，尘粒的荷电量与尘粒的粒径、电场强度和停留时间等因素有关。而尘粒的荷电机理基本有两种，一种是电场中离子的依附荷电，这种荷电机理通常称为电场荷电或碰撞荷电。另一种则是由于离子扩散现象产生的荷电过程，通常这种荷电过程为扩散荷电。哪种荷电机理是主要的，这取决尘粒的粒径。对于尘粒大于 0.5mm 的尘粒，电场荷电是主要的。对于粒径小于 0.2mm 的尘粒，扩散荷电是主要的。而粒径在 0.2~0.5mm 之间的尘粒，二者均起作用。但是，就大多数实际应用的工业电收尘器所捕集的尘粒范围而言，电场荷电更为重要。

3.3.2.4　电场电荷

将一球形尘粒置于电场中，这一尘粒与其他尘粒的距离，比尘粒的半径要大得多，并且尘粒附近各点的离子密度和电场强度均相等。因为尘粒的相对介电常数 ε_r 大于1，所以，尘粒周围的电力线发生变化，与球体表面相交。

沿电力线运动的离子与尘粒碰撞将电荷传给尘粒，尘粒荷电后，就会对后来的离子产生斥力，因此，尘粒的荷电率逐渐下降，最终荷电尘粒本身产生的电场与外加电场平衡时，荷电便停止。这时尘粒的荷电达到饱和状态，这种荷电过程就是电场荷电。

3.3.2.5　扩散荷电

尘粒的扩散荷电是由于离子无规则的热运动造成的。离子的热运动使离子通过气体扩散。扩散时与气体中所含的尘粒相碰撞，这样离子一般都能吸附在尘粒上，这是由于离子接近尘粒时，有吸引的电磁力在起作用。粒子的扩散荷电取决于离子的热能、尘粒的大小和尘粒在电场中停留的时间等。在扩散荷电过程中，离子的运动并不是沿着电力线而是任意的。烟气中含有大量氧、二氧化碳、水蒸气之类的负电性气体，当电子与负电性气体分子相碰撞后，电子被捕获并附着在分子上形成负离子，因此在电晕区边界到集尘极之间的区域内含有大量负离子和少量的自由电子。烟气中所带的尘粒主要在此区域荷电。哪种荷电机理是主要的，这要取决尘粒的粒径，原理同烟气粉尘荷电。

3.3.2.6　荷电尘粒的运动

粉尘荷电后，在电场的作用下，带有不同极性电荷的尘粒，则分别向极性相反的电极运动，并沉积在电极上，工业电除尘多采用负电晕，在电晕区内少量带正电荷的尘粒沉积到电晕极上，而电晕外区的大量尘粒带负电荷，因而向收尘极运动。

驱进速度是荷电悬浮尘粒在电场力作用下向收尘极板表面运动的速度。在电除尘器中作用在悬浮尘粒上的力只剩下电力、惯性力和介质阻力。在正常情况下，尘粒到达其最终速度所需时间与尘粒在收尘器中停留的时间相比是很小的，也就意味着荷电粒在电场力作用下向收尘极运动时，电场力和介质阻力很快就达到平衡，并向收尘极做等速运动，相当于忽略惯性力，并且认为荷电区的电场强度 E_0 和收尘区的场强 E_p 相等，都为 E，因此已荷电的尘粒在电场中主要受两种力作用：

$$F_1(电场力) = qE$$

式中 q——尘粒所带荷电量；

E——尘粒所在处电场强度。

$$F_2(介质阻力) = 6\pi a\mu\omega$$

式中 a——尘粒半径；

μ——黏滞系数；

ω——驱进速度。

3.3.2.7 荷电尘粉的捕集

在电除尘器中，荷电极性不同的尘粉在电场力的作用下，分别向不同极性的电极运动。在电晕区和靠近电晕区很近的一部分荷电尘粒与电晕极的极性相反，于是就沉积在电晕极上。但因为电晕区的范围小，所以数量也小。而电晕外区的尘粒，绝大部分带有电晕极性相同的电荷，所以，当这些荷电尘粒接近收尘极表面时，使沉积在极板上而被捕集。尘粒的捕集与许多因素有关。如尘粒的比电阻、介电常数和密度，气体的流速、温度和湿度，电场的伏－安特性，以及收尘极的表面状态等。要从理论上对每一个因素的影响表达出来是不可能的，因此尘粒在电除尘器的捕集过程中，需要根据试验或实践经验来确定各因素的影响。尘粒在电场中的运动轨迹，主要取决于气流状态和电场的综合影响，气流的状态和性质是确定尘粒被捕集的基础。气流的状态原则上可以是层流或紊流。层流的模式只能在实验室实现。而工业上用的电除尘，都是以不同程度的紊流进行的。层流条件下的尘粒运行轨迹可视为气流速度与驱进速度的矢量和，紊流条件下电场中尘粒运动的途径几乎完全受紊流的支配，只有当尘粒偶然进入库仑力能够起作用的层流边界区内，尘粒才有可能被捕集。这时通过电除尘的尘粒既不可能选择它的运动途径，也不可能选择它进入边界区的地点，很有可能直接通过电除尘器而未进入边界层。在这种情况下，显然尘粒不能被收尘极捕集。因此，尘粒能否被捕集应该说是一个概率问题。

3.3.2.8 振打清灰及灰料输送

荷电尘粉到达电极后，在电场力和介质阻力的作用下附集在电极上形成一定厚度的尘层，在电除尘器中通常设计有振打装置，能给电极一个足够大的加速度，在已捕集的粉尘层中产生惯性力，用来克服粉尘在电极上的附着力，将粉尘打下来。在电极上形成一定厚度的尘层，受到振打后，该尘层脱离电极，一部分会在重力的作用下落入灰斗，而另一部分会在下落过程中，重新回到气流中去，已被电极捕捉的粉尘重新回到气流中去成为粉尘的二次飞扬，二次飞扬影响除尘效率，在电除尘过程中是不能完全避免的，但又需要努力去减少它，除了设计有利于克服二次飞扬的收尘极结构外，选取一个合理的振打制度很重要。理论和实践都证明，粉尘层在电极上形成一定厚度后再振打，让粉尘成块状下落避免引起较大的二次飞扬。积聚在灰斗中的粉尘采用合适的卸、输灰设备输送到灰库或灰场。

3.4 袋式除尘技术

袋式除尘器是一种干式滤尘装置，见图 3 – 13。它适用于捕集细小、干燥、非纤维性粉尘。滤袋采用纺织的滤布或非纺织的毡制成，利用纤维织物的过滤作用对含尘气体进行过滤，当含尘气体进入袋式除尘器后，颗粒大、密度大的粉尘，由于重力的作用沉降下来，落入灰斗，含有较细小粉尘的气体在通过滤料时，粉尘被阻留，使气体得到净化。

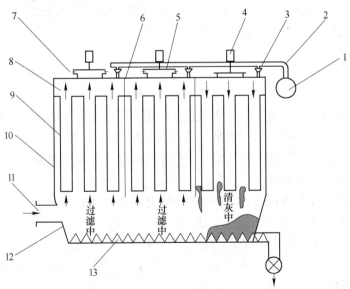

图 3 – 13　袋式除尘器

1—气包；2—压缩空气管道；3—脉冲电磁阀；4—提升阀；5—阀板；6—袋室隔板；
7—排风口；8—箱体；9—滤袋；10—袋室；11—进风口；12—灰斗；13—输灰机构

3.4.1　袋式除尘技术的原理

过滤式除尘器是指含尘烟气孔通过过滤层时，气流中的尘粒被滤层阻截捕集下来，从而实现气固分离的设备。

过滤式除尘装置包括袋式除尘器和颗粒层除尘器，前者通常利用有机纤维或无机纤维织物做成的滤袋作过滤层，而后者的过滤层多采用不同粒径的颗粒，如石英砂、河砂、陶粒、矿渣等组成。伴着粉末重复的附着于滤袋外表面，粉末层不断地增厚，布袋除尘器阻力值也随之增大；脉冲阀膜片发出指令，左右淹没时脉冲阀开启，高压气包内的压缩空气通了，如果没有灰尘了或是小到一定的程度，机械清灰工作就会停止工作。

3.4.2　袋式除尘器的分类

（1）按滤袋的形状分为：扁形袋（梯形及平板形）和圆形袋（圆筒形）。

（2）按进出风方式分为：下进风上出风、上进风下出风和直流式（只限于板状扁袋）。

（3）按滤袋的过滤方式分为：外滤式及内滤式。

滤料分为纤维、棉纤维、毛纤维、合成纤维以及玻璃纤维等，不同纤维织成的滤料具有不同性能。常用的滤料有 208 或 901 涤纶绒布，使用温度一般不超过 120℃，经过硅碉树脂处理的玻璃纤维滤袋，使用温度一般不超过 250℃，棉毛织物一般适用于没有腐蚀性；温度在 80～90℃以下的含尘气体。

3.4.3　日常运转

袋式除尘器的运转可分为试运转与日常运转。首先，进行试运转时，必须对系统的单一部件进行检查，然后作适应性运转，并作部分性能试验。在日常运转中，仍应进行必要的检查，特别是对袋式除尘器的性能检查。要注意主机设备负荷的变化会对除尘器性能产生影响。在机器开动之后，应密切注意袋式除尘器的工作状况，做好有关记录。

在新的袋式除尘器试运行时，应特别注意检查下列事项：

（1）风机的旋转方向、转速、轴承振动和温度。

（2）处理风量和各测试点压力与温度是否与设计相符。

（3）滤袋的安装情况，在使用后是否有掉袋、松口、磨损等情况发生，投运后可目测烟囱的排放情况。

（4）要注意袋室结露情况是否存在，排灰系统是否畅通。防止堵塞和腐蚀发生，积灰严重时会影响主机的生产。

（5）清灰周期及清灰时间的调整，这项工作是左右捕尘性能和运转状况的重要因素。清灰时间过长，可清除附着的粉尘层，成为滤袋泄漏和破损的原因。如果清灰时间过短，滤袋上的粉尘尚未清落掉，恢复过滤作业，将使阻力很快地恢复并逐渐增高，最终影响其使用效果。

两次清灰时间间隔称清灰周期，一般希望清灰周期尽可能地长一些，使除尘器能在经济的阻力条件下运转。因此，必须对粉尘性质、含尘浓度等进行慎重研究，并根据不同的清灰方法来决定清灰周期和时间，并在试运转中进行调整，以达到较佳的清灰参数。

在开始运转时，常会出现一些事先预料不到情况，例如，出现异常的温度、压力、水分等将给新装置造成损害。

气体温度的急剧变化，会引起风机轴的变形，造成不平衡状态，运转时发生振动。一旦停止运转，温度急剧下降，再重新启动时又会产生振动。最好根据气体温度来选用不同类型的风机。

设备试运转的好坏，直接影响其是否能投入正常运行，如处理不当，袋式除尘器很可能会很快失去效用，因此，做好设备的试运转必须细心和慎重。

3.4.4 日常运行

在袋式除尘器的日常运行中，由于运行条件会发生某些改变，或者出现某些故障，其将影响设备的正常运转状况和工作性能，要定期进行检查和适当调节，目的是延长滤袋的寿命，降低动力消耗及回收有用的物料。应注意的问题有：

（1）运行记录。每个通风除尘系统都要安装和备有必要的测试仪表，在日常运行中必须定期进行测定，并准确地记录下来，这就可以根据系统的压差、进、出口气体温度、主电机的电压、电流等的数值及变化来进行判断，并及时排除故障，保证其正常运行。

通过记录发现的问题有：清灰机构的工作情况，滤袋的工况（破损、糊袋、堵塞等问题），以及系统风量的变化等。

（2）流体阻力。U型压差计可用来判断运行情况：如压差增高，意味着滤袋出现堵塞、滤袋上有水汽冷凝、清灰机构失效、灰斗积灰过多以致堵塞滤袋、气体流量增多等情况。而压差降低则意味着出现了滤袋破损或松脱、进风侧管道堵塞或阀门关闭。箱体或各分室之间有泄漏现象、风机转速减慢等情况。

（3）安全。袋式除尘器要特别注意采取防止燃烧、爆炸和火灾事故的措施。在处理燃烧气体或高温气体时，常常有未完全燃烧的粉尘、火星、有燃烧和爆炸性气体等进入系统之中，有些粉尘具有自燃着火的性质或带电性，同时，大多数滤料的材质又都是易燃烧、摩擦易产生积聚静电的，在这样的运转条件下，存在发生燃烧、爆炸事故的危害，这类事故的后果往往很严重。应考虑采取防火、防爆措施，如：

（1）在除尘器的前面设燃烧室或火星捕集器，以便使未完全燃烧的粉尘与气体完全燃烧或把火星捕集下来。

（2）采取防止静电积聚的措施，各部分用导电材料接地，或在滤料制造时加入导电纤维。

（3）防止粉尘的堆积或积聚，以免粉尘的自燃和爆炸。

（4）人进入袋室或管道检查或检修前，务必通风换气，严防 CO 中毒。

3.4.5 防爆

3.4.5.1 粉尘爆炸的特点

粉尘爆炸的特点是：

（1）粉尘爆炸比可燃物质及可燃气体复杂。一般可燃粉尘悬浮于空气中形成在爆炸浓度范围内的粉尘云，在点火源作用下，与点火源接触的部分粉尘首先被点燃并形成一个小火球。在这个小火球燃烧放出的热量作用下，周围临近粉尘被加热、温度升高、着火燃烧现象产生，这样火球就将迅速扩大而形成粉尘爆炸。

（2）粉尘爆炸发生后，往往会产生二次爆炸，这是由于在第一次爆炸时，有不少粉尘沉积在一起，其浓度超过了粉尘爆炸的上限浓度值而不能爆炸。但是，当第一次爆炸形成的冲击波或气浪将沉积粉尘重新扬起时，在空中与空气混合，浓度在粉尘爆炸范围内，就可能紧接着产生二次爆炸。第二次爆炸造成的灾害往往比第一次爆炸要严重得多。

（3）粉尘爆炸的机理。可燃粉尘在空气中燃烧时会释放出能量，并产生大量气体，而释放出能量的快慢，即燃烧速度的大小与粉体暴露在空气中的面积有关。因此，对同一种固体物质的粉体，其粒度越小，比表面积则越大，燃烧扩散就越快。如果这种固体的粒度很细，以致可悬浮起来，一旦有点火源使之引燃，则可在极短的时间内释放出大量的能量。这些能量来不及散逸到周围环境中去，致使该空间内气体受到加热并绝热膨胀，而另一方面粉体燃烧时产生大量气体，会使体系形成局部高压，以致产生爆炸及传播，这就是通常称作的粉尘爆炸。

（4）粉尘爆炸与燃烧的区别。大块的固体可燃物燃烧是以近于平行层向内部推进，例如煤的燃烧等。这种燃烧能量的释放比较缓慢，产生的热量和气体可以迅速逸散。可燃性粉尘的堆状燃烧，在通风良好的情况下形成明火燃烧，而在通风不好的情况下。可形成无烟或焰的隐燃。

（5）可燃粉尘分类。粉体按其可燃性可划分为两类：一类为可燃；一类为非可燃。可燃粉体的分类方法和标准在不同的国家有所不同。

3.4.5.2 粉尘浓度和颗粒对爆炸的影响

粉尘浓度和颗粒对爆炸的影响是：

（1）粉尘浓度。可燃粉尘爆炸也存在粉尘浓度的上下限。该值受点火能量、氧浓度、粉体粒度、粉体品种、水分等多种因素影响。采用简化公式，可估算出爆炸极限，一般而言粉尘爆炸下限浓度为 $20\sim60g/m^3$，上限介于 $2\sim6kg/m^3$。上限受到多种因素的影响，其值不如下限易确定，通常也不易达到上限的浓度。所以，下限值更重要、更有用。

（2）粉体粒度。可燃物粉体颗粒大于 $400\mu m$ 时，形成的粉尘云不具有可爆性。但对于超细粉体当其粒度在 $10\mu m$ 以下时，则具有较大的危险性。应引起注意的是，有时即使粉体的平均粒度大于 $400\mu m$，但其中往往也含有较细的粉体，这部分的粉体也具备爆炸性。

3.4.5.3 粉尘爆炸的技术措施

燃烧反应需要有可燃物质和氧气，还需要有一定能量的点火源。对粉尘爆炸来说应具备三个要素：点火源、可燃细粉尘、粉尘悬浮于空气中，形成在爆炸浓度范围内的粉尘云。这三个要素同时存在才会发生爆炸。因此，只要消除其中一条，即可防止爆炸的发生。在袋式除尘器中常采用以下技术措施：

（1）防爆的结构设计措施。在本体结构的特殊设计中，为防止除尘器内部构件可燃粉尘的积灰，所有梁、分隔板等应设置防尘板，而防尘板斜度应小于70°。灰斗的溜角大于70°，为防止因两斗壁间夹角太小而积灰，两相邻侧板应焊上溜料板，消除粉尘的沉积，考虑到由于操作不正常和粉尘湿度大时出现灰斗结露堵塞，设计灰斗时，在灰斗壁板上对高温除尘器增加蒸汽管保温或管状电加热器。为防止灰斗篷料，每个灰斗还需设置仓臂振动器或空气炮。

（2）采用防静电滤袋。在除尘器内部，由于高浓度粉尘在流动过程中互相摩擦，粉尘与滤布也有相互摩擦都能产生静电，静电的积集会产生火花而引起燃烧。对于脉冲清灰方式，滤袋用涤纶针刺毡，为消除涤纶针刺毡易产生静电的不足，滤袋布料中常放入导电的金属丝或碳纤维，在安装滤袋时，滤袋通过钢骨架和多孔板相连，经壳体连入车间接地网。对于反吹风清灰的滤袋，已开发出MP922 等多种防静电产品，使用效果很好。

（3）设置安全孔（阀）。将爆炸局限于袋式除尘器内部而不向其他方面扩展，设置安全孔和必不可少的消火设备，实为重要。设置安全孔的目的不是让安全孔防止发生爆炸，而是用它限制爆炸范围和减少爆炸次数。大多数处理爆炸性粉尘的除尘器都是在设置安全孔条件下进行运转的。安全孔的设计应保证万一出现爆炸事故，能切实起到作用；平时要加强对安全孔的维护管理。

1）防爆板是由压力差驱动、非自动关闭的紧急泄压装置，主要用于管道或除尘设备，使它们避免因超压或真空而导致破坏。与安全阀相比，爆破片具有泄放面积大、动作灵敏、精度高、耐腐蚀和不容易堵塞等优点。爆破片可单独使用，也可与安全阀组合使用。

2）防爆阀设计安全防爆阀。设计主要有两种：一种是防爆板；另一种是重锤式防爆阀。前一种破裂后需更换新的板，生产要中断，遇高负压时，易坏且不易保温。后一种较前一种先进一些，在关闭状态靠重锤压，严密性差。上述两种方法都不宜采用高压脉冲清灰。为解决严密性问题，在重锤式防爆阀上可设计防爆安全锁。其特点是：在关闭时，安全门主要通过此锁进行锁合，在遇爆炸时可自动打开进行释放，其释放力（安全力）又可通过弹簧来调整。为了使安全门受力均衡，一般根据安全门面积需设置 4~6 个锁不等。为使防爆门严密不漏风可设计成防爆板与安全锁双重结构。

（4）检测和消防措施。为防患于未然，在除尘系统上可采取必要的消防措施。

1）消防设施。主要有水、CO_2 和惰性灭火剂。对于水泥厂主要采用 CO_2，而钢厂可采用氮气。

2）温度的检测。为了解除尘器温度的变化情况，控制着火点，一般在除尘器入口，灰斗上分别装若干温度计。

3）CO 的检测。因大型除尘设备体积较大，温度计的装设是很有限的，有时在温度计测点较远处发生燃烧现象难于从温度计上反映出来。可在除尘器出口处装设一台 CO 检测装置，以帮助检测，只要除尘器内任何地方发生燃烧现象，烟气中的 CO 便会升高，此时把 CO 浓度升高的报警与除尘系统控制联锁，以便及时停止系统除尘器的运行。

（5）设备接地措施。防爆除尘器因运行安全常常需要露天布置。甚至露天布置在高大的钢结构上，根据设备接地要求，设备接地避雷成为一项必不可少的措施，但是除尘器一般不设避雷针。

（6）配套部件防爆。在除尘器防爆措施中选择防爆部件是必不可少的。防爆除尘器忌讳运行工况中的粉尘窜入电气负载内，可诱发爆炸。除尘器运行时电气负载、元件在电流传输接触时，甚至导通中也难免产生电击火花，放电火花诱导超过极限浓度的尘源气体爆炸也是极易发生的事，电气负载元件必须全部选用防爆型部件，杜绝爆炸诱导因素产生。保证设备运行和操作安全。例如，脉冲除尘器的脉冲阀、提升阀用的电磁阀都应当用防爆产品。

（7）防止火星混入措施。在处理木屑锅炉、稻壳锅炉、铝再生炉和冶炼炉等废气的袋式除尘器中，炉子中的已燃粉尘有可能随风管气流进入箱体，而使堆积在滤布上的粉尘着火，造成事故。为防止火星进入袋式除尘器，应采取如下措施：

1）设置预除尘器和冷却管道。设置旋风除尘器或惰性除尘器作为预除尘器，以捕集粗粒粉尘和火星。用这种方法，太细的微粒火星不易捕集，多数情况下微粒粉尘在进入除尘器之前能够燃尽。在预除尘器后设置冷却管道，并控制管内流速，使之尽量低。这是一种比较可靠的技术措施，它可使气体在管内有充分的停留时间。

2）冷却喷雾塔。预先直接用水喷雾的气体冷却法。为保证袋式除尘器内的含尘气体安全防火，冷却用水量是控制供给的。大部分燃烧着的粉尘一经与微细水滴接触即可冷却，但是水滴却易气化，为使尚未与水滴接触的燃烧粉尘能够冷却，应设有必要的空间和停留时间。在特殊情况下，采用喷雾塔、冷却管和预除尘器等联合并用，可较彻底地防止火星混入。

3）火星捕集装置。在管道上安装火星捕集装置是一种简便可行的方法。还有的在火星通过捕集器的瞬间，使其发出电气信号，进行报警。同时，停止操作或改变气体回路等。

（8）控制入口粉尘浓度和加入不燃性粉料袋式除尘器。在运转过程中，其内部浓度分布不可避免地会使某部位处于爆炸界限之内，为了提高安全性，避开管道内的粉尘爆炸上下限间的浓度。例如，在气力输送和粉碎分级等粉尘收集工作中，在设计时就要注意，使之在超过上限的高浓度下进行运转；在局部收集等情况时，则要在管路中控制粉尘浓度在下限以下的低浓度。

3.4.6 清灰方法

清灰方法主要有：

（1）气体清灰：气体清灰是借助高压气体或外部大气反吹滤袋，以清除滤袋上的积灰。气体清灰包括脉冲喷吹清灰、反吹风清灰和反吸风清灰。

（2）机械振打清灰：分顶部振打清灰和中部振打清灰（均对滤袋而言），是借助机械振打装置周期性的轮流振打各排滤袋，以清除滤袋上的积灰。

（3）人工敲打：是人工拍打每个滤袋，以清除滤袋上的积灰。

优点：

（1）除尘效率高，一般在99%以上，除尘器出口气体含尘浓度在每立方米数十毫克之内，对亚微米粒径的细尘有较高的分级效率。

（2）处理风量范围广，小的仅一至数立方米，大的可达一至数万立方米，既可用于工业炉窑的烟气除尘，也可减少大气污染物的排放。

（3）结构简单，维护操作方便。

（4）在保证同样高除尘效率的前提下，造价低于电除尘器。

（5）采用玻璃纤维、聚四氟乙烯等耐高温滤料时，可在200℃以上的高温条件下运行。

（6）对粉尘的特性不敏感，不受粉尘及电阻的影响。

3.5 湿式除尘技术

所有湿式除尘器的基本原理都是让液滴和相对较小的尘粒相接触/结合产生容易捕集的较大颗粒。在这个过程中，尘粒通过几种方法长成大的颗粒。这些过程包括: 较大的液滴把尘粒结合起来, 尘粒吸收水分从而质量 (或密度) 增加, 或者除尘器中较低温度下尘粒和液滴的聚集和增大。

在所有上述微粒成长方法中, 第一种方法是目前为止最具意义的一种捕集方法, 并应用于大多数湿式除尘器中。

(1) 惯性撞击。如果微粒分散于流动气体中, 当流动气体遇到障碍物时, 惯性将使微粒突破绕障碍流动的气体流, 其中一部分微粒将撞击到障碍物上。这种事件发生的可能性依赖于几个变数, 尤其是微粒具有的惯性大小和障碍物的尺寸大小 (在湿式除尘器中, 障碍物就是液滴)。在除尘器中, 惯性撞击发生在粉尘颗粒和相对较大的液滴之间。最常用的产生惯性撞击的机械设备如图 3 – 14 所示。图中尘粒和水滴存在于移动的气体流中。混合物进入收缩段, 横断面积减小从而使气体的流动速度增加。相对较大的液滴需要一些时间加速, 而小的颗粒不需要 (根据物质的相对惯性)。因此在这一阶段, 粉尘颗粒将由于惯性冲撞与移动较慢的水滴发生撞击。混合物接着经过喉道进入扩散段。和在收缩段的过程相反, 随着横断面积的增加, 气体流速减小, 颗粒运动速度随之减慢。液滴则由于较大的质量和惯性会保持较高的速度并且赶上并撞击粉尘颗粒。这种收缩喉管和发散段的设计通常称为除尘器的文丘里管段或者接触器段。

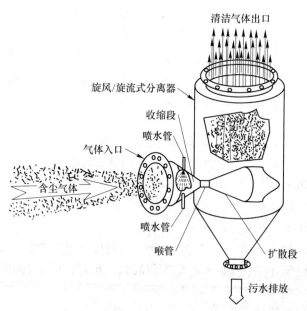

图 3 – 14 传统蜂腰状/沙漏型文丘里管湿式除尘器

虽然使用文丘里管是最通常的惯性撞击湿法除尘, 也可以使用其他方法。其中一种方法是使用各种不同设计 (如并流 (同向流), 逆流 (逆向流), 错流等) 的喷雾塔。这些除尘器有效应用于各种能在较低能耗下获得所需的捕集效率的场合，通常是粉尘颗粒较大或者除尘效率要求较低的情况下。

（2）拦截。如果小颗粒在流体中围绕障碍物移动，它将可能由于颗粒的相对大的物理尺寸与障碍物接触。这也会发生在粉尘颗粒和液滴的相对运动中。

（3）扩散。空气动力学粒径小于 $0.3\mu m$（密度为1）的小颗粒主要通过扩散捕集，因为它们质量小，不大可能发生惯性撞击，且物理尺寸小不容易被拦截。微小颗粒从高浓度区域向低浓度区域移动的过程称为扩散。扩散主要是布朗运动的结果，布朗运动即微小颗粒在周围气体分子和其他微粒碰撞下的无规则自由运动。当这些微粒被捕集到一个液滴里面，液滴邻近区域的微粒浓度降低，其他微粒又一次从高浓度区域向液滴邻近的低浓度区域移动。

（4）冷凝。如果通过控制流动气体流的热力学性质来引起气流冷凝，微粒在冷凝过程中能起到成长核的作用。然后表面覆盖了液体的微粒，易通过上述主要捕集机理捕集。通常获得冷凝的方法是把较低压力下的蒸汽和气体压缩到较高的压力，在饱和气流中引入蒸汽，或/和直接冷却气流。

（5）静电充电。当微粒和液滴之间存在不同的静电荷时，将更能有效地使尘粒和液滴相结合。静电洗涤器就是应用这个机理加强了粉尘和水滴的吸引从而提高了粉尘的收集效率。

（6）其他方法。另外在某些特定的除尘器中还应用到许多能提高微粒捕集能力的但相对不是很重要的机理。由于这些作用效果相对较小而且难以定量验证，在此就不做深入讨论了。其中的一些机理包括粒子聚沉、热泳和扩散泳。

（7）除雾器。一旦尘粒与液滴接触并被吸收，剩下的就是将液滴与气流分开。大体上来说，通过机械方法（如喷嘴，空气雾化）产生的液滴直径通常为 $50\mu m$ 或者更大。这样就能通过一些行之有效的方法相对容易地把液滴从气流中分离出来。一般最常用的方法有：

1）气液旋流分离器（或直流式旋风分离器）。

2）折板式（波纹板）除雾器。

3）雾气过滤器（丝网除雾器等）。

湿法除尘装置是相对简单的气液分离设备。过程所需的成本支出往往比实际洗涤过程的费用要高。装置所需空间也符合这一点。因为气液分离失败将导致除尘器排出气体中携带含尘液滴，许多与湿式除尘器安装不当的问题显而易见。由于这些原因，应该同样关注或者比微粒和液滴接触/结合过程更加关注液滴分离过程。

参考文献

［1］王旻．粉尘及其危害［J］．铁道劳动安全卫生与环保，2000（4）：254～256.

［2］李晋昌，董治宝．大气降尘研究进展及展望［J］．干旱区资源与环境，2010（2）：102～109.

［3］王成福．大气微细粉尘污染综合防治对策研究［J］．金华职业技术学院学报，2012（6）：31～36.

［4］张建强，白石清，渡边泉．城市道路粉尘、土壤及行道树的重金属污染特征［J］．西南交通大学学报，2006（1）：68～73.

［5］周捍东．我国木材工业粉尘污染的控制现状与进展（续）［J］．林产工业，2003（1）：19～21.

［6］罗根华．转载点粉尘扩散模式与综合治理方案研究［D］．长春：辽宁工程技术大学，2006.

［7］姚俊．粉尘污染对城市典型绿化树种的生理生态影响［D］．南京：南京林业大学，2009.

［8］张超光，蒋军成，郑志琴．粉尘爆炸事故模式及其预防研究［J］．中国安全科学学报，2005（6）：73～76，115.

［9］陈宝智，李刚，法兰科·赫尔特．粉尘爆炸特殊风险的辨识、评价和控制［J］．中国安全科学学报，2007（5）：96～100.

［10］韩明荣．袋式除尘技术在高炉煤气除尘中的应用研究［D］．秦皇岛：燕山大学，2006.

［11］赵海波，郑楚光．静电增强湿式除尘器捕集可吸入颗粒物的定量描述［J］．燃烧科学与技术，2007（2）：119～125.

［12］吕玉贵．旋风除尘技术在硫酸工业中应用［J］．化学工程与装备，2008（9）：125～126.

［13］曾伍兰，王立新，王伟文，等．超细颗粒的旋风除尘［J］．环境污染治理技术与设备，2005（1）：84～86.

［14］刘社育，蒋仲安，金龙哲．湿式除尘器除尘机理的理论分析［J］．中国矿业大学学报，1998（1）：49～52.

［15］葛世友．高压喷雾湿式纤维栅除尘技术研究及应用［D］．北京：北京科技大学，2007.

［16］隋金君．湿式旋流除尘器的研究及应用［D］．重庆：重庆大学，2003.

［17］黄三明．电除尘技术的发展与展望［J］．环境保护，2005（7）：59～63.

［18］白敏菂，依成武，杨波，等．电除尘技术研究现状及趋势［J］．环境工程学报，2007（8）：15～19.

［19］林尤文，刘卫平，韩沁沁．我国电除尘技术与产业发展的回顾和展望［J］．中国环保产业，2005（11）：15～18.

4 化工行业主要气态污染物处理技术

4.1 化工行业中二氧化硫气体污染物控制

4.1.1 SO_2 的性质、来源及危害

4.1.1.1 SO_2 的性质及来源

SO_2 是无色有刺激性气味的有毒气体，比空气重，易液化，易溶于水（约为 1:40），其溶液称为"亚硫酸"溶液。SO_2 气体同时具有还原性与氧化性，其中以还原性为主。SO_2 是一种酸性气体，与碱反应生成亚硫酸盐，亚硫酸盐可被空气中的氧气氧化为硫酸盐。SO_2 最突出的环境特征是它在大气中也能被氧化，最终生成硫酸或硫酸盐，是酸雨和光化学烟雾的成因之一。

大气中 SO_2 的来源分为两大类：天然来源和人为来源。天然来源包括火山喷发、植物腐烂等，大约占大气中 SO_2 总量的 1/3。人为活动是造成大气中 SO_2 含量上升的主要原因。人为来源主要包括矿物燃料燃烧和含硫物质的工业生产过程。SO_2 排放量较大的工业部门有火电厂、钢铁、有色冶炼、化工、炼油、水泥等。

人为活动排入大气中的 SO_2，随着生产的发展，以惊人的速度增加。1990 年以来，中国 SO_2 排放量总体呈波动上升趋势，由 1990 年的 1495 万吨增加到 2006 年的 2588 万吨，SO_2 排放量急剧增加，严重威胁人类健康，影响环境安全。近年来我国制定了一系列政策控制 SO_2 的排放，并取得了可喜的成果。2006 年我国 SO_2 排放量达到峰值，之后逐年减少。其中生活 SO_2 排放主要源于居民生活燃煤，总体排放量逐年减少。工业排放主要源于火力发电、工业锅炉、窑炉等以煤炭为燃料和原料的产业，2006 年后 SO_2 工业排放量逐年下降，工业 SO_2 排放量占 SO_2 排放总量的 85% 以上。近年来我国 SO_2 排放量现状如表 4-1 所示。

表 4-1 2001~2010 年中国 SO_2 排放量　　　　　（万吨）

年　份	2001	2002	2003	2004	2005	2006	2007	2008	2009	2010
SO_2 排放总量	1947	1926	2158	2254	2549	2588	2468	2321	2214	2295
工业 SO_2 排放总量	1566	1562	1792	1891	2168	2235	2140	1991	1866	1864
生活 SO_2 排放总量	381	364	366	363	381	353	328	330	348	431

4.1.1.2　SO₂ 的危害

A　对人体的危害

SO_2 对人体健康的影响，具有长期、广泛、慢性作用等特点。SO_2 可溶解于人体的血液和其他活性液中，使人体免疫力下降，并导致多种疾病，如慢性支气管炎、眼结膜炎症等。SO_2 若与飘尘和水形成 H_2SO_4 酸雾被吸入肺部后，将滞留在肺壁上，引起肺纤维病变。不同浓度 SO_2 的危害详见表 4－2。

表 4－2　空气中不同 SO₂ 含量危害

浓度/mL·m⁻³	对 人 体 影 响
0.01~0.1	由于光化学反应生成分散性颗粒，引起视野距离缩小
0.1~1	植物及建筑结构材料受损害
1~10	对人有刺激作用
1~5	感觉到 SO_2 气味
5~10	人在此环境下进行较长时间的操作时尚能忍受
10~100	对动物进行试验时出现种种症状
20	人因受到刺激而引起咳嗽流泪
100	人仅能忍受短时间的操作，喉咙有异常感，喷嚏、疼痛、胸痛，且呼吸困难
400~500	人立刻引起严重中毒，呼吸道闭塞而导致窒息死亡

B　对动植物的危害

SO_2 对动物机体的损害，尤其是脊椎动物与人体相似，主要体现在呼吸系统的损害，可导致肺炎、支气管哮喘等疾病，严重时可导致死亡。

硫元素是植物必需的一种营养元素，在正常植物中都含有一定量比例的硫元素。空气中少量的 SO_2，经叶片吸收后可进入植物。在土壤缺硫的条件下，大气中含少量的 SO_2 对植物生长有利。如果 SO_2 浓度超过极限值，就会对植物引起伤害，导致叶色褪绿，变成黄白色；危害严重时，引起叶片萎蔫，叶脉褪色变白，植株萎蔫，直至死亡。SO_2 对植物的危害与光照、湿度、温度等因素有关，一般来说，光照越强，温度、湿度越高，植物对 SO_2 的敏感性越大。大麦、小麦、棉花、梨树对 SO_2 较敏感；而洋葱、玉米、梧桐、柳树、松树等对 SO_2 有抵抗性。

C　对生态系统的危害

SO_2 是造成硫酸型酸雨的罪魁祸首。酸雨对生态系统的危害主要表现在两个方面：在水生系统中会影响鱼类和其他生物群落，改变营养物和有毒物的循环，使有毒金属溶解到水中并进入食物链，使物种减少。它使许多河、湖水质酸化，导致许多对酸敏感的水生生物种群灭绝，湖泊失去生态机能。对陆地生态系统的危害，主要包括土壤和植物。对土壤的影响包括抑制有机物的分解和氮的固定，淋洗钙、镁、钾等营养元素，使土壤贫瘠化。

4.1.2　燃料脱硫

4.1.2.1　煤炭脱硫

煤炭是我国的主要能源，占一次能源消耗的 70% 左右，煤炭主要用于发电、炼焦、化工原料等，煤中硫在炼焦过程中会影响焦炭质量，在合成气生产中则会增加煤气脱硫负荷，而在燃煤发电过程中则会产生 SO_2，造成大气环境污染。治理 SO_2 所引起的环境污染，从煤炭源头上进行脱硫处理是一个标本兼治的好方法，经长时间的发展，脱硫技术在现代化工处理过程中已经非常成熟。

按照煤炭脱硫的基本原理可以分为化学脱硫、物理脱硫和生物脱硫法等。物理脱硫法即通过含硫化合物与煤炭本体的物理化学性质不同而进行脱硫操作。物理脱硫法主要包括重力脱硫法、磁电脱硫法、浮选法脱硫、辐射脱硫法等。但是物理脱硫法的最大缺点是对煤炭中的有机硫束手无策。由于煤炭中有机硫含量较大，仅用物理脱硫法，精煤硫分不能达到环境保护条例的要求。化学脱硫法即通过化学反应，将煤炭中的所有无机硫和部分有机硫脱除，主要包括热压浸出脱硫法、溶剂法脱硫。常压气体湿法脱硫、高温热解气体脱硫、化学破碎法等。化学脱硫法效率高，能够脱除物理脱硫方法难以脱除的有机硫，但是其工艺复杂、化学反应条件苛刻，更加重要的是经过化学脱硫法处理的煤炭可能会发生黏结、变质，对煤炭品质造成影响。生物脱硫是通过微生物的作用，利用特定细菌或酶的噬硫特点，高效率的脱除煤炭中的含硫化合物。生物脱硫可以分为生物表面改性浮选法、微生物絮凝法和生物浸出法等。生物脱硫法中的微生物能够自身繁殖。且以硫为食物，操作过程真正做到了绿色、无污染。此外，生物脱硫技术不会对煤炭本身性质造成破坏，煤炭损失量少、效率高、成本低。但微生物品种少，脱硫成本高。目前脱硫效果好的微生物品种较少，培养周期长、操作烦琐，环境条件要求高，限制了大规模的工业应用。

清洁煤技术是我国主要发展的清洁能源技术之一，近年来人们开发出了一系列新型煤炭脱硫技术如微波脱硫技术、电化学脱硫技术、微波 - 微生物联合脱硫技术等，对降低煤炭中硫含量和解决 SO_2 污染问题有重要意义。

4.1.2.2　燃油脱硫

液体燃料中有机硫化物主要以噻吩、苯并噻吩及其他噻吩衍生物形式存在，同时含有少量的硫醚、硫醇和二硫醚。目前燃料油脱硫常用的技术有：加氢脱硫技术、生物脱硫技术、催化氧化脱硫技术、吸附脱硫技术等。

催化加氢脱硫是目前世界炼油工艺中广泛采用的燃料油脱硫精致技术。催化加氢脱硫是在高温（300~340℃）、高压（1~10MPa）及临氢条件下，通过氢解将燃料油中的含硫化合物转化为相应烃类物质和硫化氢，达到脱硫目的。但该法对于具有芳环的噻吩类硫化物脱除效果差，且需要专门催化剂，在高温、高压下脱硫，因此设备投资和操作费用较高。生物脱硫技术是利用水相中的微生物的生长代谢脱除燃料油中硫元素的方法。生物脱硫技术对二苯并噻吩类含硫化合物非常有效，但由于其在脱硫速度和稳定性方面的问题没有得到较好的解决，限制了生物脱硫技术在燃油脱硫中的工业化应用。氧化脱硫技术是以有机硫化物氧化为核心的一种深度除硫技术，即将有机硫化物转化成极性较强的物质，在通过液－液萃取方法分离除去。氧化脱硫法可在低温（100℃以下）常压下进行，且对燃油中的非硫化物的影响也不大。氧化脱硫技术的缺点是，工艺流程较长，氧化产物与油品的分离过程复杂，燃油收率低，氧化剂成本较高。吸附脱硫技术的基本原理就是将燃料与对硫化物具有特殊选择性的吸附剂进行充分接触，将硫化物或硫原子吸附到吸附剂上而从燃料油中脱除，吸附剂经再生后循环使用。吸附脱硫具有投资和操作费用低、脱硫效率高的特点，近年来发展较快。

低硫甚至无硫清洁燃料油已成为世界燃料油生产的必然趋势，因此，提高燃料油脱硫技术势在必行，研究高效节能的脱硫方法已成为一种必然趋势。除以上几种常规的脱硫方法外，近年来相继出现了许多新型燃油脱硫方法，如离子液体脱硫、水蒸气催化脱硫、萃取－氧化脱硫、催化精馏脱硫、电化学聚合脱硫、生化学脱硫等。

4.1.3 烟气脱硫技术

烟气脱硫（Flue Gas Desulphurization，FGD）技术是应用最为广泛、技术也最为成熟的脱硫方法。烟气脱硫方法脱硫剂的物相分类可分为干法、半干法和湿法。干法采用固相吸收剂、吸附剂或催化剂脱除烟气中的 SO_2。干法工艺过程简单、能耗低、无污水、废酸排放等二次污染问题，但脱硫效率较低，设备庞大、投资大、占地面积大，操作技术要求高。半干法是指脱硫剂以湿态加入，利用烟气显热蒸发浆液中的水分。在干燥过程中，脱硫剂与烟气中的二氧化硫发生反应，生成干粉状的产物，从而达到脱硫的目的。半干法具有投资低、无二次污染、设备腐蚀小、系统简单、占地面积小、温降低和脱硫终端产物易处理等优点，缺点是脱硫率较低，设备磨损严重，原料成本高。湿法通常采用碱性溶液作吸收剂脱除 SO_2。湿法脱硫效率高且稳定、设备简单、操作容易。缺点是存在废水、副产物处理问题，初始投资大，运行费用较高。

4.1.3.1 干法脱硫技术

A 活性炭吸附法

活性炭具有较强的吸附性能、良好的催化氧化活性和可加工性能，是应用最为广泛的吸附剂之一，常被用于空气中有害气体的净化。活性炭法烟气脱硫技术是利用活性炭的吸附性能或催化氧化性能脱除烟气中的 SO_2，同时回收硫资源的烟气净化技术。

由于实际工况条件下烟气成分复杂，因此，活性炭吸附脱硫过程也十分复杂，特别是当烟气中存在水蒸气以及氧气时，其吸附反应过程将变为一个既有物理、化学吸附反应共同发生，又同时存在气、液两相反应相互影响的一个复杂反应体系。而活性炭在此反应体系中不仅起到吸附作用，同时又有一定的催化作用。活性炭脱硫过程大致可分为以下三个步骤：

（1）废气中的二氧化硫、氧气和水分首先会扩散到活性炭的表面。

（2）二氧化硫、氧气和水分从活性炭表面进一步扩散到炭质材料微孔中，最终到达活性炭的活化位。

（3）二氧化硫、氧气和水分在活性位发生催化、氧化、硫酸化等吸附反应，从而达到二氧化硫气体脱除的目的。

目前对于 SO_2 在活性炭上的吸附反应机理及其在孔结构中的传递方式还没有一种明确的理论说明，但较为普遍认可的吸附机理是 Isao Mochida 等人提出的：

$$SO_2 + C \longrightarrow C\text{—}SO_2 \qquad\qquad (4-1)$$

$$O_2 + C \longrightarrow 2C\text{—}O \qquad\qquad (4-2)$$

$$H_2O + C \longrightarrow C\text{—}H_2O \qquad\qquad (4-3)$$

$$C\text{—}SO_2 + C\text{—}O \longrightarrow C\text{—}SO_3 \qquad\qquad (4-4)$$

$$C\text{—}SO_3 + C\text{—}H_2O \longrightarrow C\text{—}H_2SO_4 \qquad\qquad (4-5)$$

$$C\text{—}H_2SO_4 + nC\text{—}H_2O \longrightarrow C\text{—}(H_2SO_4 \cdot nH_2O) \qquad\qquad (4-6)$$

总体来说分如下两步：

$$SO_2 + O_2 \longrightarrow C\text{—}SO_3 \qquad\qquad (4-7)$$

$$C - SO_3 + C - H_2O \longrightarrow C\text{—}H_2SO_4 \qquad\qquad (4-8)$$

在整个吸附反应中，大多数的二氧化硫被氧化，最终生成 H_2SO_4，仅有极少数 SO_2 以原状态储存在炭质材料的孔隙中。但随着吸附反应的进行，活性炭对 SO_2 气体的吸附速率有所下降。活性炭经过 KI 或一些金属盐浸渍处理后，对 SO_2 的吸附/催化能力会有较大提高。经过一定时间的吸附，活性炭的吸附性能会逐渐降低，影响 SO_2 的吸附，对活性炭进行再生，一方面使其恢复吸附性能，另一方面可回收硫资源。但在脱附的过程中会出现活性炭的损耗以及吸附效率降低等现象。常用的再生方法有加热再生法、洗涤再生法等。

太原钢铁（集团）有限公司炼铁厂两台烧结机烟气（SRG）采用活性炭吸附法脱硫。针对脱硫富集 SO_2 烟气流量小、温度高、SO_2 浓度高、含尘量高并含有氟、氯、氨、汞等有害杂质的特点，烟气制酸设计采用喷淋塔——一级泡沫柱洗涤器—气体冷却塔—二级泡沫柱洗涤器—2 级电除雾器稀酸洗净化、二转二吸工艺流程。两套制酸装置运行稳定，各项工艺指标均达到设计值。硫酸产量分别达到 26.38t/d，制酸尾气 SO_2 浓度均小于或等于 $450mg/m^3$，工业硫酸品质达到国家优等品标准。

　　喷雾干燥法烟气脱硫由净化工序和干吸转化制酸工序组成（见图4－1）。净化工序采用喷淋塔——一级泡沫柱洗涤器—气体冷却塔—二级泡沫柱洗涤器—2级电除雾器稀酸洗净化工艺。SRG烟气尘含量高，采用"空－填－电"的传统烟气净化方案不能满足净化要求。因此，在一级泡沫柱洗涤器前设置1台耐氟玻璃钢材质喷淋塔，用以预洗涤净化烟气。设置喷淋塔、一级泡沫柱洗涤器、二级泡沫柱洗涤器3级除尘设备。喷淋塔采用大开孔螺旋形喷嘴以防止堵塞，烟气中30%~40%的烟尘在喷淋塔内除去。泡沫柱洗涤器由逆喷管和塔体组成，采用大开孔聚四氟乙烯材质喷嘴，可以在较高含量工况下运行而不发生磨损、堵塞。大部分烟尘颗粒在一级泡沫柱洗涤器内除去。SRG烟气中含大量氟、氯、氨，烟气经喷淋塔预洗涤净化后，部分氟、氯、氨被洗涤除去。通过向气体冷却塔及二级泡沫柱洗涤器加入硅酸钠溶液的方式可进一步除去烟气中的HF，氟去除率大于或等于90%。采用由稀向浓、由后向前的串酸方式，并向二级泡沫柱洗涤器补充新水，以保证气体冷却塔与二级泡沫柱洗涤器循环液的低温和低浓度，加大氟、氯、氨在循环液中的溶解度。SRG烟气水含量高，经喷淋塔和一级泡沫柱洗涤器绝热蒸发后烟气中含大量饱和水。气体冷却塔循环泵后设置进口的稀酸板式换热器，通过循环冷却水将热量移出系统，控制净化工序出口烟气温度在40℃以下。设置2级导电玻璃钢材质电除雾器，将净化工序出口烟气酸雾控制在5mg/m³以下。

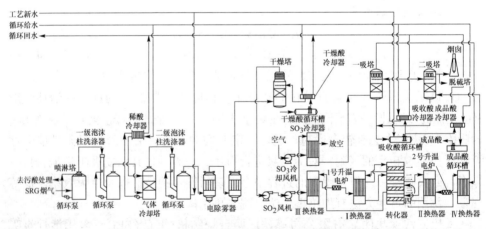

图4－1　喷雾干燥法烟气脱硫工艺流程

　　干吸转化制酸工序采用了常规的1次干燥、2次吸收、泵后冷却流程。干燥酸$w(H_2SO_4)=93\%$，吸收酸$w(H_2SO_4)=98\%$，吸收率大于或等于99.95%。吸收塔塔顶设置高效纤维除雾器。转化工序采用2次转化换热流程。SO_2风机出口SO_2气体依次进入Ⅲ、Ⅰ换热器，分别与转化器三段出口和一段出口热气体换热，升温至约415℃的SO_2气体进入转化器一段。一次转化SO_2的转化率约

94.5%，三段出口 SO₂ 气体依次进入Ⅲ换热器和 SO₂ 冷却器换热降温，再送入一吸塔用浓硫酸吸收。一吸塔出口气体依次进入Ⅳ、Ⅱ换热器换热升温，再进入转化器四段进行二次转化。二次转化气经Ⅳ换热器换热降温至约 162℃进入二吸塔吸收，二吸塔出口尾气由 60m 高的钢制烟囱排空。由于净化后烟气氧含量低，因此在干燥塔入口设置稀释风阀门，根据进转化器气体 SO₂ 浓度和氧硫比指标配入适量空气。

B 分子筛吸附法

沸石分子筛是一种优良的吸附剂，它具有发达的孔隙结构和巨大的比表面积，性质稳定，不溶于水和有机溶剂，耐酸、耐碱、耐高温高压，便宜易得，对 SO₂ 等腐蚀性气体表现出良好的吸附能力，因此适用于烟气脱硫。目前，虽然已合成了各种各样的沸石分子筛，但大多数仍处于实验室研究阶段，工业上应用最多的是铝硅酸盐分子筛。

高硅类沸石分子筛在热和在酸性环境比活性炭稳定性好，在 350℃下，主要以物理法吸附烟气中的 SO₂，当温度高于 500℃，化学吸附起主要作用。沸石分子筛中以丝光沸石和斜发沸石较好。虽然它们的比表面积并不是最大，但对 SO₂ 的静吸附容量比活性炭高，并可用热空气再生。

采用分子筛吸附法脱除工业尾气中 SO₂ 的系统已较成熟。在 20 世纪 70 年代中期，美国研制的天然沸石经改性处理得到脱硫剂取得成功，并于 1974 年在俄亥俄州利根市铜冶炼厂建立了第一座工业净化装置。整个流程由吸附、解吸、再生和冷却构成，在 450℃下吹洗可解吸出二氧化硫返回制酸，脱硫剂得到再生，全过程只有吸附、解吸、再生和冷却，流程简单，无结垢和废水淤泥等问题。经两年上千次的吸附解吸循环，脱硫效果仍很好。

4.1.3.2 半干法脱硫技术

半干法烟气脱硫技术兼有干法与湿法的一些特点，脱硫剂在湿状态下脱硫，在干状态下处理脱硫产物，使其兼有湿法脱硫反应速度快、脱硫效率高和干法无废水废酸排出、脱硫后产物易于处理的好处而受到人们的广泛关注。半干法烟气脱硫技术将投资少和优良性能巧妙地结合，但是也存在吸收剂利用率较低和吸收剂消耗量大的问题。半干法烟气脱硫工艺包括常规的喷雾干燥烟气脱硫工艺（SDA）以及循环流化床烟气脱硫工艺（CFB - FGD），气体悬浮吸收烟气脱硫工艺（GSA），增湿灰循环脱硫工艺（NID）等。下面主要介绍喷雾干燥法。

喷雾干燥法烟气脱硫又称为干法洗涤脱硫，是在 20 世纪 70 年代中期至末期迅速发展起来的。80 年代第一台电站喷雾干燥烟气脱硫装置在美国的河滨电站试运行后，开始成功用于燃烧低、中硫煤的锅炉中，在世界各地得到了广泛应用。该法利用喷雾干燥的原理，将吸收剂浆液雾化，湿态的吸收剂喷入吸收塔后，吸收剂与烟气中的 SO₂ 发生化学反应，同时烟气中的热量使吸收剂不断蒸发干燥。完成脱硫反应后的干粉状产物，部分在塔内分离，由吸收塔锥形底部排出，部分随除酸后的烟气进入除尘设备。

喷雾干燥法烟气脱硫的优点是脱硫产物为干态，便于处理，无废水和腐蚀问题，投资和运行费用都比较低，工艺简单，能耗少。但是喷雾干燥法存在塔内固体贴壁，管道容易堵塞，喷雾器易磨损和破裂，吸收剂的用量难以控制，净化后的烟气对除尘设备产生腐蚀，除尘效率受一定影响等问题。

河北晶牛集团 430t/d 浮法玻璃熔窑喷雾干燥烟气脱硫除尘系统根据玻璃熔窑的烟气特点，对传统工艺进行改进，运行稳定，效果明显。排放烟气中 SO_2 含量小于 200mg/m³，脱硫效率达 90% 以上。

从玻璃熔窑排出的高温烟气首先经过余热锅炉进行冷却及余热回收，使烟气温度降到 350℃ 以下，然后进入脱硫塔，与双相流喷嘴喷出的雾化碱性溶液（Na_2CO_3 溶液）反应，在塔内脱硫反应后生成的产物为干粉，一部分在塔内分离，由锥口排出，另一部分随脱硫后烟气进入布袋除尘器。在布袋除尘器中，未反应的 Na_2CO_3 和 SO_2，进行二次反应，最后经过脱硫除尘后的烟气由脱硫风机引入烟囱排放。烟气脱硫除尘工艺主要包括吸收剂制备系统、SO_2 吸收系统、除尘净化系统、压缩空气系统和自动控制系统（见图 4 - 2）。

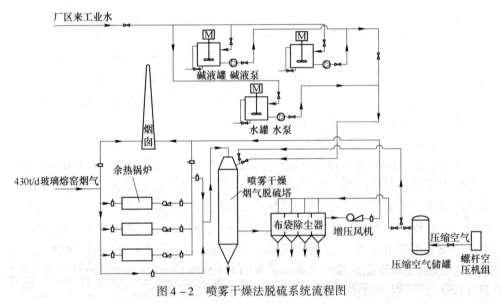

图 4 - 2　喷雾干燥法脱硫系统流程图

喷雾干燥脱硫塔既是净化 SO_2 伴有化学反应的吸收装置（即气液相反应器），又是将含有反应产物雾滴干燥成干粉末的干燥装置。其操作包括吸收剂雾滴吸收 SO_2 并与之反应以及含有反应产物的雾滴的干燥在内的一次连续处理过程。喷雾干燥脱硫塔是一并流吸收塔，分为进风锥、筒体、下锥体 3 部分。在进风锥侧部安装双流体喷嘴，采用压缩空气将吸收剂雾化。筒体中雾化的吸收剂与

烟气中 SO_2 发生反应，并对粉尘进行增湿、凝聚。在筒体下部安装了水平的烟气排放管，这可使从气体夹带到袋滤器的干粉末大大减少。脱硫塔的下锥体部分主要是收集和贮存脱硫副产物和粉尘的，然后通过排灰口排出。

由于在布袋除尘器滤袋表面的粉尘层中含有一部分碱性物质，与烟气中残余 SO_2 继续反应。在喷雾干燥脱硫塔后面安装布袋除尘器，不仅可以捕集烟气中的飞灰、硫酸盐和亚硫酸盐干粉末，还可以脱除烟气中残余的 SO_2，使整个系统 SO_2 的脱除效率提高 10% ~ 20%。

4.1.3.3 湿法脱硫技术

湿法是目前应用最广的脱硫方法，该方法的覆盖率达到了约85%。湿法烟气脱硫过程是气–液–固三相的复杂吸收和化学反应体系，其主要工艺过程为：烟气从脱硫反应塔的下部进入反应吸收塔，在反应塔内上升的过程中与脱硫剂循环液相接触，烟气中的 SO_2 与脱硫剂发生反应，将 SO_2 除去，然后经高效除雾器，除去烟气中的液滴和细小浆滴，从脱硫反应塔排出进入气气交换器或进入烟囱。该方法具有脱硫反应速度快、设备简单、脱硫效率高等优点，但存在对设备腐蚀严重、运行维护费用高、易造成二次污染等不足。目前，湿法烟气脱硫主要有石灰石–石膏法、氨法、钠碱法、金属氧化物吸收法等。下面介绍石灰石–石膏法和硫化钠法。

A　石灰石–石膏法

石灰石–石膏法脱硫是世界上技术最成熟、运行情况最稳定、应用最广泛的一种脱硫技术。石灰石–石膏法脱硫工艺系统主要有烟气系统、吸收氧化系统、浆液制备系统、石膏脱水系统、排放系统组成（见图 4–3）。该工艺主要采用石灰石/石灰作为脱硫吸收剂，经破碎磨细成粉状与水混合搅拌制成吸收浆液。在吸收塔内，烟气中的 SO_2 与浆液中的碳酸钙以及从塔下部鼓入的空气进行氧化反应生成硫酸钙，硫酸钙达到一定饱和度后，结晶形成二水石膏。经过净化处理的烟气依次经过除雾器除去雾滴和加热器加热升温后，由增压风机经烟囱排放，二水石膏经过浓缩、脱水得到的脱硫渣石膏可以综合利用。

B　硫化钠法

1983 年，奥托昆普公司提出一种用 Na_2S 溶液吸收 SO_2 烟气制取 S 单质的方法，具体流程如图 4–4 所示。根据奥托昆普公司的研究结果，当吸收液 pH 值太大时，吸收的 SO_2 烟气中会释放出 H_2S 气体，所以在吸收前先用 pH 值为 2~5 的烟气洗涤液调节 Na_2S 溶液的 pH 值。洗涤液所含物质种类与 Na_2S 吸收 SO_2 后得到溶液主要物质种类相同。完成吸收后的溶液进入高压釜，在 160℃ 下进行反应得到 S 单质和 Na_2SO_4。然后用 BaS 再生 Na_2S 溶液，得到的 Na_2S 返回吸收阶段循环使用 $BaSO_4$ 用 C 还原后得到 BaS 返回 Na_2SO_4 再生阶段。

Na_2S 溶液吸收 SO_2 烟气制取 S 单质工艺的优点是固体废料极小，比湿式石

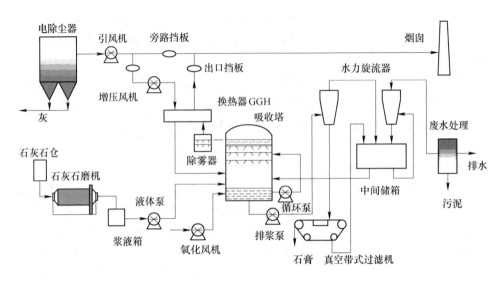

图 4 - 3　石灰石 - 石膏法工艺流程图

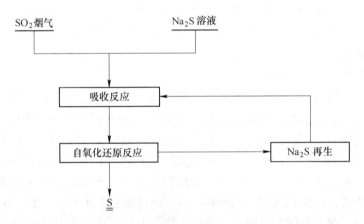

图 4 - 4　奥托昆普 Na$_2$S 溶液吸收 SO$_2$ 烟气制硫单质工艺流程

灰石法产生的固体废料减小了 250 倍，脱硫率高达 98% 以上。整个流程在闭路循环中完成，试剂投入量较小，再加上产品具有经济价值的 S 单质，总的投资成本较小。缺点是用洗涤液对 Na$_2$S 溶液洗涤后，吸收液的吸收总量不高，且洗涤液用量大。

4.1.3.4　新型脱硫技术

A　离子液脱硫技术

离子液体是由有机阳离子和无机或有机阴离子构成，在室温下呈液态的盐类。因离子液体具有熔点低、沸点高、液态区间大、蒸气压低、挥发损失小及溶解能力强等特点而备受关注。近年来，由于大气污染日益严重，而现有处理技术具有一定的局限性，很多人考虑用离子液体作为吸收酸性气体的吸收剂。但在利用离子液体处理含 SO_2 的烟气方面，国内外的研究尚处于起步阶段。

2007 年攀钢开始进行有机胺离子液循环吸收法烧结烟气脱硫技术的研究，该技术特点是：烧结烟气脱硫剂在低温吸收二氧化硫、在高温条件下（100～125℃）解析出高纯二氧化硫制备硫酸的脱硫制酸工艺，对烧结烟气的适应性强、SO_2 脱除率高。

用有机胺（离子液）配制的脱硫溶液主要由有机阳离子和无机阴离子组成，其脱硫的主要反应式为：

$$R_1R_2N - R_3 - NR_4R_5 + HX \rightleftharpoons R_1R_2NH^+ - R_3 - NR_4R_5 + X^- \quad (4-9)$$

$$SO_2 + H_2O \rightleftharpoons H^+ + HSO_3^- \quad (4-10)$$

$$R_1R_2NH^+ - R_3 - NR_4R_5 + SO_2 + H_2O \rightleftharpoons R_1R_2NH^+ - R_3 - NR_4R_5H^+ + HSO_3^-$$
$$(4-11)$$

$$R_1R_2NH^+ - R_3 - NR_4R_5 + X^- \rightleftharpoons R_1R_2N - R_3 - NR_4R_5 + HX \quad (4-12)$$

有机胺（离子液）在脱硫溶液中与强酸按式（4-9）进行反应，X^- 为强酸根离子，如 Cl^-、NO_3^-、F^-、SO_4^{2-} 等，而强酸的氢离子则被吸附到胺分子中的强碱性碱基上。烟气中的 SO_2 在与脱硫溶液的接触中，首先按式（4-10）溶解到水中并离解成氢离子和亚硫酸根离子，如果没有有机阳离子的存在，则式（4-10）很快建立平衡，SO_2 溶解量非常少，当脱硫溶液含有有机阳离子时，因为它的另一个弱碱性碱基要吸附氢离子，于是 SO_2 的溶解实际上是按照式（4-11）向右进行的，可促进 SO_2 吸收溶解到脱硫溶液中，上述过程是在 50℃ 左右的温度下进行的。当把吸收了 SO_2 的脱硫溶液加热到 110℃ 左右时，式（4-11）则向左进行，逆向解析出 SO_2，将有机胺（离子液）再生出来，循环进行下一次 SO_2 的吸收。

离子液循环吸收脱硫工艺流程见图 4-5。含硫烟气经水洗冷却塔除尘降温至 60～80℃ 后送入吸收塔，如烟气粉尘量很少，可直接进入吸收塔，烟气与离子液（贫液）逆流接触，烟气中 SO_2 与离子液溶液反应被吸收。脱硫净化后的烟气符合环保标准。从吸收塔顶部出来送烟道直接排入大气。吸收 SO_2 后的离子液（富液）由吸收塔底经富液泵进入贫富液换热器，与热贫液换热回收热量后进入再生塔上部。富液在再生塔内经过两段填料后通过汽提解吸部分 SO_2，然后进入再沸器，经蒸汽加热再生，使其中的 SO_2 进一步解吸，继续加热再生成为贫液，离子液耗量占总循环量的 8%～11%。再沸器采用蒸汽间接加热，以保证塔底温度在 105～110℃ 左右。

解吸出的 SO_2 连同水蒸气经冷凝器冷却至 40℃ 后。经气液分离器除去水分。得到纯度 99.5% 的 SO_2 气体，送下一工段制取 98% 浓硫酸。气液分离器中被冷凝分离出来的冷凝水由回流泵送至再生塔顶部循环使用，以维持系统水平衡。解

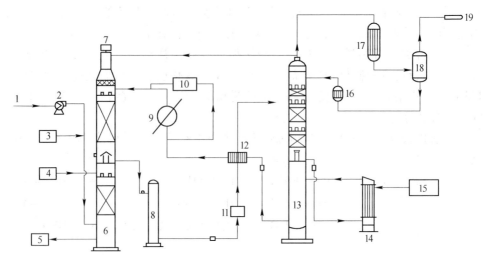

图 4-5 脱除 SO$_2$ 工艺流程示意图

1—含 SO$_2$ 烟气；2—增压风机；3—制酸尾气；4—循环水系统；5—污水处理系统；
6—吸收塔；7—烟囱；8—富液槽；9—贫液冷却器；10—离子液过滤及净化装置；
11—富液泵；12—贫富液换热器；13—再生塔；14—再沸气；15—蒸汽加热系统；
16—回流泵；17—冷凝器；18—气液分离器；19—SO$_2$ 气体去制酸系统

吸 SO$_2$ 后的贫液由再生塔底流出，经贫液泵送入贫富液换热器、贫液冷却器换热后，进入吸收塔上部，重新吸收 SO$_2$ 离子吸收剂如此往返循环，构成整个连续吸收和解吸 SO$_2$ 的离子液脱硫工艺过程。

该系统具有适用范围广、脱硫效率高、运行成本低、环保效益好等优点。运行过程中脱硫效率达 90% 以上，SO$_2$ 排放浓度为 $(30 \sim 150) \times 10^{-6}$。生成的硫酸浓度、品质达到工业用硫酸的要求。缺点是：（1）烧结烟气夹带的粉尘造成风机挂泥、贫富液换热器堵塞、洗涤水冷却器堵塞、洗涤塔底淤积大量粉尘；（2）再生塔及与之相连的管道内壁附着黄色固体物质——硫黄。出现了离子液稀释现象，离子液浓度由投运时的 25% 下降至 15%，再次运行时需要补充部分离子液。初步分析，可能是跑漏和烟气洗涤后的含湿水带入离子液导致的现象。

B 生物脱硫技术

近年来，随着环境保护学科的发展和与其他学科的相互交叉。出现了一些新的脱硫技术思路：结合无机化学和微生物学科的原理和方法，用无机化能自养型细菌和铁离子体系脱除烟气中 SO$_2$ 的新思路，为烟气脱硫领域提供了新的技术途径。

微生物脱硫的原理是首先将气相中的含硫化合物转移到液相中，再利用脱硫微生物自身氧化还原的代谢过程，实现液相中含硫化合物价态的转化，以单质硫或硫酸盐的形式将硫进行回收再利用。目前，微生物脱除 SO_2 的原理是利用硫酸盐还原菌和硫氧化菌之间的协同作用，将烟气中的 SO_2 转化为单质硫。

氧化态污染物如 SO_2、亚硫酸盐、硫酸盐及硫代硫酸盐，先经硫酸盐还原菌（SRB）的异化还原作用生成 H_2S 或硫化物，然后被硫氧化菌氧化生成单质硫，将硫回收利用。在这个过程中，一般将烟气生物脱硫过程划分为两个阶段，即 SO_2 转移到液相的过程和含硫吸收液的生物脱硫过程。

（1）SO_2 的吸收过程：

$$2SO_2(g) + O_2 \rightleftharpoons 2SO_3$$
$$SO_2(l) + H_2O \rightleftharpoons HSO_3^- + H^+$$
$$HSO_3^- \rightleftharpoons SO_3^{2-} + H^+$$
$$2SO_3^{2-} + O_2 \rightleftharpoons 2SO_4^{2-}$$

（2）含硫吸收液的生物脱硫过程：

1）在厌氧环境下：

$$SO_4^{2-} + 有机碳源 \longrightarrow SO_3^{2-}$$
$$SO_3^{2-}/HSO_3^- + 有机碳源 \longrightarrow H_2S/HS^-/S^{2-}$$

2）在好氧环境下：

$$H_2S/HS^-/S^{2-} + O_2 \longrightarrow S\downarrow + OH^-$$

由荷兰 HTS E&E 公司开发的 BiO – FRGD 微生物脱硫的工艺流程如图 4 – 6 所示。

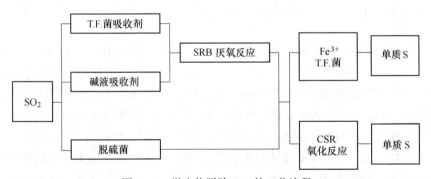

图 4 – 6 微生物脱除 SO_2 的工艺流程

4.2 化工行业中氮氧化物气体污染控制

4.2.1 氮氧化物的性质、来源及危害

4.2.1.1 氮氧化物的性质、来源及危害

氮氧化物的种类很多，有一氧化二氮（N_2O）、一氧化氮（NO）、二氧化氮（NO_2）、三氧化氮（NO_3）、三氧化二氮（N_2O_3）、四氧化二氮（N_2O_4）和五氧

化二氮（N_2O_5），总的来用 N_xO_y 表示。造成大气污染的氮氧化物主要是 NO 和 NO_2，因此通常将二者统称为 NO_x。

　　NO 是一种无色气体，通常在环境中的体积分数远低于 5×10^{-7}，在该浓度下，NO 对人体健康的生物毒性并不显著。但 NO 是大气中 NO_2 的前体物，也是形成光化学烟雾的活跃组分。NO_2 为红棕色有窒息性臭味的活泼气体，具有强烈的刺激性。大气中的 NO_2 主要来源于 NO 的氧化。

　　氮氧化物（NO_x）是造成大气污染的主要污染源之一，造成 NO_x 产生的原因可分为两个方面：自然发生源和人为发生源。自然发生源除了因雷电和臭氧的作用外，还有细菌的作用。自然界形成的 NO_x 由于自然选择能达到生态平衡，故对大气没有多大的污染。然而人为发生源主要是由于燃料燃烧及化学工业生产产生的。例如：火力发电厂、炼铁厂、化工厂等有燃料燃烧的固定发生源和汽车等移动发生源以及工业流程中产生的中间产物，排放 NO_x 的量占到人为排放总量的90% 以上。据统计全球每年排入大气的 NO_x 总量达 5000 万吨，而且还在持续增长。研究与治理 NO_x 已成为国际环保领域的主要方向，也是我国"十二五"期间需要降低排放量的主要污染物之一。

　　通常所说的氮氧化物（NO_x）主要包括 NO、NO_2、N_2O、N_2O_3、N_2O_4、N_2O_5 等几种。NO 对血红蛋白的亲和力非常强，是氧的数十万倍。一旦 NO 进入血液，就会从氧化血红蛋白中将氧驱赶出来，与血红蛋白牢固地结合在一起。长时间暴露在 $1 \sim 1.5mg/L$ 的 NO 环境中较易引起支气管炎和肺气肿等病变。这些毒害作用还会促使早衰、支气管上皮细胞发生淋巴组织增生，甚至是肺癌等症状的产生。

　　NO 排放到大气后有助于形成 O_3，导致光化学烟雾的形成 $NO + HC + O_2 + $ 阳光 → $NO_2 + O_3$（光化学烟雾）这是一系列反应的总和。其中 HC 为碳氢化合物，一般指 VOC（Volatile Organic Compound）。VOC 可使 NO 变为 NO_2 时不利用 O_3，从而使 O_3 富集。光化学烟雾对生物有严重的危害，如 1952 年发生在美国洛杉矶的光化学烟雾事件致使大批居民发生眼睛红肿、咳嗽、喉痛、皮肤潮红等症状，严重者心肺衰竭，有几百名老人因此死亡。该事件被列为世界十大环境污染事故之一。另外，高温燃烧生成的 NO_2 排入大气后大部分转化成 NO，遇水生成 HNO_3、HNO_2，并随雨水到达地面，形成酸雨或者酸雾。并且，N_2O 能转化为 NO，破坏臭氧层，其过程可以用以下几个反应表示：

$$N_2O + O \longrightarrow N_2 + O_2$$
$$N_2 + O_2 \longrightarrow 2NO$$
$$NO + O_3 \longrightarrow NO_2 + O_2$$
$$NO_2 + O \longrightarrow NO + O_2$$
$$O_3 + O \longrightarrow 2O_2$$

上述反应不断循环，使 O_3 分解，臭氧层遭到较大的破坏。

4.2.1.2　NO_x 的形成机理

NO_x 的产生机理一般可分为热理型、燃料型和瞬时反应型三种，其中前两种是 NO_x 的主要来源。

（1）热力型（Zeldovich 型）NO_x。燃烧用空气中的 N_2 在高温下氧化而生成氮氧化物，其生成机理是由苏联科学家 Zeldovich 提出来的。按照这一机理，空气中的 N_2 在高温下氧化形成 NO_x。整个反应的速度，正比于氧原子的浓度，随着温度的上升，氧原子浓度增大，总的反应速度增大。该反应是吸热反应，所以升温有利于提高 NO 的转化率，同样降温会使热力型 NO_x 的形成受到明显抑制。因此，热力型 NO_x 的生成速度与燃烧温度关系很大，故又称为温度型 NO_x。当温度低于 1500℃ 时，NO_x 的生成量很少，当温度高于 1500℃ 时，每升高 100℃，反应速率增加 6～7 倍。NO_x 生成量的主要影响因素是温度、氧气浓度和在高温区停留时间，由此而得到控制热力 NO 生成量的方法概括为：降低燃烧温度，避免局部高温，降低氧气浓度，燃烧在偏离理论空气量的条件下进行，缩短在高温区内的停留时间。

（2）燃料型 NO_x。燃料型 NO_x 是燃料中含有的氮化合物在燃烧过程中氧化而生成的，主要在燃料燃烧的初始阶段生成。燃料氮是燃煤过程中 NO_x 的主要来源（75%～95%）。原因是燃烧温度不太高，燃料中氮以 N—C 或 N—H 键的形式存在，N—C 与 N—H 比氮气分子中的 N≡N 键能弱，更易于氧化断裂生成 NO，所以燃料型 NO 比热力型 NO 更易于形成。

由于燃料中氮的热分解温度低于燃烧温度，600～800℃ 时就会生成燃料型 NO_x，转化率与燃烧类型和工艺有关，一般转化率为 15%～35%。燃料氮生成 NO 的过程很复杂，涉及高温下的许多自由基，包括 ·OH、O·、H·、NH·、NH_2·、NCO· 和 CH_i· 等。燃料型 NO_x 既受燃烧温度、过量空气系数、煤种等的影响，同时也受燃烧过程中燃料 – 空气混合条件的影响，它们影响燃烧室局部自由基浓度分布，从而影响到 NO_x 的生成与还原。

（3）瞬时反应型 NO_x。在碳氢化合物存在的条件下，空气中的氮气在燃烧过程中和碳氢离子团反应生成的 NO_x，它的生成量很少，往往可以忽略不计。实验证实，这一机理在富燃料的碳氢化合物火焰中较为重要。有关碳氢化合物碎片与 NO 的反应很多，其中以下面两个反应最为重要：

$$CH· + N_2 \longrightarrow HCN + N$$

$$CH_2· + N_2 \longrightarrow HCN + NH·$$

HCN 可进一步氧化生成 NO。该反应是 1971 年 Fenimore 通过实验发现的。碳氢化合物燃料在燃料过浓时燃烧，在反应区附近会快速生成 NO_x。

4.2.2　改进燃烧技术

控制 NO_x 排放的技术措施可以分为两大类：一类是源头控制，即通过各种技术手段，控制燃烧过程中 NO_x 的生成反应；另一类是末端治理，即通过某种技术处理已经生成的 NO_x，从而降低 NO_x 的排放量。低氮氧化物技术是应用最为广泛的源头控制措施。虽然目前各种低 NO_x 燃烧技术的脱氮效率一般只能达到50%，但采用低 NO_x 燃烧技术可降低净化装置入口的 NO_x 浓度，节省净化费用。

4.2.2.1　空气分级燃烧技术

早在20世纪50年代，空气分级燃烧技术由美国提出，是目前使用最为普遍的低 NO_x 燃烧技术。空气分级燃烧的基本原理是将煤粉燃烧过程分两个阶段（主燃区和燃尽区）进行。将燃烧用风分二次喷入炉膛。减少煤粉燃烧区域的空气量，使煤粉进入炉膛时就形成一个富燃料区，以降低燃料型 NO_x 的生成。缺氧燃烧后的煤粉气流借助接下来喷入的燃尽风得以进一步燃尽。

实行空气分级燃烧后，煤粉在缺氧富燃烧区的温度有很大提高，煤粉气流易于着火，如能适时补充燃烧所需空气，煤粉气流的燃烧就会迅猛发展，达到很高的燃烧强度。若分级风的位置太靠前，煤粉尚未着火或刚着火，由于分级风的冷却作用，不利于其着火燃烧，各个煤种最佳的分级风送入位置和分级风量不同。空气分级燃烧过程的主要影响因素有：主燃烧区内过量空气系数、主燃区温度、主燃区内停留时间等。

燃料中的氮含量越高，在相同过量空气系数条件下，NO_x 的生成量越大。当总的燃烧空气量保持不变时。NO_x 的生成量随主燃烧区内过量空气系数的降低而降低。但如果主燃烧区内的过量空气系数过低，烟气中的 HCN、NH_3 和焦炭 N 增加，高浓度的 HCN 和 NH_3 除了有利于 NO 的还原，还会进入过量系数大于1的燃尽区被氧化成 NO_x。同时，焦炭 N 在主燃烧区中随过量空气系数的减少而显著增加，燃尽区 NO_x 的生成量随之增加。此外，主燃烧区内过低的过量空气系数，会引起化学和机械不完全的燃烧，导致损失的不合理增加，及燃烧的不稳定。主燃烧区内过量空气系数一般不宜小于0.7，最佳的过量空气系数可由试验和数值计算确定。

主燃烧区内在过量空气系数小于1的还原性气氛下，主燃区温度越高，NO_x 排放量越小。在过量空气系数大于1的氧化性气氛中，主燃区温度越高，NO_x 的排放值越高。因此，组织空气分级燃烧时，应根据煤质特性将主燃烧区的温度控制在最有利于降低 NO_x 的范围。

不同煤种，要达到一定的 NO_x 降低率，煤粉气流在主燃烧区内的停留时间和相应的过量空气系数不同。煤粉气流在主燃烧区内的停留时间取决于"燃尽风"喷口的位置。如果在主燃烧区内的停留时间不够，煤粉气流进入燃尽区后还会有

一定量的 NO_x 生成，但再延长停留时间，NO_x 的排放值反而略有上升。"燃尽风"喷口的位置决定了煤粉气流在主燃烧区内的停留时间，它和过量空气系数一起，共同决定了主燃烧区内 NO_x 降低的程度，也直接关系到其在燃尽区的燃尽效果和炉膛出口烟气温度水平。空气分级处理流程如图 4-7所示。

4.2.2.2 燃料分级燃烧技术

空气分级燃烧技术又称为再燃烧技术或三级燃烧技术，其将燃料燃烧所需空气分阶段送入炉膛，其特点是将燃烧分成三个区域：一次燃烧区（即主燃烧区）是氧化性或弱还原性气氛；在第二燃烧区（还原区或再燃烧区），将二次燃料送入炉内，使其呈还原性气氛（$\alpha < 1$）。在高温和还原气氛下，生成碳氢原子团，该原子团与一次燃烧区生成的 NO_x

图 4-7 空气分级原理图

反应，主要生成 N_2。二次燃料通常称为再燃燃料；在还原区的上方，送入二次风使再燃燃料燃烧完全，该区域称为燃尽区。这部分二次风也称为燃尽风。燃尽过程中虽然会重新生成少量的 NO，但总的来看，使用再燃烧技术后，最终煤粉炉 NO_x 的排放量会大大减少。

再燃烧技术煤种适应性好，可在各种燃料锅炉上使用，其降低 NO_x 的效果显著，一般为 50% ~ 70%，最高可达 80%。影响再燃区内 NO_x 还原的因素有：再燃燃料种类、再燃燃料比例、再燃区内过量空气系数、再燃区内温度及停留时间等。

二次燃料的品质对还原过程的质量影响很大，由于二次燃料是从炉子上部引入，一般停留时间比较短。所以宜用易着火的燃料。此外，由于二次燃料含有燃料氮，会降低还原效率，故要求其含氮量低，以减少 NO_x 的排放。由于天然气中不含氮，是最有效降低 NO_x 排放的再燃燃料。

为保证再燃区内 NO_x 的还原效果，需送入再燃区足够数量的再燃燃料。所用再燃燃料不同，其最佳再燃燃料比例亦不同。二次燃料太少，则达不到理想降低 NO_x 的排放效果，一方面对燃料燃尽不利，另一方面也不会进一步降低 NO_x 排放量。一般情况下，再燃燃料占入炉热量的比例为 10% ~ 20%。对具体的再燃燃料，其合适比例可由试验确定。

再燃区中过量空气系数一般在 0.7 ~ 1.0 之间，其具体数值与煤种、再燃燃料、温度水平和停留时间等有关，可由试验确定。

再燃区内的温度越高、停留时间越长，还原反应越充分，NO_x 浓度降低越多。由于再燃区位于再燃燃料喷口和"火上风"喷口之间，因此再燃区的停留时间实际上由再燃燃料喷口和"火上风"喷口间距离确定。再燃燃料喷口的位置还影响主燃烧区的停留时间。如果为了增加再燃区的停留时间而减少主燃烧区的停留时间，将再燃燃料喷口布置在靠近主燃区燃烧器喷口位置。不仅会降低煤粉的燃尽率，还会减弱 NO_x 被还原的效果。煤粉气流在再燃区的最佳停留时间、温度水平可由试验和数值计算确定（见图 4-8）。

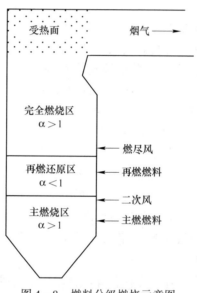

图 4-8　燃料分级燃烧示意图

4.2.2.3　烟气再循环技术

烟气再循环技术的基本原理是将锅炉尾部烟道中的一部分低温烟气（烟温约 250~350℃），通过再循环风机送入炉膛，从而改善炉膛烟气混合情况，有效控制炉膛温度水平。烟气再循环技术，更多的是被用来防止锅炉运行中的结焦问题。烟气再循环技术可减少 NO_x，其核心在于利用烟气具有的低氧以及温度较低的特点，将部分烟气再循环喷入炉膛合适的部位，降低局部温度及形成局部还原性气氛，从而抑制 NO_x 的生成。

近年来国内众多学者对烟气再循环技术进行了相关研究并取得了不少成果。研究表明，采用二次风代替再循环烟气后，锅炉热效率平均上升了 0.459%，NO_x 排放平均下降 123.2mg/m³。因此，再燃与烟气再循环协同技术受到重视。下面着重介绍再燃与烟气再循环协同技术。

再燃与烟气再循环协同技术在空间上，包含两组降解 NO_x 的阶段（见图 4-9）。把循环烟气同二次风混合的方式、或同主燃烧器以恰当方式相配合的方式送入炉膛，可导致两种后果：形成燃烧初期及 NO_x 易生成区域的还原性气氛；适当降低炉膛局部区域的温度场。这两种效果的产生，归结于循环烟气具有的特点：氧含量小、温度低、比热容大，此为第一阶段。在此阶段，对 NO_x 的抑制，是通过两种途径进行的：对燃料型 NO_x 形成的抑制；对再循环烟气中 NO_x 的降解。其中后一途径是在煤粉分解产物，诸如 H_2、NH_3、HCN 等存在的情况下进行的。

第二阶段，是指再燃料喷入的炉膛区域。下部的火焰穿越这一空间的过程中，随着再燃燃料的加入燃烧，又形成一个局部还原区。由下部区域燃烧生成的 NO_x，在此区域得到还原处理。在这一个阶段，NO_x 受到还原的情况相对复杂。一方面，NO_x 被降解；另一方面，是在 CO 存在的气氛下，在焦炭表面发生的 NO_x 降解。

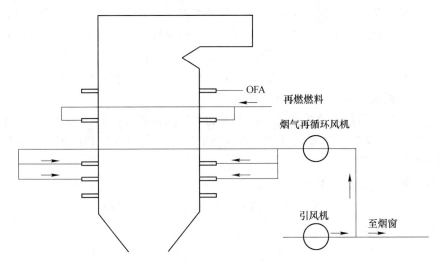

图 4-9 再燃与烟气再循环协同作用系统

4.2.2.4 低 NO_x 燃烧器技术

煤粉燃烧器是锅炉燃烧系统中的关键设备。煤粉和煤粉燃烧所需的空气都是通过燃烧器进入炉膛的。从燃烧的角度看，燃烧器的性能对煤粉燃烧设备的可行性和经济性起着主要作用。从 NO_x 的生成机理看，占 NO_x 绝大部分的燃料型 NO_x 是在煤粉的着火阶段生成的，因此，通过特殊设计的燃烧器结构以及通过改变燃烧器的风煤比例，可以将上述的空气分级、燃料分级和烟气再循环大批量地用于燃烧器，以尽可能降低着火氧浓度，适当降低着火区温度，达到最大限度地抑制 NO_x 生成的目的，这就是低 NO_x 燃烧器。低 NO_x 燃烧器得到了广泛的开发和应用。为满足日益严格的 NO_x 排放标准，人们开发了不同类型的低 NO_x 燃烧器，NO_x 降低率一般在 30%～60%。

根据燃烧技术和原理低 NO_x 燃烧器可分为空气分级燃烧器、燃料分级燃烧器以及烟气循环燃烧器三大类型。

A 空气分级燃烧器

在第一阶段，将从主燃烧器供入炉膛的空气量减少到总燃烧空气量的70% ~ 75%（相当于理论空气量的80%），使燃料先在缺氧的富燃料燃烧条件下燃烧。此时第一级燃烧区内过量空气系数 $\alpha < 1$，因而降低了燃烧区内的燃烧速度和温度水平。因此，不但延迟了燃烧过程，而且在还原性气氛中降低了生成 NO_x 的反应率，抑制了 NO_x 在这一燃烧中的生成量。为了完成全部燃烧过程，完全燃烧所需的其余空气则通过布置在主燃烧器上方的专门空气喷口 OFA（Over Fire Air）——"火上风"喷口送入炉膛，与第一级燃烧区在"贫氧燃烧"条件下所产生的烟气混合，在 $\alpha > 1$ 的条件下完成全部燃烧过程。由于整个燃烧过程所需空气是分两级供入炉内的，故称为空气分级燃烧法。另外，这一方法弥补了简单的低过量空气燃烧的缺点。在第一级燃烧区内的过量空气系数越小，抑制 NO_x 的生成效果越好，但不完全燃烧产物越多，会导致燃烧效率降低、引起结渣和腐蚀的可能性越大。因此为保证既能减少 NO_x 的排放，又保证锅炉燃烧的经济性和可靠性，必须正确组织空气分级燃烧过程。

典型的空气分级燃烧器有德国斯坦廖勒公司设计的 SM 型、美国巴布科克 – 威尔科克斯（B&W）公司 DRB 型、德国巴布科克公司 WB 型和巴布科克 – 日立公司的 HT – NR 型等。

B 燃料分级低 NO_x 燃烧器

在燃烧中已生成的 NO 遇到烃根 CH_i 和未完全燃烧产物 CO、H_2、C 和 C_nH_m 时，会发生 NO 的还原反应，反应式为：

$$4NO + CH_4 =\!=\!= 2N_2 + CO_2 + 2H_2O$$

$$2NO + 2C_nH_m + \left(2n + \frac{m}{2} - 1\right)O_2 =\!=\!= N_2 + 2nCO_2 + mH_2O$$

$$2NO + 2CO =\!=\!= N_2 + 2CO_2$$

$$2NO + 2C =\!=\!= N_2 + 2CO$$

$$2NO + 2H_2 =\!=\!= N_2 + 2H_2O$$

利用这一原理，将 80% ~ 85% 的燃料送入第一级燃烧区，在 $\alpha > 1$ 的条件下，燃烧并生成 NO_x。送入一级燃烧区的燃料称为一次燃料，其余 15% ~ 20% 的燃料则在主燃烧器的上部送入二级燃烧区，在 $\alpha < 1$ 的条件下形成很强的还原性气氛，使得在一级燃烧区中生成的 NO_x 在二级燃烧区内被还原成氮分子，二级燃烧区又称再燃区，送入二级燃烧区的燃料又称为二次燃料，或称再燃燃料。在再燃区中不仅使已生成的 NO_x 得到还原，还抑制了新 NO_x 的生成，可使 NO_x 的排放浓度进一步降低。一般来说，采用燃料分级可使 NO_x 的排放浓度降低50%以上。在再燃区的上面还需布置"火上风"喷口，形成第三级燃烧区（燃尽区），以保证再燃区中生成的未完全燃烧产物的燃尽。

典型的燃料分级低 NO_x 燃烧器有 WR（Wide Range）型浓淡燃烧器和哈尔滨工业大学研发的径向浓淡旋流燃烧器。

C 烟气再循环低 NO_x 燃烧器

目前使用较多的还有烟气再循环法，它是在锅炉的空气预热器前抽取一部分低温烟气直接送入炉内，或与一次风或二次风混合后送入炉内，这样不但可降低燃烧温度，而且也降低了氧气浓度，进而降低了 NO_x 的排放浓度。用烟气再循环法降低 NO_x 排放效果与燃料品种和烟气再循环有关。经验表明，烟气再循环率为15%～20%时，煤粉炉的 NO_x 排放浓度可降低25%左右。NO_x 的降低率随烟气再循环率的增加而增加。而且与燃料种类和燃烧温度有关。燃烧温度越高，烟气再循环率对 NO_x 降低率的影响越大。电站锅炉和烟气再循环率一般控制在10%～20%。当采用更高的烟气再循环率时，燃烧会不稳定，未完全燃烧热损失会增加。另外采用烟气再循环时需加装再循环风机、烟道，还需要场地，增大了投资，系统复杂。对原有设备进行改装时还会受场地的限制。另外，烟气再循环法可在一台锅炉上单独使用，也可和其他低 NO_x 燃烧技术配合使用，可用来降低主燃烧器空气的浓度，也可用来输送二次燃料，但这需进行技术经济比较。

4.2.3 烟气脱硝技术

许多工业烟气中含有较多的氮氧化物，它们排放到大气中易形成酸雨及光化学烟雾，破坏臭氧层并造成温室效应，给自然环境和人类健康带来了严重的危害。自20世纪70年代开始，欧美、日本等发达国家相继对工业锅炉 NO_x 的排放作了限制。然而，我国长期以来对大气污染物的控制主要集中于 SO_2 上，对 NO_x 的排放控制相对重视不够。随着最新的《火电厂大气污染物控制排放标准》和《大气污染防治法》的颁布实施以及《京都议定书》的正式生效，国内对 NO_x 的排放控制将日趋严格，因而尽早开发或引进适合我国现有国情的 NO_x 脱除和控制技术是十分必要的。

烟气脱硝技术和 NO 的氧化还原及吸附的特性有关。根据反应介质状态的不同，可分为液相反应法和气相反应法。前者又称湿法，是指利用氧化剂如臭氧、二氧化氯等将 NO 先氧化成 NO_2，再用水或碱液等加以吸收处理，应用较多的如液体吸收法；后者又称干法，是指在气相中利用还原剂（氨、尿素或碳氢化合物等）或高能电子束、微波等手段，将 NO 和 NO_2 还原为对环境无毒害作用的 N_2 或转化为硝酸盐并进行回收利用。应用较多的如选择性催化还原法、选择性非催化还原法、电子束法、脉冲电晕法及微波法等。干法脱硝技术是目前工业应用的主流和发展方向。

4.2.3.1 湿法烟气脱硝技术

湿法脱硝技术是去除工业烟气中 NO_x 的一种重要方法。湿法脱硝是用可以溶

解 NO_x 或可以与 NO_x 发生反应的溶液吸收废气中 NO_x 的办法。包括酸吸收、碱吸收、氧化吸收和络合吸收法等。湿法脱硝工艺相对较简单，脱硝效率较高，常用的脱硝吸收液包括苛性碱液、氨水、石灰水、氢氧化镁和碱性高锰酸钾溶液等。其缺点是装置复杂庞大，排水需处理，电耗大等。

A　酸吸收法

稀硝酸吸收法是利用 NO_x 在硝酸中溶解度比在水中溶解度大来净化含 NO_x 废气的。NO 在硝酸中的溶解度比在水中大得多，因此可用硝酸吸收 NO_x 尾气。随硝酸浓度的增加，其吸收效率显著提高。NO_x 可被浓硫酸充分吸收，利用此性质可以把 $NO + NO_2$ 吸收到浓硫酸中制成亚硝酸硫酸（$NOHSO_4$）。不过亚硝酸硫酸能被水分解，所以不适用于含水气体。酸吸收法的缺点是需要加压，且酸循环量较大，能耗较高。实际操作中所用的硝酸浓度一般控制在 15% ~ 20% 的范围内。稀硝酸处理 NO_x 的效率除与本身浓度有关外，还与吸收温度与压力有关，低温高压有利于 NO_x 的吸收，实际操作中的温度一般控制在 10 ~ 20℃，压力为高压。

另外，有资料显示杂多酸（钼硅酸）能有效吸收 SO_2 和 NO_x，其脱硝机理主要是利用杂多酸中金属离子与烟气中的 NO_x 构建一个自催化氧化还原体系，其中以 $H_4SiMo_{12}O_{40}$ 最为廉价，且无毒无害，杂多酸中的 Mo 为 6 价（最高价态），极易被还原成低价的 Mo(V)，NO_x 还原成 N_2，这些低价 Mo 反过来也极易被氧化为高价态。研究表明，钼硅酸可以脱除烟气中 98% 以上的 SO_2 和 40% 左右的 NO_x。

B　碱吸收法

常压下用水或者碱液吸收 NO 的效率很低，所以碱液吸收法一般只适用于处理含 NO_2 超过 50% 的 NO_x 废气，不适用于燃烧废气脱硝。碱性溶液和 NO_2 反应生成硝酸盐和亚硝酸盐，碱性溶液可以是钠、钾、镁、铵等离子的氢氧化物或弱酸盐溶液，例如纯碱溶液、氢氧化钠溶液和石灰水。碱液吸收法的优点是能将 NO_x 回收为有销路的亚硝酸盐或硝酸盐产品，产生一定的经济效益；工艺流程和设备也较简单。缺点是吸收效率不高，对 NO_2/NO 的比例也有一定限制。

有关纯碱吸收 NO_x 反应机理的研究较多，大多数学者认为该反应是拟一级快速反应且 NO_x 的水合反应为整体反应的控制步骤。纯碱吸收 NO_x 的速率受液膜中 NO_x 的水合反应控制，与相界面积有直接关系，即改变气、液接触面积可改变 NO_x 的吸收速率。

由于纯碱价格迅速上涨，采用价格低廉的石灰代替纯碱脱硝成为研究热点。碱度较低时，吸收度随碱度的增加而快速增加；当碱度较高时，吸收度随碱度的增加而下降，这主要是因为碱度较大时，浓度较高的石灰浆液抑制了 NO_x 的水合反应速度。因此，采用的石灰乳浓度应为 10% ~ 20%。采用石灰处理 NO_x 时，操作温度不应低于 40℃，否则会产生复合物 $Ca(NO_2)_2 \cdot Ca(OH)_2 \cdot 2H_2O$ 沉淀，也不应高于70℃，否则会发生石灰乳浓缩现象，抑制吸收反应的正常进行。氧化度为50%时吸收度最大，但为得到$Ca(NO_2)_2$，氧化度以35%~45%为宜。

在我国，碱液吸收法广泛用于硝酸尾气处理和其他场合的NO_x废气治理。但其应用的技术水平不高，吸收后的尾气浓度仍很高，体积分数常达0.1%~0.8%，未达到排放要求。可见，碱液吸收法的技术需要改进，以克服吸收效率低的缺点。

C 还原吸收法

气相还原液相吸收如氨碱溶液吸收法，先将氨送入烟气中进行气相还原，再将烟气进入碱溶液吸收，未反应的NO_2与碱液反应生成硝酸盐和亚硝酸盐可作肥料。液相还原吸收是利用液相还原剂将NO_x还原为N_2，常用的还原剂有亚硫酸盐、硫代硫酸盐、硫化物、尿素水溶液等。液相还原剂同NO反应并不生成N_2，而是生成N_2O，而且反应速度不快，因此液相还原吸收法必须预先将NO氧化为NO_2或N_2O_3。随着NO_x氧化度的提高，还原吸收效率逐步增加。为改善吸收效率，通过投加添加剂对尿素法烟气同时脱硫脱氮进行了研究和改进，加入添加剂可以起到催化、缓冲促效作用，添加剂反应前后不变，该方法的脱硫效率可达95%以上，脱氮效率达40%~60%。常用的还原性吸收液（如Na_2SO_3、Na_2S和尿素溶液等），采用还原型吸收剂处理NO_x时存在还原剂容易氧化的问题，因此，在实际应用中要考虑加入阻氧剂。

D 氧化吸收法

NO在水中的溶解度极低，而氧化吸收法通过氧化剂将部分NO氧化成在水中溶解度较大的NO_2，再采用碱液进行吸收。通常NO_2与NO的氧化度之比为（1:1）~（1:3），目前采用较多的氧化剂为具有高氧化能力的$NaClO_2$、O_3与$KMnO_4$等。

采用$NaClO_2$和NaOH溶液吸收NO时，脱硝效率可达36%~72%，而影响脱硝的因素主要包括$NaClO_2$和NaOH浓度、吸收液pH值、液气比、进气浓度和反应温度等。NO在湿式洗涤器中的反应为：

$$4NO + 3ClO_2^- + 4OH^- \longrightarrow 4NO_3^- + 3Cl^- + 2H_2O$$

反应过程中ClO_2^-将NO氧化成NO_3^-，自身被还原为Cl^-，反应同时消耗了OH^-，使反应器内溶液的pH值迅速降低。在NaOH低浓度区域，NaOH可以促进反应进行，但在NaOH高浓度区域，反应速率随NaOH浓度的增大而减小。这是因为工业烟气脱硫系统的pH值一般为5~6，当吸收液中添加Na_2HPO_4和K_2HPO_4缓冲溶液后，吸收液的pH值达到6~7，此时NO达到了最佳去除效率。

碱性$KMnO_4$吸收烟气中NO时的反应式为：

$$NO + MnO_4^- + 2OH^- \longrightarrow NO_2^- + MnO_4^{2-} + H_2O$$

在弱碱性至中性溶液中，反应式为：

$$5NO_2^- + 2MnO_4^- + 2OH^- \longrightarrow 5NO_3^- + 2MnO_4^{2-} + H_2O$$

$$3NO_2^- + 2MnO_4^- + H_2O \longrightarrow 3NO_3^- + 2MnO_2 + 2OH^-$$

$$NO + MnO_4^- \rightleftharpoons NO_3^- + MnO_2$$

氧化型吸收剂对 NO_x 的吸收机理比较复杂，成本较高，但氧化产物容易造成二次污染。氧化吸收法的实际应用取决于氧化剂的成本，在气相氧化剂中，O_3 和 ClO_2 活性都很高，都可在 1s 停留时间内将 NO 氧化为 NO_2，但 O_3 的价格昂贵，ClO_2 费用稍低，却会引入大量氯化物，造成处理困难。

在液相氧化剂中，硝酸氧化法成本较低。国内硝酸氧化碱液吸收流程已用于工业生产，其他氧化剂因成本过高，国内很少采用。硝酸氧化碱液吸收法比较适用于硝酸尾气的处理，因为硝酸的来源和作为氧化剂的稀硝酸的回收不成问题。除此之外，氧化吸收法还存在一些缺点，如吸收过程产生的酸性废液难以处理，氯酸可对设备造成腐蚀，氯酸氧化吸收液的制备复杂、运输成本高等。

E　络合吸收法

络合吸收法是 20 世纪 80 年代发展起来的一种同时脱硫脱氮的新方法。美国、日本等国家研究起步较早，由于烟气中 NO_x 的主要成分 NO（占 95%）在水中的溶解度很低，从而大大增加了气-液传质阻力。络合吸收法利用液相络合吸收剂直接同 NO 反应，增大 NO 在水中的溶解性，从而使 NO 易于从气相转入液相。该法特别适用于处理主要含 NO 的燃煤烟气，在实验装置中可以达到 90% 或更高的 NO 脱除率。亚铁络合吸收剂可以作为添加剂直接加入石灰石膏法烟气脱硫的浆液中，只需在原有的脱硫设备上稍加改造就可以实现同时脱除 SO_2 和 NO_x，节省高额的固定投资。

络合吸收法采用金属络合吸收剂吸收 NO_x，适用于处理以 NO 为主要组成的尾气。NO 与过渡金属络合物反应生成金属亚硝酸化合物，其中过渡金属提供空轨道，配体提供孤对电子。

（1）硫酸亚铁法：

$FeSO_4$ 与 NO 会发生如下的吸收反应：

$$FeSO_4 + NO \longrightarrow Fe(NO)SO_4$$

该反应是放热反应，低温有利于吸收，加热则解吸。吸收液一般含 20% 的 $FeSO_4$，0.5% ~1.0% 的 H_2SO_4，加入少量的 H_2SO_4 能防止 Fe^{2+} 氧化和 $FeSO_4$ 的水解。研究表明，$FeSO_4$ 吸收 NO 的最大可能量相当于 $FeSO_4$ 与 NO 的摩尔比（1:1）。但当尾气中的 O_2 大于 3.0% 时，Fe^{2+} 易被氧化为 Fe^{3+}。

（2）Fe（Ⅱ）-EDTA 法。用 Fe（Ⅱ）-EDTA 溶液脱除废气 NO 的方法最初由国外学者提出，20 世纪 80 年代以后，许多学者对这一反应的动力学、平衡常数进行了较为系统的研究。认为亚硫酸根的存在能使与 Fe（Ⅱ）-EDTA 络合的 NO

和 Fe(Ⅲ) - EDTA 还原，从而使 NO 的吸收速率维持在一个较高的水平，并提出下述的反应方程：

$$3Fe(Ⅱ)(EDTA)(NO)^{2-} + 4HSO_3^- \longrightarrow 3Fe(Ⅱ)(EDTA)^{2-} + 2HON(SO_2)_2^{2-} + (1/2)N_2 + H_2O$$

虽然国外学者对 Fe(Ⅱ) - EDTA 脱氮进行了近 30 年的研究，但到目前为止鲜有工业化报道，主要原因是 Fe(Ⅱ) 易被氧化为 Fe(Ⅲ)，而 Fe(Ⅲ) EDTA 离子不能与 NO 络合，使吸收效率迅速下降，而用电解还原法或铁粉还原法再生 Fe(Ⅱ) 会使工艺变得复杂，并且相应的费用会增加。

（3）钴氨络合氧化法。

有研究人员以现有的湿法脱硫工艺为基础，提出以钴氨离子为主催化剂，碘、溴等卤素离子为助催化剂的复合催化体系，以烟道气中的尾氧为氧化剂，在液相中实现 NO 的催化氧化和回收，并且同时脱除和回收 SO_2。该方法主要可分为 NO 的液相氧化、SO_2 的吸收和氧化、$Co(NH_3)_6^{2+}$ 的再生，以及 I^- 的再生 4 部分，总反应为：

$$NO + SO_2 + (3/2)H_2O + 3NH_3 + O_2 \longrightarrow (1/2)NH_4NO_2 + (1/2)NH_4NO_3 + (NH_4)_2SO_4$$

研究表明，在浓度为 335 ~ 1339mg/m³ 时，NO 的脱除率可达 80% 以上，在浓度为 1071 ~ 3348mg/m³ 时，SO_2 的脱除率可达 100%。与 Fe - EDTA 法相比，该方法具有效率高、持续时间长的特点。加入 I^- 离子，并且采用紫外光催化的方法，可以实现二价钴氨络离子的再生。Br^- 离子也有类似效果，但劣于 I^- 离子，并测定 I^- 离子的最佳加入量为 $Co^{2+}/I^- = 4$，其最佳含氧量为 5.2%，最佳温度为 50℃。

该方法可望与现有的氨法脱硫工艺相结合，实现同时脱硫脱硝。但该方法还存在一些问题，如在紫外光的照射下，实现 Co^{2+} 和 I^- 两个循环的耦合，会造成实际应用中资源的浪费。

（4）其他金属络合吸收法。

由于 Fe(Ⅱ) - EDTA 易被氧化，有研究者提出用含有 SH 基团的氨基酸和脂肪酸（如半胱氨酸、青霉胺、谷胱甘肽、半胱氨酰甘氨酸、N_2 乙酰半胱氨酸和乙酰青霉胺）的亚铁络合物同时脱硫脱硝。与 Fe(Ⅱ) - EDTA 相比，这些络合物不仅能稳定亚铁离子，还能将生成的铁离子还原成亚铁离子，NO 被还原为 N_2，因此能够长时间地保持 NO 和 SO_2 的高脱除率。另外在 50℃ 且 pH 值为 5.5 ~ 7 时，用搅拌反应器测定青霉胺、间 - 2, 3 - 二硫基丁二酸、2 - 氨基 - 乙硫醇、L - (+) - 半胱氨酸等的亚铁离子络合物与 NO 反应的速率，发现这些反应是二级反应，而且溶液的 pH 值对反应速率影响很大。接着采用 $Fe^{2+}(DMPS)_2$ 来脱除烟气中的 NO（DMPS 指二硫基丙烷磺酸，其分子式为 $HSCH_2CH(SH)CH_2SO_3$）。吸收液 $Fe^{2+}(DMPS)_2$ 采用电解的方法再生，在电解过程中同时实现了络合 NO 的电化学脱除和 S—S 到 S—SH 的电化学还原，据称该法能克服 $Fe^{2+}(EDTA)$ 法

的缺点并具有和 Fe^{2+}（EDTA）法相似的效率。

目前，金属络合吸收处理 NO_x 的方法很有可能成为研究热点。根据 NO_x 液相吸收过程的传质理论，即最广泛且较成熟的双膜理论的推导，湿法脱硝主要由液膜控制，其传质阻力主要集中于液膜中。因此，要想提高脱硝效率，就需提高总传质系数，增大液相湍动程度。另外，还需要进一步探索湿法脱硝的反应机理，控制好反应过程，优化其工艺流程，以降低投资和运行成本，简化操作工序。

络合吸收法的缺点是螯合物易损失，吸收液易失活，吸收液再生速度较慢废液处理复杂等。

F 微生物法

微生物法烟气脱硝的原理为：适宜的脱氮菌在有外加碳源的情况下，利用 NO_x 作为氮源，将 NO_x 还原成最基本的无害的 N^+，而脱氮菌本身获得生长繁殖。其中 NO_2 先溶于水中形成 NO_3 及 NO_2，再被生物还原为 N_2，而 NO 被吸附在微生物表面后直接被微生物还原为 N_2。因此，生物法净化 NO_x 也主要利用了反硝化细菌的异化反硝化作用。

在废气的生物处理中，微生物的存在形式可分为悬浮生长系统和附着生长系统两种。悬浮生长系统是指微生物及其营养物配料存在于液相中，气体中的污染物通过与悬浮物接触后转移到液相中而被微生物净化，其形式有喷淋塔、鼓泡塔等生物洗涤器。而在附着生长系统中，废气在增湿后进入生物滤床，通过滤层时，污染物由气相转移到生物膜表面并被微生物净化。悬浮生长系统及附着生长系统在净化 NO_x 方面各具优势：前者相对后者来说，微生物的环境条件及操作条件易于控制，但因 NO_x 中的 NO 占有较大的比例，而 NO 又不易溶于水，使得 NO 的净化率不高。

艾德荷国家工程实验室开发了利用脱氮菌还原处理烟道气中 NO_x 的工艺。该研究将含 NO 为 $100 \sim 400 g/L$ 的烟气通过一个堆肥填料塔，当烟气在塔中的停留时间约为 $1min$，NO 进口浓度为 $335mg/m^3$ 时，NO 的净化率为 99%。塔中细菌生存的最佳温度为 $30 \sim 45℃$，pH 值为 $6.5 \sim 8.5$。

微生物法对细菌的种类要求较高，废气中的颗粒物在滤床中积累过多，易造成滤床堵塞，阻力增大。随着研究的不断深入，该技术将会从各方面得到全面发展。

4.2.3.2 干法烟气脱硝技术

目前，控制燃烧产生 NO_x 的主要有燃烧前燃料脱氮、燃烧中改进燃烧方式和生产工艺脱硝、锅炉烟气脱硝三种方法。燃料脱氮技术至今尚未很好地开发，行管的报道还很少，有待于今后继续研究。燃烧中改进燃烧方式和生产工艺脱氮技术，国内、外已经做了大量研究，开发了许多低 NO_x 燃烧技术和设备，并已在一些锅炉和煤窑上应用。但由于一些低 NO_x 燃烧技术和设备有时候会降低燃烧效率，造成不完全燃烧损失增加，设备规模随之增大，NO_x 的降低率也有限，所以目前低 NO_x 燃烧技术和设备尚未达到全面实用阶段。因此，烟气脱硝是近期内 NO_x 控制措施中最重要的方法，探求技术上先进、经济上合理的烟气脱硝技术是现阶段工作的重点。

烟气脱硝技术按照其作用机理的不同，可分为催化还原、吸收和吸附三类。如果按照工作介质分，除了前面提到的湿法外，还有干法。就目前脱硝技术的应用而言，干法脱硝技术占据了主流地位。干法脱硝技术包括用催化剂来促进 NO_x 还原反应的选择性催化还原法、非选择性催化还原法，以及电子束照射法和同时脱硫脱硝法等。

A 选择催化还原法（SCR）法

a 原理

选择性催化还原（SCR）脱硝主要是指在固体催化剂的作用下，利用各种还原性气体如 H_2、CO、烃类、NH_3 与 NO_x 反应使之转化为 N_2 的方法。以氨气为例，当烟气中含有少量 O_2 时，将促进 NH_3 和 NO 进行反应。

以 NH_3 为还原剂的 SCR 反应为：

$$4NO + 4NH_3 + O_2 \longrightarrow 4N_2 + 6H_2O$$
$$6NO_2 + 8NH_3 \longrightarrow 7N_2 + 12H_2O$$

在具体的反应过程中，NH_3 可以选择性地和 NO_3 反应生成 N_2 和 H_2O，而不是被 O_2 氧化，因此反应称为具有"选择性"。

当烟气中无 O_2 时，则发生如下反应：

$$4NH_3 + 6NO \longrightarrow 5N_2 + 6H_2O$$

该反应速率较低。

当烟气中存在 $[NO_2]/[NO] = 1:1$ 的 NO_x 时，则发生"快速 SCR 反应"。"快速 SCR 反应"的反应速率较高，方程式为：

$$4NH_3 + 2NO + 2NO_2 \longrightarrow 4N_2 + 6H_2O$$

当烟气中 NO_2 过量（$[NO_2]/[NO] > 1.0$）时，则过量的 NO_2 主要通过如下方程进行，但它们的反应速率较慢。

$$2NO_2 + 4NH_3 + O_2 \longrightarrow 3N_2 + 6H_2O$$
$$8NH_3 + 6NO_2 \longrightarrow 7N_2 + 12H_2O$$

当烟气中存在过量 O_2，在实际 SCR 反应过程中，随着烟气温度升高，可能会发生以下 NH_3 催化氧化的副反应：

$$4NH_3 + 3O_2 \longrightarrow 2N_2 + 6H_2O$$
$$4NH_3 + 5O_2 \longrightarrow 4NO + 6H_2O$$

当烟气温度过高时，NH_3 会被进一步氧化，甚至生成新的 NO_x，可降低 SCR

脱硝效率。

b　影响因素

选择合适的催化剂是 SCR 技术能够成功应用的关键。催化剂的种类、反应温度、形式和寿命均对 SCR 反应产生影响。

不同种类的 SCR 催化剂具有不同的活性和物理性能。按活性组分的不同，SCR 催化剂可分为：金属氧化物、贵重金属、钙钛矿复合氧化物、碳基催化剂和离子交换分子筛等。目前应用较多的是金属氧化物催化剂。

不同种类的 SCR 催化剂具有不同的适宜温度范围，当反应温度超出该温度范围时，将发生副反应。副反应不但对脱硝效率有所影响，而且会导致催化剂活性降低。研究表明：SCR 系统运行温度应该维持在 320 ~ 400℃之间。

SCR 反应器中的催化剂形式主要有蜂窝式、板式以及波纹板式。由于蜂窝式催化剂耐久性、可靠性均较好，是目前应用较多的催化剂形式。此外，在 SCR 系统运行过程中，催化剂会因为各种物理、化学作用导致催化剂性能下降甚至失效。因此，需要采取合理的预防措施来延长催化剂的使用寿命。除了催化剂本身外，SCR 反应还受到还原剂和空间速度的影响。

c　典型工艺流程

理论上，SCR 脱硝装置可以布置在水平烟道或垂直烟道中，但对于燃煤锅炉，一般应布置在垂直烟道中。

选择催化还原脱硝系统主要是由催化剂反应器、催化剂和氨储存剂喷射系统组成，其中选择合适的催化剂是 SCR 技术能够成功应用的关键所在。典型的选择性催化还原法（SCR）脱硝工艺流程如图 4 – 10 所示。

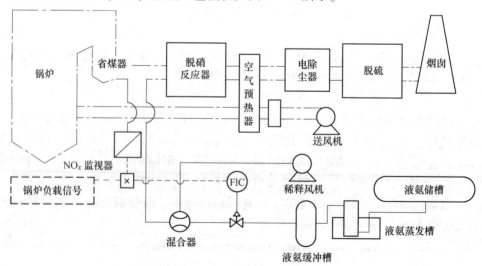

图 4 – 10　典型的选择性催化还原法（SCR）脱硝工艺流程图

B 选择性非催化还原法（SNCR）

选择性非催化还原技术（SNCR）是一种不用催化剂，在合适的温度范围内，将氨或者尿素等含有 NH_3 的还原剂喷入含烟气中，通过烟道气流中产生的氨自由基与 NO_x 反应，把 NO_x 还原成 N_2 和 H_2O。在选择性非催化还原中，部分还原剂与烟气中的 O_2 发生氧化反应生成 CO_2 和 H_2O，因此还原剂耗量较大。

在烟气中直接还原 NO_x 的工艺中，选择催化还原法是目前比较成熟的一种技术。SNCR 技术是将前面提到的将一种或多种还原剂混合喷入炉膛温度为 850 ~ 1100℃的区域，该还原剂迅速热分解出 NH_3 并与烟气中的 NO_x 进行反应生成 N_2 和 H_2O。该方法以炉膛为反应器，可通过对锅炉进行改造实现。在炉膛 850 ~ 1100℃的温度范围内，在无催化剂作用下，氨或尿素等氨基还原剂可选择性地还原烟气中的 NO_x。

NH_3 做还原剂时，选择性非催化还原法（SNCR）的总反应方程式为：

$$4NH_3 + 6NO \longrightarrow 5N_2 + 6H_2O$$

该反应主要发生在 950℃的条件下，当温度更高时则可能发生正面的竞争反应：

$$4NH_3 + 5O_2 \longrightarrow 4NO + 6H_2O$$

目前的趋势是用尿素代替 NH_3 作为还原剂，从而避免因 NH_3 的泄漏而造成新的污染。尿素作为还原剂时，其主要反应方程式为：

$$(NH_2)_2CO \longrightarrow 2NH_2 + CO$$

$$NH_2 + NO \longrightarrow N_2 + H_2O$$

$$2CO + 2NO \longrightarrow N_2 + 2CO_2$$

典型的 SNCR 系统由还原剂储槽、多层还原剂喷入装置以及相应的控制系统组成（见图 4 - 11）。它的工艺简单，操作便捷。SNCR 工艺可以方便地在现有装置上进行改装。因为它不需要催化剂床层，而仅仅需要对还原剂的存储设备和喷射系统加以安装，因而初始投资相对于 SCR 工艺来说低得多，操作费用与 SCR 工艺相当。一般情况下 SNCR 可达到 60% 至 70% 的 NO_x 还原率。

选择性非催化还原法（SNCR）还原 NO 的化学反应效率取决于烟气温度，高温下停留时间，含氨化合物即还原剂注入的类型和数量、混合效率以及 NO_x 的含量等。有研究人员利用夹带流反应器对选择性非催化还原法（SNCR）还原法脱除 NO_x 在 800 ~ 1200℃下喷射尿素还原剂或者几种铵盐还原剂能脱除 NO_x 的能力最强，碳酸氢铵还原剂脱除 NO_x 的能力次之。

选择性非催化还原法（SNCR）还原技术具有以下几点优点：

（1）系统简单：不需要改变现有锅炉的设备设置，而只需要在现有的燃煤锅炉的基础上增加氨或者尿素储槽，氨或者尿素喷射装置及其喷射口即可，系统结构简单；

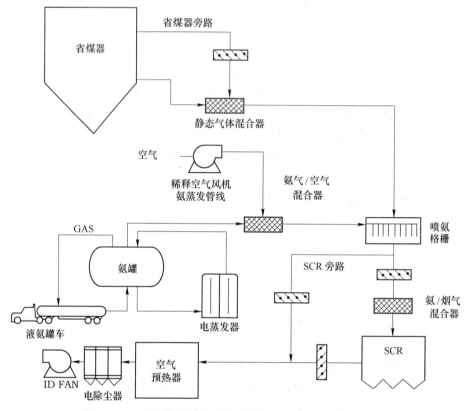

图 4-11　典型选择性非催化还原法（SNCR）工程示意图

（2）系统投资小：相对于 SCR 的大约 4060 美元/kW 的昂贵造价，由于系统简单以及运行中不需要昂贵的催化剂而只需要廉价的尿素或者液氨，所以大约 510 美元/kW 造价的 SNCR 更适合我国的国情；

（3）阻力小：对锅炉的正常运行影响较小；

（4）系统占地面积小：需要较小的氨或者尿素储槽，可放置于锅炉钢价之上而不需要额外的占地预算。

但是，就目前的应用实践表明，SNCR 技术应用中还存在以下问题，如 NO_x 脱除效率较低；锅炉型式和负荷状态的温度窗口选择和控制较困难；还原剂耗量大；氨逃逸量较大，易于造成新的环境污染；如运行控制不当，用尿素作还原剂时还可能造成较多的 CO 和 N_2O 排放等，这些问题都急需在后续工作中解决。

C　SNCR-SCR 联合工艺

选择性非催化还原法（SNCR）还原技术和选择性催化还原法（SCR）还原技术联合工艺是将 SNCR 工艺中的还原剂喷入炉膛的技术同 SCR 工艺中利用逸出氨进行催化反应的技术结合起来，从而进一步提升 NO_x 的脱除效率，它结合了选择性催化还原法（SCR）技术高效和选择性非催化还原法（SNCR）还原技术投资省的特点而发展起来的一种新型工艺。

混合 SNCR - SCR 工艺具有两个反应区，通过布置在锅炉炉墙上的喷射系统，首先将还原剂喷入第一个反应区——炉膛，在高温下，还原剂与烟气中 NO_x 在没有催化剂参与的情况下发生还原反应，实现初步脱氮。然后未反应完的还原剂进入混合工艺的第二个反应区——SCR 反应器，在有催化剂参与的情况下进一步脱氮。与单一的 SCR 工艺和 SNCR 工艺相比，混合 SNCR - SCR 工艺具有脱硝效率高、催化剂用量小、催化剂的回收处理量减少、还原剂喷射系统简化等优点。简易的 SNCR - SCR 工艺流程如图 4 - 12 所示。

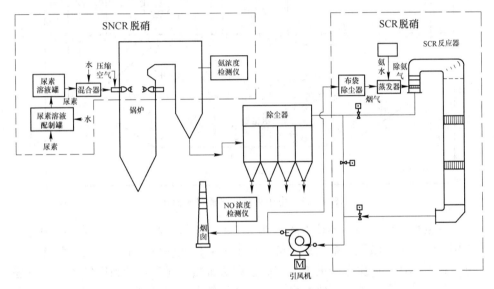

图 4 - 12   SNCR - SCR 工艺流程图

D   等离子体法

从 20 世纪 70 年代开始，国外相继开发了一系列新技术用于含 NO_x 烟气的处理。这些技术包括：（1）电子束法；（2）脉冲电晕法；（3）直流电晕法；（4）介质阻挡放电法；（5）表面放电法等。这些技术的共同特征是，通过一定的方式在烟气中产生等离子体，NO_x 等污染性气体在等离子体区被分解或氧化，浓度降低到排放标准以下。

等离子体在脱硝应用中有着巨大的优越性，采用低温等离子体净化燃烧后的烟气时，放电所产生的高能电子通过碰撞作用将其在电场中获得的能量传递给周围的原子或分子，使其激发、电离、离解，产生准分子、自由基等活性基团，这些活性物种跟烟气中的污染物发生一系列气相化学反应，从而达到去除污染物的目的。等离子体脱硝目前有两种有效的方法：高能电子束等离子体脱硝、脉冲电晕放电等离子体脱硝。

　　电子束法的原理是利用电子加速器产生的高能电子束，直接照射待处理的气体，通过高能电子与气体中的氧分子及水分子碰撞，使之离解、电离，形成非平衡等离子体，其中所产生的大量活性粒子（如 OH·、O· 和 HO$_2$· 等）与污染物进行反应，使之氧化去除。电子束法操作方便，过程易于控制，运行可靠，无堵塞、腐蚀和泄漏等问题，对负荷的变化适应性强。电子束法脱硝原理的示意图如图 4-13 所示。

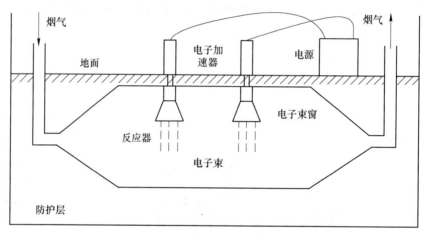

图 4-13　电子束法脱硝原理示意图

　　脉冲电晕放电等离子体技术的机理与电子束照射法基本一致，都是利用电子的作用使气体分子激发、电离或离解，产生强氧化性的自由基。但是，脉冲电晕放电等离子体技术产生电子的方式与电子束法截然不同，它是利用气体放电过程产生大量电子，电子能量等级与电子束法电子能量等级差别很大，仅在 5~20eV 范围内。与电子束照射法相比，该法避免了电子加速器的使用，也无需辐射屏蔽，增强了技术的安全性和实用性。脉冲电晕的技术特点是：采用窄脉冲高压电源供能，脉冲电压的上升前沿极陡（上升时间为几十至几百纳秒），脉宽窄（几微秒以内），在极短的时间内，电子被加速而成为高能电子，其他质量较大的离子由于惯性大，在脉冲瞬间内来不及被加速而基本保持静止。因此，放电提供的能量大多用于产生高能电子，能量效率较高。并且具有装置简单、运行成本低、有害污染物清除彻底、不产生二次污染等优点。

　　E　吸附法

　　用分子筛、活性炭、活性焦、天然沸石、硅胶及泥煤等吸附剂可以吸附脱除 NO$_x$。其中硅胶、分子筛、活性炭及活性焦等吸附剂兼有催化性能，能将烟气中的 NO 催化氧化为 NO$_2$，脱附出来的 NO$_2$ 可用水或碱吸收而得以回收。吸附法的净化效率高、脱除精度深，可回收 NO 制取硝酸产品。

目前，采用吸附法脱除 NO_x 所使用的吸附剂主要包括两种：活性炭和活性焦。

（1）活性炭吸附法。活性炭具有高度发达的孔隙结构和巨大的比表面积，具有很强的吸附性，加之活性炭表面存在多元含氧官能团，所以它既是优良的吸附剂，又是催化剂和催化剂载体。活性炭吸附法是利用活性炭的微孔结构和官能团吸附 NO_x，并将反应活性较低的 NO 氧化为反应活性较高的 NO_2，活性炭对 NO_x 的吸附包括物理吸附和化学吸附。有研究者表明，在气流中无 SO_2 气体存在的条件下，活性炭具有较高的脱氮效率，当活性炭达到吸附平衡时，脱氮效率大于75%；而当气流中存在 SO_2 时，由于物理吸附的 NO 被 SO_2 置换解析，活性炭吸附 NO_x 的容量和动态吸附平衡时间急剧下降，脱氮效率降低。

（2）活性焦吸附法。活性焦是以煤炭为原料生产的一种新型吸附材料。目前，工业适用的活性焦为直径 5mm 或者 9mm 的柱状活性焦，与常规活性炭不同，活性焦是一种综合强度（耐压、耐磨性、耐冲击等）比活性炭高、比表面积比活性炭小的吸附材料。与活性炭相比，活性焦具有更好的脱硝性能，且在使用过程中，加热再生相当于对活性焦进行再次活化，其性能还会有所增加。

目前，国内外活性焦研究方向大致可以归纳为以下几点：

1）对现有活性焦造粒技术的改进，如生产球型颗粒状活性焦，提高其机械强度，降低其运行过程中的磨损和吸附床层的阻力。

2）用低成本原料制备活性焦，如采用烟煤或者褐煤为原料生产活性焦，基本上不需要添加焦油，烟煤或者褐煤价格也较低，同时还可以克服活性焦生产的地域限制，降低运输费用。

3）研制高性能活性焦，如通过优化活性焦生产工艺，提高活性焦的硫容和穿透特性，减少活性焦循环解析次数和吸附反应器尺寸，同时提高活性焦的催化脱硝性能，使一套装置具有多重净化功能。

F　NO_x 直接催化分解法

干法脱硝中的催化法一直受到人们的重视，催化转化法主要包括催化还原法和催化分解法，其中如前面所述的氨选择催化还原法已经在固定污染源 NO_x 污染治理中得到了成功应用。但是存在投资和运行费用高、耗氨量大、氨易泄漏造成二次污染以及不够经济等缺点。针对属于移动污染源的机动车尾气，人们一直使用三效催化剂来消除 NO_x 污染，其原理是利用尾气中的 CO 和 C_xH_y 来还原 NO。但是，出于节能环保的需要，未来的动机将向着贫燃的方向发展，而贫燃尾气中氧气含量高，作为还原剂的 CO 和 C_xH_y 含量降低，而且温度范围宽，催化剂易发生失活现象。催化转化法中的催化分解法则是利用催化剂把 NO 直接分解为 N_2 和 O_2，该法具有不产生二次污染、不消耗还原剂、经济性好、工艺简单等优点而受到人们的广泛关注。

目前，在 NO_x 催化分解领域深受关注，催化剂有贵金属、金属氧化物、钙钛矿及类钙钛矿型复合氧化物、离子交换的 ZSM - 5 型分子筛、杂多化合物和水滑石类材料等六大类催化剂。

a 贵金属

最早对 NO 进行催化分解的是贵金属催化剂。该类催化剂主要包括负载型的 Pt、Pd、Rh、Au、Ir、PI - Rh 和 Pt - Pd 等单金或合金，载体包括 Al_2O_3、SiO_2、TiO_2、ZrO 和 ZnO 等。一般来说，贵金属以 Pt 和 Pd 为佳，载体以 $\gamma - Al_2O_3$ 性能最好。贵金属催化分解 NO 的反应机理是 NO 分子在贵金属表面的活性位上并分解为氮原子和氧原子，然后分别形成 N_2 分子和 O_2 分子并脱附从而释放出活性位。催化剂活性的高低取决于氧分子脱附提供活性位的难易程度，而分子氧脱附的难易程度完全取决于温度的高低，低于 773K 脱附就难以进行，未能脱附的氧原子会逐渐覆盖贵金属表面的活性位，造成失活现象。目前的研究表明，贵金属催化剂用于 NO 催化分解的研究已比较广泛和深入，在一定条件下表现出较高的催化性能，但是由于 NO 分解产生的氧原子以及气相中存在的氧气能抢先吸附在催化剂表面的活性位上，从而阻碍 NO 的进一步吸附和分解而造成催化剂中毒。因此，如何在贵金属催化剂中添加各种助剂进行改性，以提高催化剂的活性及稳定性，减少贵金属用量，抵抗氧阻抑现象的发生变得尤为重要。

b 金属氧化物

大量研究表明，很多金属氧化物特别是过渡金属氧化物都对 NO 具有一定的催化分解活性，其反应机理和反应动力学方程与贵金属一致。因此，金属氧化物催化活性的高低也取决于 O_2 的解吸步骤。金属氧化物表面的氧缺陷是 NO 分解的活性中心，其催化能力与晶格中金属原子与氧原子之间化学键的强度有很大关系。早在 1971 年，有研究者研究了 40 种金属氧化物分解 NO 的催化活性，提出了反应机理，而且他认为 N_2O 与 NO 的分解过程基本相似。催化剂的活性顺序为 $Co_3O_4 > CuO > ZrO_2 > NiO > Fe_2O_3 > Al_2O_3$，同时测定的活化能顺序为 $CuO > Rh_2O_3 > Sm_2O_3 > SrO$。研究表明，该类催化剂具有明显的氧抑制现象，只在反应初期具有活性，随着反应时间增加，催化剂活性急剧下降。Co_3O_4 在这类催化剂中的活性最强，而且其氧抑制也没有那么明显。

目前被证实的具有去除 NO_x 污染物的重金属除了前面提到的以外，还有诸如 Er_2O_3/Bi_2O_3、Cr_2O_3、Ni_2O_3 以及 Fe - Mn - M(M = Ti，Zr，Ce，Ni，Co，Cu) 的混合氧化物等，它们对 NO 的吸附或分解都有一定的活性。但是，该种催化剂几乎都存在明显的氧阻抑现象，而且易于结块不利于与反应物接触，从而影响其催化性能。对于氧阻抑现象产生的原因，大量研究都表明是由于 NO 分解脱附的氧占据了 NO 吸附活性位造成的，然而也有一些金属氧化物的氧阻抑现象却不那么明显，比如 Co_3O_4 和 Ni_2O_3，而且一些助剂的添加能够扮演抗氧阻抑剂的角色，

Ag 就能利用其自身与氧的亲和性把氧拉出催化剂的吸附活性位来降低氧阻抑的强度。因此，寻找更多的性能优异、本身对氧不敏感的金属氧化物催化剂，或寻找高效廉价的抗氧阻抑添加助剂和催化剂改性方法，以提高该种催化剂的催化性能和使用寿命，满足工业化应用的要求非常有必要。

c 钙钛矿及类钙钛矿型复合氧化物

钙钛矿型复合氧化物是结构与钙钛矿 $CaTiO_3$ 相同的一大类化合物，常以通式 ABO_3 表示；类钙钛矿型复合氧化物以 A_2BO_4 通式表示。钙钛矿及类钙钛矿型复合氧化物具有独特的物理化学性质：一方面，该类催化剂对 NO 处理反应的活性较高，最有希望取代贵金属；另一方面，它们具有确定的结构，不仅其组成、元素、原子价等可以在很宽的范围内改变，而且还能在很大程度上通过调变 A、B 离子的价态来控制阳离子的氧化还原性能及缺陷的种类和浓度，有利于认识催化作用的本质。近年来，在钙钛矿及类钙钛矿型复合氧化物催化剂上的 NO 消除反应是催化法处理 NO 的研究热点之一。

一般认为，钙钛矿及类钙钛矿型复合氧化物具有与贵金属相似的催化分解 NO 的机理，但是它比较容易脱附氧，在高温下稳定性好。NO 在贵金属上的分解速率方程也同样适用于钙钛矿及类钙钛矿型复合氧化物，反应速率正比于 NO 的吸附浓度，而且在氧气存在下反应受到抑制。

钙钛矿及类钙钛矿型复合氧化物具有易于脱附氧、热稳定性及高温活性均较高等优点，是一种十分有潜力替代贵金属的 NO 分解催化剂，而且该催化剂的粒径大小还适合捕捉柴油机燃烧生成的炭黑颗粒，能开发成一种多用途催化剂且能同时去除柴油机排气中的碳颗粒物和氮氧化物。但是采用高温烧结制备的该类催化剂一般比表面积较低，催化活性的稳定性差，低温及高空速时的催化活性均低且对 SO_2 敏感（硫中毒）。

d 离子交换的 ZSM-5 型分子筛

离子交换的 ZSM-5 型分子筛催化剂是近年来最活跃的研究对象，特别是 Cu 离子交换的 ZSM-5 型分子筛是迄今为止发现的 NO 低温分解活性最好的催化剂。ZSM-5 型分子筛中的 Si—O 和 Al—O 四面体结构使其内表面具有很大的空隙，形成了孔径均匀的直形孔道和正玄型孔道，这些孔道特定的孔径与 NO_x 分子的动力学直径相近，所以易于吸附-脱附 NO_x 分子。因此，离子交换的 ZSM-5 型分子筛，特别是 Cu-ZSM-5 型分子筛作为 NO 低温分解催化剂具有很高的研究价值。它对 NO 的吸附性能很强，其结构决定了它在反应温度下对氧的吸附能力较弱，因而其氧阻抑现象不明显，性能上比金属氧化物等其他催化剂有较大提高。但是，Cu-ZSM-5 也有其自身的局限性，如使用温度区间较窄，高空速下活性较低，高浓度 O_2，仍会严重阻抑反应的进行，对水蒸气和 SO_2 敏感等缺点使其离实际应用还有较大的差距。

e　杂多化合物

杂多酸（Heteropoly Acid，HPA）及其相关的化合物（HPC）是 NO 的催化分解领域中一种比较新颖的催化剂。HPA 是由杂原子（P、Si、Fe、Co 等）和多原子（Mo、W、V、Nb、Ta 等）按一定结构通过氧原子配位桥联的含氧多酸，是一种酸碱性和氧化还原性兼具的双功能绿色催化剂。杂多阴离子结构稳定，性能可以通过元素组成和结构来调变。HPC 作为催化剂除了前述的普遍优点外，用作催化分解 NO 时不受气流中 SO_2 和 O_2 的负面影响，所需反应温度也不高于前述的 Cu – ZSM – 5。

f　水滑石类材料

水滑石类材料包括水滑石和类水滑石。水滑石（Hydrotalcite，HT）又称阴离子黏土，它是一类具有层状结构的复合金属氢氧化物，由带正电荷的金属氢氧化物层和层间平衡阴离子构成。自然界中存在的水滑石是镁、铝的羟基碳化物，其理想的化学组成为 $Mg_6Al(OH)CO_3 \cdot 4H_2O$ 后来人们把水滑石中的 Mg^{2+}、Al^{3+} 用其他同价离子同晶取代，合成了各种类型的类水滑石化合物（Hydrotalcite – like Com ponds，HTLCs），它们在结构上与天然水滑石相同。

水滑石类化合物作为 NO 分解催化剂具有一定的优势，其热分解形成的氧化物晶粒分散度好；高温不易烧结且具有高比表面积；它不但具有离子交换性，还具有孔径可调性，作为催化剂或载体都有良好的性能；它在催化消除 NO_x 方面既有很好的低温活性，又不易受 O_2、H_2O、SO_2 的干扰。

4.2.3.3　新型脱硝技术

转型脱硝技术有：

（1）生物法。微生物法烟气脱硝是指适宜的脱氮菌利用 NO_x 作为氮源，将 NO_x 还原成无害的 N_2，同时脱氮菌本身获得生长繁殖。其中 NO_2 先溶于水形成 NO_3^- 及 NO_2^-，再被生物还原为 N_2，而 NO 则是被吸附在微生物表面后直接被还原为 N_2。微生物法的处理装置主要有生物洗涤塔、生物过滤塔、生物滴滤塔和生物转盘等。

微生物法处理 NO_x 的优化研究主要是从强化传质和控制工艺条件两方面着手：凭借细胞固定化技术，可提高单位体积内微生物浓度；通过对温度、湿度、pH 值等环境因素的控制，可使微生物处于最佳生长状态，提高其对 NO_x 的净化率；通过合适支撑材料的选择可有效改善气流条件、增强传质能力等。随着研究的不断深入，该技术已逐步得到发展。

微生物法目前已处于应用阶段，效果显著，但反硝化菌的培养、细菌的生长速度和填料的堵塞等问题都有待进一步解决。随着研究的深入，该技术将会得到全面的发展。

（2）光催化法。光催化氧化还原法是最近十几年来发展起来的一种高效的节能型干法处理工艺，尚处于实验室研究阶段，是一种新兴的面向烟气净化的环境友好型处理工艺，光催化材料能够利用其自身特殊的半导体结构驱动氧化－还原反应，用于烟气中 NO_x 的净化。

光催化脱硝的原理是在光的照射下，光敏半导体上的价带电子发生跃迁，激发产生电子－空穴对，价带空穴是良好的氧化剂，导带电子是良好的还原剂，一般与表面吸附的 H_2O 和 O_2 反应生成具有强氧化性的羟基自由基，它们可以与吸附于表面的氧、氮等发生作用，实现脱硝。由于二氧化钛（TiO_2）具有光化学稳定、无毒、价廉和光催化活性高等优点，是目前最具应用前景的光催化材料。

目前，对光催化脱硝的反应机理主要有光催化氧化反应和光催化还原反应两种。前者认为利用 TiO_2 光照激发产生空穴的氧化性和电子的还原性对吸附于催化剂表面的污染物进行光降解，发生了光催化氧化反应。后者认为 TiO_2 光催化脱除 NO 反应的产物主要为 N_2、N_2O 等，发生的是还原反应。

光催化法存在光量子产率低、光源仅为紫外光的约束，还受到二氧化钛光催化剂的性能影响，离工业化还有一段距离。但是光催化氧化脱除 NO_x 有反应条件温和、无二次污染、运行成本低、在气相中去除污染物比在液相更有效的特点，具有良好的应用前景。

4.3 化工行业中 SO_2、NO_x 联合脱除技术

烟气中 SO_2 的控制目前主要采用了湿式石灰石－石膏脱硫技术，对于 NO_x 的控制，一般采用的较成熟的工艺是 SCR 或 SNCR，从而实现联合脱硫脱硝。但这种分级治理方式，不仅占地面积大，而且投资和运行费用高。因此，同时脱硫脱硝技术已成为目前国内外脱硫脱硝领域研究的一大热点，也是今后脱硫脱硝的发展方向。

4.3.1 湿式烟气同时脱硫脱硝技术

湿法烟气同时脱硫脱硝技术是在湿法脱硫技术的基础上，在溶液中添加可改变 NO 溶解度的吸收剂，使 SO_2 和 NO_x 同时被溶液吸收的一种烟气净化技术。尽管有不同的工艺，但其核心都是脱硫吸收剂的选择，按照吸收剂与 NO 作用方式的不同可分为氧化吸收法、络合吸收法及还原吸收三类。氧化吸收法是将烟气通过强氧化性环境，使 NO 和 SO_2，分别被氧化为 NO_2 和 SO_3，再用碱液进行吸收的方法。络合吸收法是向现有湿法脱硫溶液中加入液相络合吸收剂，与 NO 发生快速络合反应，增大 NO 在液相中的溶解度，从而达到脱硝的目的。还原吸收法是将 NO_x 还原为 N_2。吸收液的重复利用、有机溶剂的挥发以及副产物的后期处理等是目前湿法研究的重点和难点。

氨法烟气脱硫是一种资源回收型脱硫技术，它以氨作为脱硫剂吸收烟气中的 SO_2，最终得到硫酸铵化肥副产品，目前在我国大中型燃煤锅炉烟气脱硫项目上实现了工业化应用，并取得了良好的效果。结合选择性催化氧化，先将 NO 部分氧化为 NO_2，再以氨作为吸收剂将其与 SO_2 一并脱除，能够实现硫、氮元素的同步回收，得到含氮量较硫酸铵更高的硫酸铵和硝酸铵混合副产品。该技术作为一种资源回收型的同时脱硫脱硝技术，被国内外众多研究者所看好。图 4-14 为氨法烟气同时脱硫脱硝工艺流程图。

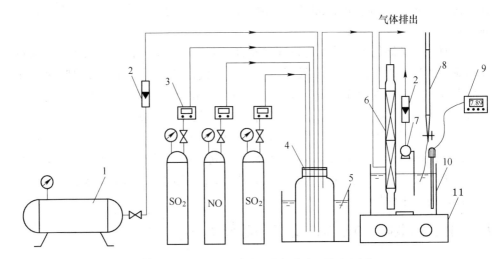

图 4-14 氨法烟气同时脱硫脱硝工艺流程图
1—液氨；2—转子流量计；3—质量流量计；4—混合罐；5，10—水浴锅；
6—吸收塔；7—泵；8—酸式滴定管；9—pH 计；11—磁力搅拌控制器

4.3.2 干式一体化脱硫脱硝技术

4.3.2.1 吸附法

固相吸收/再生烟气同时脱硫脱硝技术是采用固体吸收剂或催化剂，与 SO_2 和 NO_x 反应或吸附，然后在再生器中将硫或氮释放出来，吸收剂可以重复使用，具体包括以下几种方法：活性焦吸附法、$\gamma - Al_2O_3$ 吸附法、$V_2O_5 - TiO_2$ 法等。下面着重介绍基于 $\gamma - Al_2O_3$ 吸附法的 NO_xSO 技术。

NO_xSO 工艺是一种干式吸附再生工艺，采用 Na_2CO_3 浸渍过的 $\gamma - Al_2O_3$ 圆球做吸收剂，可同时去除烟气中的 SO_2 和 NO_x，适用于中高硫煤火电机组，其工艺流程如图 4-15 所示。NO_xSO 工艺处理过程主要包括吸收、再生等步骤。具体过程是：通过蒸发直接喷入烟道的水雾冷却烟气，冷却后的烟气进入流化床吸收塔进行吸收，在此过程中 SO_2 和 NO_x 被吸收剂吸收脱除，净化后的烟气通过烟囱排放。吸收饱和的吸收剂被送入加热器，在温度 600℃ 左右，NO_x 被解吸并部分分解，含有解吸 NO_x 的热空气循环送回锅炉燃烧室，在燃烧室中的 NO_x 浓度达到一个稳定状态，可以抑制燃烧产生的 NO_x 而只能产生 N_2。吸收剂可以在移动床再生器中回收硫，吸收剂上的硫化合物（主要是硫酸钠）与天然气或 H_2 在高温（610℃）发生还原反应，约 20% 的硫酸钠还原为硫化钠，硫化钠接着在蒸汽处理容器中水解，同时生成的高浓度的 SO_2、H_2S、S 等的混合气体与水蒸气处理器中的气态物送入 Claus 单元回收元素硫。吸收剂在冷却塔中被冷却，然后再循环送至吸收塔重复利用。采用 $NO_x SO$ 工艺，SO_2 的去除率可达 90%，NO_x 的去除率可达 70% ~ 90%。

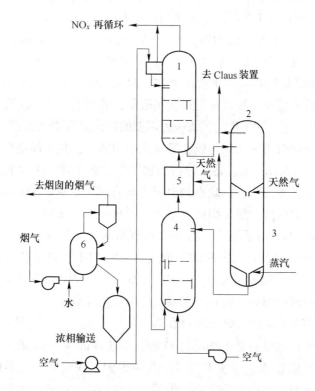

图 4 – 15 $NO_x SO$ 工艺流程图

1—吸收剂加热器；2—再生器；3—蒸汽处理器；

4—吸收剂冷却器；5—空气加热器；6—吸收塔

作为一种新型的同时脱硫脱硝技术，$NO_x SO$ 工艺有较多的优点，如：

（1）同时高效去除 SO_2 和 NO_x，并可副产商业等级的硫或硫酸，对于希望提高 SO_2 和 NO_x 脱除率和灰渣综合利用的电厂，该技术具有很大的吸引力；

（2）与传统的脱硝和脱硫技术相比，净化效率更高，同时由于是一种干式的可再生技术，没有废水和淤泥排放问题；

（3）NO$_x$SO 处理法可用于 75MW 或更大的电站和工业锅炉，适应性强，不受电厂操作条件变化的影响，还可用于老厂的改造。

但在该工艺过程中，由于反应后的吸收剂要加热或化学反应后才能重复使用，因此造成了成本高、工艺复杂等缺点，影响该技术的广泛应用。

4.3.2.2　气/固催化法

气/固催化同时脱硫脱硝技术是利用氧化或选择性催化的反应来实现脱硫和脱硝，比传统 SCR 工艺的脱硝效率高。按照催化剂和反应的组合形式。可分为如下几种：DESONO$_x$ 法、WSA - SNO$_x$ 法、SNRB 法、Parsons 烟气清洁工艺、Pahlman 烟气脱硫脱硝工艺等。下面进行简要介绍。

（1）DESONO$_x$ 工艺。DESONO$_x$ 工艺由 Degussa、Lentjes 和 Lurgi 联合开发，该工艺除了将烟气中的 SO$_2$ 转化为 SO$_3$ 后制成硫酸，以及用 SCR 除去 NO$_x$ 外，还能将 CO 及未燃烧的烃类物质氧化为 CO$_2$ 和水。此工艺脱硫脱硝效率较高，没有二次污染，技术简单，投资及运行费用较低，适用于老厂的改造。

（2）SNRB 工艺。SNRB 工艺是一种新型的高温烟气净化工艺，由 B&W 公司开发。该工艺能同时去除二氧化硫、氮氧化物和烟尘，并且都是在一个高温的集尘室中集中处理。SNRB 工艺将三种污染物的脱除集中在一个设备上，从而降低了成本并减少了占地面积。其缺点是由于要求的烟气温度为 300~500℃，就需要采用特殊的耐高温陶瓷纤维编织的过滤袋，因而增加了成本。

（3）Parsons 烟气清洁工艺。Parsons 烟气清洁工艺已发展到中试阶段，燃煤锅炉烟气中的 SO$_2$ 和 NO$_x$ 的脱除效率能达到 99% 以上。该工艺是在单独的还原步骤中同时将 SO$_2$ 催化还原为 H$_2$S，NO$_x$ 还原为 N$_2$，剩余的氧还原为水；从氢化反应器的排气中回收 H$_2$S；从 H$_2$S 富集气体中产生元素硫。

4.3.2.3　循环流化床脱硫脱硝技术

循环流化床技术最初是由德国的 LLB（Lurgi Lentjes Bischoff）公司研究开发的一种半干法脱硫技术。该技术在最近几年得到了快速发展，不仅技术成熟可靠，而且投资运行费用也大为降低，为了开发更经济、高效、可靠的联合脱硫脱硝方法，人们将循环流化床引入烟气脱硫脱硝技术中。烟气循环流化床（CFB）联合脱硫脱硝技术是由 Lurgi GmbH 研究开发，该方法用消石灰作为脱硫的吸收剂脱除二氧化硫，产物主要是 CaSO$_4$ 和 10% 的 CaSO$_3$；脱硝反应使用氨作为还原剂进行选择催化还原反应，催化剂是具有活性的细粉末化合物 FeSO$_4$·7H$_2$O，不需要支撑载体，运行温度为 385℃。该系统在德国投入运行的结果表明，Ca/S 比为 1.2~1.5、NH$_3$/NO$_x$ 比为 0.7~1.03 时，脱硫效率为 97%，脱硝效率为 88%。

参考文献

[1] 刘宗豪, 孟凡华. 国内 SO_2 污染现状及治理技术 [J]. 辽宁城乡环境技术, 2003 (1): 5 ~ 7.

[2] 韩愈, 常瑞卿. SO_2 的污染与控制 [J]. 包钢科技, 2002 (01): 86 ~ 89, 98.

[3] 孙丽梅, 单忠健. 国内外煤炭燃前脱硫工艺的研究进展 [J]. 洁净煤技术, 2005 (1): 55 ~ 58.

[4] 王晓英, 韩新宇, 李俐俐, 等. 燃油脱硫技术进展 [J]. 天津化工, 2008 (3): 5 ~ 7.

[5] 冯玲, 杨景玲, 蔡树中. 烟气脱硫技术的发展及应用现状 [J]. 环境工程, 1997 (2): 19 ~ 24.

[6] 张海燕, 许星. 国外烟气脱硫技术的发展与我国的现状 [J]. 有色金属设计, 2003 (1): 38 ~ 42.

[7] 杜建敏. 干法与半干法烟气脱硫技术综述 [J]. 工业安全与环保, 2002 (6): 13 ~ 15.

[8] 邱炜, 周刚, 付英杰. 干法烟气脱硫综述 [J]. 电站系统工程, 2005 (3): 19 ~ 20.

[9] 赵卷, 张少峰, 张占锋. 半干法烟气脱硫技术研究新进展 [J]. 河北工业大学学报, 2003 (5): 81 ~ 86.

[10] 赵卷, 张少峰, 张占锋. 半干法烟气脱硫技术研究新进展 [J]. 河北工业大学学报, 2003 (5): 81 ~ 86.

[11] 任如山, 黄学敏, 石发恩, 等. 湿法烟气脱硫技术研究进展 [J]. 工业安全与环保, 2010 (6): 14 ~ 15.

[12] 肖辰畅, 李彩亭, 崔箫, 等. 湿法烟气脱硫技术存在的问题及对策 [J]. 江苏环境科技, 2005 (1): 7 ~ 9.

[13] 叶代启. 烟气中氮氧化物污染的治理 [J]. 环境保护科学, 1999 (4): 1 ~ 4.

[14] 任剑锋, 王增长, 牛志卿. 大气中氮氧化物的污染与防治 [J]. 科技情报开发与经济, 2003 (5): 92 ~ 93.

[15] 顾卫荣, 周明吉, 马薇. 燃煤烟气脱硝技术的研究进展 [J]. 化工进展, 2012 (9): 2084 ~ 2092.

[16] 王天泽, 楚英豪, 郭家秀, 等. 烟气脱硝技术应用现状与研究进展 [J]. 四川环境, 2012 (3): 106 ~ 110.

[17] 张金龙, 辛志玲, 张大全. 湿法烟气脱硝技术研究进展 [J]. 上海电力学院学报, 2010 (2): 151 ~ 156.

[18] 王莉, 吴忠标. 湿法脱硝技术在燃煤烟气净化中的应用及研究进展 [J]. 安全与环境学报, 2010 (3): 73 ~ 77.

[19] 原长海, 阚中华, 陈嵘. 干法烟气脱硝技术的研究进展 [J]. 广州化工, 2010 (3): 36 ~ 38.

[20] 李雪飞, 张文辉, 杜铭华. 干法烟气脱硝综述 [J]. 洁净煤技术, 2006 (3): 43 ~ 46, 61.

[21] 刘振宇. 烟气干法催化同时脱硫脱硝研究进展 [A]. 中国煤炭学会煤化学专业委员会. 中国煤炭学会煤化专业委员会年会暨新型煤化工技术研讨会会议文集 [C]. 中国煤炭

学会煤化学专业委员会，2004：6.

[22] 郭少鹏. 湿式氨法烟气脱硫及结合臭氧氧化实现同时脱硫脱硝的研究［D］. 华东理工大学，2015.

[23] 郭瑞莉. 活性半焦用于烟气脱硫脱硝的研究［D］. 中国海洋大学，2009.

[24] 陈理. 国外烟气脱硫脱硝技术开发近况［J］. 化工环保，1997（3）：17~22.

[25] 韩慧，白敏冬，白希尧. 脱硫脱硝技术展望［J］. 环境科学研究，2002（01）：55~57，60.

5 燃料化工行业中大气污染控制

5.1 石油化工行业中大气污染控制

5.1.1 石油化工行业概述

石油化工行业（简称石化行业）横跨能源采掘加工及原材料制造两大工业门类，是国家经济的基础性产业，为农业、能源、交通、机械、电子、纺织、轻工、建筑、建材等工农业和人民日常生活提供原材料、配套产品与服务，在国民经济中占有举足轻重的地位。经过近 50 年的努力，我国已经成为举世公认的石化大国，2011 年石化产值已占当年国内工业总产值的 1/6，成为传统经济的支柱产业。全国各地分布有大量的石化企业，日常生产储存的危险化学品多达数千种，其中不乏液化气、甲苯、乙烯等剧毒或能造成重大危害的气体。虽然这些物质能为国家和社会创造财富与便利，但是由于设备故障、不规范操作和交通事件等人为因素或台风、雷电等自然因素的影响，其整个生产过程及产品的消费过程等对环境的破坏也是显而易见的。而且石化行业在生产过程中会产生大量的有害气体，如挥发性有机物（VOCs）、H_2S 等，这些有害气体给人类的生产、生活环境带来了很大的威胁。我国作为世界上最大的发展中国家，正处于工业化、城镇化的快速发展进程中，发展中不平衡、不协调、不可持续的问题仍很突出，未来面临的发展经济与保护环境的双重任务仍很艰巨。我国石化工业在推进全面建设小康社会的进程中，发挥着重要作用，其环境保护发展历程启示我们，要实现产业与经济、社会、生态的平衡、协调、可持续发展，必须将环境保护工作放在突出位置，以科学发展观武装头脑、指导实践、推动工作，在发展中保护环境，在保护环境中实现发展。因此，在石油化工行业的生产、运输等过程中，必须以贯彻预防为主、防治结合的环境保护理念，有效控制大气污染问题，争取尽快实现绿色石油化工。

根据生产行业石油化工产业的废气污染主要分为石油炼制废气、合成纤维废气、石油化肥废气以及石油化工废气等。工厂锅炉排放的燃烧废气，生产装置产生的不凝气，轻质油和挥发性溶剂等，在储存运输过程中的泄露、挥发，废弃物散发的恶臭和有毒气体，都构成了石油化工厂的大气污染源（见表 5－1）。石油化工产业的生产装置复杂，运输方式多样，故针对有害成分的治理方式也各不相同。接下来主要介绍石油化工行业不同的 VOCs 脱除技术、硫化氢脱除技术及乙烯脱除技术。

表5-1　石油化学工业主要大气污染物和污染源

污染物	主 要 污 染 源
含硫化合物	加热炉和锅炉的燃烧烟气、裂解气、硫回收尾气、硫酸尾气、催化再生尾气等
烃类	轻质油品的储运设施、管线、阀门等的泄漏、芳烃烷基化尾气
氮氧化物	硫酸装置尾气、合成材料生产尾气、裂化催化剂再生尾气
粉尘	催化剂制造、尿素粉尘、出焦制作、裂解炉排放
硫化氢	加氢装置、脱硫装置、含硫污水、回收尾气
一氧化碳	焚烧炉、加热炉
臭味	硫回收、脱硫、污水、污泥治理
苯并［α］芘	氧化沥青、焦化、含氨污水
氨	制冷过程、制氨工艺、含氨污水

5.1.2　石油化工行业 VOCs 的脱除技术

挥发性有机物（Volatile Organic Compounds，VOCs），是指常压下沸点在 50~260℃之间、饱和蒸汽压超过 133.32Pa 的一系列烃类化合物及其衍生物，主要来源于油气的输送、储运装置泄漏和尾气放空等过程。多数 VOCs 有毒，部分 VOCs 有致癌性，如苯并［α］芘是强致癌物质，可引起皮肤癌、肺癌、胃癌等。在阳光照射下，大气中的 VOCs 还可以与 NO_x、氧化剂发生光化学反应，生成光化学烟雾。并且卤代烃 VOCs 可破坏臭氧层，如氯氟碳化物（CFCs）。因此 VOCs 的大量排放不仅是对资源的巨大浪费，也是对环境和人体健康的重大破坏（见表5-2）。

表5-2　部分 VOCs 的光化学反应性分类

分类	反应性	VOCs 举例
Ⅰ	几乎没有反应性	苯、甲醇、乙醇、丙酮、丁醇、甲基氯、氯代苯
Ⅱ	反应性低	C3 以上的烷、C4 以上的醇、丁基醋酸、三氯乙烯、邻二氯苯
Ⅲ	反应性中等	甲苯、乙苯、单烷基苯、甲基异丁基酮、溶纤剂、乙酸酯
Ⅳ	反应性高	丙烯、其他末端有双键的烯烃、二甲苯、α-、β-甲基苯溶纤剂
Ⅴ	反应性最高	三甲基苯、丁二烯

治理 VOCs 的根本途径是采用无污染的工艺，少用或不用有害原料，控制废气排放，对各种有机化合物进行回收利用或无害化处理。目前有机废气净化和回收的方法主要分为两类：一类是将有机废气转化为 CO_2 和 H_2O，如燃烧法、等离子体氧化法等；另一类是将有机废气净化并回收，如吸附法、冷凝法、吸收法、生物法、膜分离法和光催化氧化法等。

5.1.2.1 燃烧法

燃烧法是利用烃类等可燃有机废气在高温时易于氧化燃烧，生成 CO_2 和 H_2O，从而达到净化废气的一种方法，亦称为焚烧法。其反应通式可用式（5-1）表示。由于最终产物为 CO_2 和 H_2O，因而此法不能回收到有用的物质，但由于有机物剧烈燃烧氧化过程中释放大量的热量，故可回收的热量为：

$$C_zH_y + (z + y/4)O_2 \longrightarrow zCO_2 + y/2H_2O + 热量 \qquad (5-1)$$

燃烧法是目前应用比较广泛也是研究较多的有机废气治理方法，常用于处理可燃的在高温下可分解的有机废气，具有效率高、处理彻底等优点。有机废气的燃烧净化方法可分为直接燃烧、热力燃烧和催化燃烧。

直接燃烧法是把可燃的 VOCs 当作燃料直接燃烧转化为 CO_2 和 H_2O 的净化方法。因此仅适合于净化含可燃有害组分较高或有害组分燃烧时热值较高的有机废气，处理 VOCs 浓度范围在 $5000 \sim 10000 mg/m^3$。因为只有当燃烧放出的热量能够补偿散向环境中的热量时，才能保持燃烧区的温度，维持燃烧的持续，其燃烧温度一般在 1100℃ 以上。直接燃烧的设备包括一般的燃烧炉，或通过某种装置将废气导入锅炉作为燃料进行燃烧，最常见的就是火炬燃烧。在石油炼制厂及石油化工厂，火炬常常作为产气装置及反应尾气装置，以及开、停工和事故处理时的安全措施。但火炬燃烧不仅产生了大量有害气体、烟尘及热辐射也对环境产生危害，而且造成有用燃料气的大量损失。因此应尽量减少和预防火炬燃烧。

有机废气的浓度范围一般为 $500 \sim 5000 mg/m^3$，废气本身不是燃料，在含氧量足够时可作为助燃气体，在不含氧时才可作为燃烧对象。燃烧过程中通常需要其他燃料（如天然气、煤气等）把燃烧温度提高到热力燃烧所需的温度，使其中的气态污染物进行氧化，分解为 CO_2 和 H_2O。其反应所需温度较直接燃烧法低，通常维持在 $540 \sim 820℃$，其工艺流程如图 5-1 所示。热力燃烧过程分三步：燃烧辅助燃料提供预热能量；高温燃气与废气混合以达到反应温度，废气在反应温度下氧化；净化后的气体经热回收装置回收热能后排空。热力燃烧可以在专用的燃烧装置中进行，也可以在普通的燃烧炉中进行。进行热力燃烧的专用装置成为热力燃烧炉，其结构应满足热力燃烧时的条件要求，即应保证获得760℃以上的温度和0.5s 左右的接触时间，这样才能保证对大多数碳氢化合物及有机蒸气的燃烧净化。普通锅炉、生活用锅炉以及一般加热炉，由于炉内条件可以满足热力燃烧要求，故可以用作热力燃烧炉，这样做不仅可以节省设备投资，还可以节省辅助燃料。

催化燃烧也称为无火焰燃烧，其作用原理是有机气体中的碳氢化合物在较低的温度下（$250 \sim 300℃$），通过催化剂的作用，被氧化分解成无害气体并释放热量。此法适用的浓度范围较广，在 $2000 \sim 6000 mg/m^3$ 范围内。与其他燃烧法相比，催化燃烧特别适于处理量大、气体浓度较低的苯类、醛类、酮类、醇类等各类有机废气的净化方法；为无火焰燃烧，安全性好；燃烧反应温度低，且燃烧完

图 5 - 1　热力燃烧工艺示意图
(＊视情况加入)

全，不会产生 CO 和剩余可燃气体，不易生成高温下的二次污染物如二噁英、氮氧化物等；脱除污染物效率高，辅助燃料消耗少；对可燃组分浓度和热值限制较小；为使催化剂延长使用寿命，不允许废气中含有尘粒和雾滴。催化剂在催化燃烧系统中起着重要作用。用于有机废气净化的催化剂主要是金属和金属盐，目前使用较多的催化剂是贵金属 Pt、Pd，这些催化剂活性好、使用寿命长、使用稳定。但价格较为昂贵，且在处理卤素有机物或含 N、S、P 等元素时，催化剂易失活。此法的关键问题是开发与研制一种起燃点低、催化活性高、稳定和价廉的催化剂。众多研究表明，用浸渍法制备的过渡金属及其氧化物系列的燃烧催化剂效果较好。另外，近年来纳米粒子催化剂具有高比表面积，活性点多，催化活性和选择性大于一般催化剂，故在催化剂制备方面的潜在应用展现了一个生机盎然的研究领域。特别是在本体催化剂中通过掺杂金属、金属氧化物、碳酸盐或合成复合纳米氧化物，通过研究掺杂质在基体微粒结构中的调节作用和催化反应中的决定作用来降低催化燃烧反应的自燃温度，增加表面氧量使其在贫燃条件下能稳定燃烧，提高催化剂对有毒气体和污染气体的消除率，这是行之有效的途径。催化燃烧法的工艺流程见图 5 - 2，该流程的组成具有的特点是：（1）进入催化燃烧装置的气体首先要经过预处理，除去粉尘、液滴及有害组分，避免催化床层的堵塞和催化剂中毒。（2）进入催化床层的气体温度必须达到所用催化剂的起燃温度，催化反应才能进行。因此当进气温度低于起燃温度时，必须进行预热使其达到起燃温度，目前应用较多的为电加热。（3）催化燃烧反应放出大量的反应热，燃烧尾气温度较高，必须进行热量回收。

　　不同燃烧工艺的性能见表 5 - 3。由表 5 - 3 可知，燃烧法适合处理浓度较高的 VOCs 废气，一般情况下去除率均在 95% 以上。直接燃烧法虽然运行费用较低，但由于燃烧温度高，可发生爆炸，并且浪费热能产生二次污染，故目前已较少采用。热力燃烧法通过热交换器回收了热能，降低了燃烧温度，但当 VOCs 浓度较低时，需加入辅助燃料，从而增大了运行费用。催化燃烧法由于采用催化剂、预热器、热交换器等措施显著降低了燃烧温度，但催化剂成本高、易中毒。

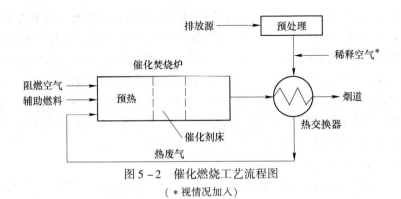

图 5 - 2 催化燃烧工艺流程图

(∗视情况加入)

表 5 – 3 不同燃烧法处理 VOCs 运行性能

燃烧工艺	直接燃烧法	热力燃烧法	催化燃烧法
温度范围/$mg \cdot m^{-3}$	5000 ~ 10000	500 ~ 5000	2000 ~ 6000
处理效率/%	>95	>95	>95
最终产物	CO_2 和 H_2O	CO_2 和 H_2O	CO_2 和 H_2O
投　资	较低	低	高
运行费用	低	高	较低
燃烧温度/℃	>1100	540 ~ 820	250 ~ 300
其　他	易爆炸、浪费热能，易产生二次污染	回收热能	须严格的预处理

5.1.2.2 等离子体法

等离子体技术是利用气体放电产生具有高度反应活性的粒子，这些粒子与各种有机、无机污染物分子发生反应，从而使污染物分子分解成小分子化合物或氧化成容易处理的化合物。根据热力学状态的不同和中性气体温度的相对高低，等离子体可分为热等离子体和低温等离子体。20 世纪 70 年代开始进行利用等离子体净化气态污染物的研究，最常用的是低温等离子体处理低浓度有机废气。它与其他传统方法相比有许多优点：可在常温常压下操作；无中间副产物，降低了有机废气的毒性，同时避免了其他方法中的后期处理问题；去除率高，对 VOCs 适应性强；运行管理比较方便。目前，电晕放电是较为简单和有效的低温等离子体放电方式，具有较好的应用前景。电晕放电是指在非均匀电场中，在较高的电场强度下，气体产生"电子雪崩"，出现大量的自由电子，这些电子在电场力的作用下做加速运动并获得能量。当这些电子具有的能量与 C—H、C≡C 或 C—C 键的键能相同或相近时，就可以打破这些键，从而破坏有机物的结构。电晕放电可以产生以臭氧为代表的具有强氧化能力的物质，可以氧化有机物。所以电晕法处理 VOCs，理论上是上述两种机理共同作用的结果。电晕放电技术对 VOCs 的处理效率很高，应用范围广，基本上各类 VOCs 都能有效处理，对低浓度 VOCs 处理也效果显著。2011 年，翁棣等采用脉冲电晕放电等离子体技术，选取苯为代表物质进行实验研究，结果表明，在电压为 140kV 时，混合电晕对苯的去除率达到 82.73%。电晕放电具有较好的安全性和可操作性；在较高脉冲电压下可提供较高的活性离子浓度；高电压作用下，电晕区较大且放电空间电子密度较高，同时空间电荷效应也使电子在反应器内分布趋于均匀，故它在大气有机污染物净化方面具有更好的应用前景。

5.1.2.3　吸附法

含 VOCs 的气态混合物与多孔性固体接触时，利用固体表面存在的未平衡的分子吸引力或化学键力，把混合气体中 VOCs 组分吸附在固体表面，这种分离过程称为吸附法控制 VOCs 污染。吸附法已广泛应用于石油化工的生产部门的 VOCs 处理，利用吸附剂不断吸附、脱附的循环，使吸附净化装置长期运转。吸附法不仅可以较彻底地净化有机废气，而且在不使用高温、高压等手段下可以有效地回收有价值的有机物组分。对吸附剂的基本要求是：具有较大的比表面积；对被吸附的吸附质具有良好的选择性；具有良好的再生性能；吸附容量大；具有良好的机械强度、热稳定性和化学稳定性；易获得，价格便宜。可作为工业上净化含 VOCs 废气的吸附剂有活性炭、硅胶、分子筛等，其中活性炭应用最为广泛，效果也最好。其原因在于其他吸附剂（如硅胶）具有极性，在水蒸气共存条件下，水分子和吸附剂极性分子结合，从而降低了吸附剂的吸附量，而活性炭分子不易与极性分子结合。但是，也有部分 VOCs（如丙酸、丙烯酸及丙烯酸类酯、丁二胺、苯酚等）被活性炭吸附后难以再从活性炭中除去，对于此类 VOCs 应选用其他吸附剂。在用活性炭吸附法净化有机化合物废气时，其流程如图 5 - 3 所示，通常包括：（1）预处理部分，预先除去进气中的固体颗粒物及液滴，并降低进气温度；（2）吸附部分，通常采用 2~3 个固定床吸附器并联或串联；（3）吸附剂再生部分，最常用的是水蒸气脱附法使活性炭再生；（4）溶剂回收部分，不溶于水的溶剂可与水分层，易于回收（水溶性溶剂需采用精馏法回收）。吸附法去除率高，净化彻底，能耗低，工艺成熟且易推广使用，但是如果再生的液体不能回用，这些液体必须进行处理，不仅可造成二次污染，且增加许多处理成本。另外，当有机废气中含气溶胶物质或其他杂质时，吸附剂易失效。

5.1.2.4　冷凝法

冷凝法的原理是利用不同温度下气态污染物蒸气压的不同，通过降低温度、提高系统压力或既降低温度又提高压力的方法使目标气态污染物过饱和而发生冷凝作用，从而实现净化和回收。图 5 - 4 为直接冷凝工艺流程。该法特别适用于处理废气体积分数在 10^{-6} 以上的有机蒸汽。冷凝法在理论上可达到很高的净化程度，但是当体积分数低于 10^{-6} 时，需进一步采取冷冻措施，使运行成本大大提

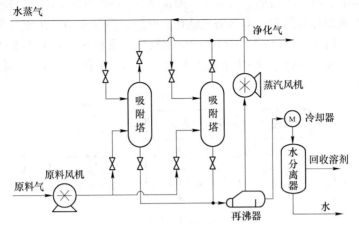

图 5-3 固定床活性炭吸附-回收流程

高。所以冷凝法不适用于处理低浓度的有机废气，而常作为其他方法净化高浓度有机废气的前处理技术，以降低有机负荷，回收有机物。

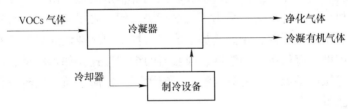

图 5-4 直接冷凝工艺流程

在工程实际中，经常采用多级冷凝串联，第一级的冷凝温度一般设为 0℃，以去除从气相中冷凝的水。采用该法处理 VOCs，运行成本较高，且需不断除霜以免 VOCs 冻结，回收率一般在 80%～95% 以上。为达到既经济又能获得较高回收率的目的，冷凝法还常与吸附、吸收等过程联合使用，如回收氯油生产尾气中的氯乙烷，由于尾气中含有 5% 以下的氯气、50% 左右的氯化氢，还有少量的乙醇、三氯乙醛等，故常用吸收-冷凝法，即在冷凝前须先吸收净化，以除去氯化氢等污染物。

5.1.2.5 吸收法

吸收法采用低挥发或不挥发性溶剂作为吸收剂，使废气中的有害成分被液体吸收，再利用 VOCs 分子和吸收剂物理性质的差异进行分离，从而达到净化的目的，典型的吸收法工艺流程如图 5-5 所示。其吸收过程是根据有机物相似相溶原理，吸收效果主要取决于吸收剂的吸收性能和吸收设备的结构特征，常采用沸点较高、蒸气压较低的溶剂，如柴油、煤油，使 VOC 从气相转移到液相中，然后对吸收液进行解吸处理，回收其中的 VOC，同时使溶剂得以再生。净化常用的吸收设备有喷洒塔、填料塔、板式塔、鼓泡塔等，其中喷洒塔和填料塔中气相是连续相，而液相是分散相。填料塔气液接触时间、液气比均可在较大范围内调节且结构简单，因而在 VOCs 吸收净化中应用较广。吸收法一般可用来处理流量范围为 $3000 \sim 15000\text{m}^3/\text{h}$、体积分数为 $0.05\% \sim 0.5\%$ 的 VOCs，去除率可达到 $95\% \sim 98\%$。

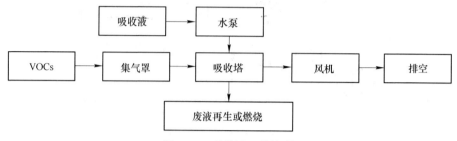

图 5-5　吸收法工艺流程

　　该法的优点在于对处理大流量、低温高压、高浓度有机废气比较有效，而且能将污染物转化为有用产品。但溶剂吸收法仍有不足之处，由于吸收剂后处理投资大，对有机成分选择性大，易出现二次污染。因而在处理 VOCs 时需要选择多种不同溶剂分别进行吸收，较大增加了成本与技术的复杂性。另外，有机物在吸收剂中的溶解度、有机废气的浓度、吸收器的结构形式，如填料塔、喷淋塔，液气比、温度等操作参数等均为吸收法的影响因素，任何一项发生改变都将或多或少影响吸收效果。

5.1.2.6　生物法

VOCs 生物净化过程的实质是附着在滤料介质中的微生物在适宜的环境条件下，利用废气中的有机成分作为碳源和能源，维持其生物活动，并将有机物分解为二氧化碳和水或细胞组成物质的过程。与常规处理法相比，生物法具有设备简单，运行费用低，较少形成二次污染的优点，尤其在处理低浓度、生物降解性好的气态有机污染物时更显其经济性。根据生物净化系统中微生物的存在形式，可将生物净化工艺分为生物洗涤塔、生物过滤塔和生物滴滤塔。

　　生物洗涤塔是一个悬浮活性污泥的处理系统，其工艺流程见图 5-6。从图中可知，洗涤塔由吸收和生物降解两部分组成。经有机物驯化的循环液由洗涤塔顶部的布液装置喷淋而下，与沿塔而上的气相主体逆流接触，使气相中的有机物和氧气转入液相，进入活性污泥池

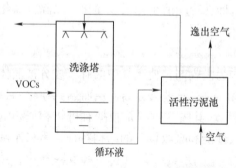

图 5-6　生物洗涤塔工艺流程

（再生池），被微生物氧化分解，得以降解。该法适用于气相传质速率大于生化反应速率的有机物的降解。洗涤塔的主要作用是为气液两相提供充分接触的机会，使两相间的作用能够有效地进行。目前常用的洗涤塔有多孔板式塔和鼓泡塔。板式塔是由圆柱形外壳及其中按一定间距设置的若干层塔板构成，塔内液体依靠重力作用自上而下，流经各塔层后自塔底排出，在各层塔板上保持一定深度的流动液层，气体则在压力差的推动下，自塔底穿过各层塔板上的孔眼分散成小股气流鼓泡进入各板液层中，使两相密切接触进行质量传递。该法与鼓泡塔相比具有处理能力大、分离效率高、操作弹性大、气相阻力小、结构简单、制造成本低等优点，可广泛应用于生物洗涤系统中。经液相吸收的有机物进入再生系统，在适当的环境中被微生物降解，从而使液相得以再生，继续循环使用。日本一家污水处理厂利用该系统脱除臭气，去除率高达99%。在实际应用中，经常通过增大气液接触面积、在吸收液中加入某些不影响生命代谢活动的溶剂，以利于有机物吸收等手段来提高有机物降解能力。

　　生物滴滤工艺流程见图5－7。与生物洗涤塔相比，滴滤塔集废气的吸收与液相再生于一体，塔内增设了附着微生物的填料，为微生物的生长，有机物的降解提供条件。生物滴滤塔启动初期，在循环液中接种了经降解有机物驯化的微生物菌种，控制滤塔中微生物生长的环境参数，将循环液从塔顶喷淋而下，与进入滤塔的VOCs逆相接触，微生物利用溶解于液相中的有

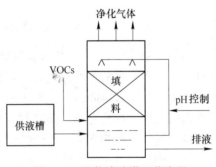

图5－7　生物滴滤塔工艺流程

机物质，进行代谢繁殖，并附着于填料表面，形成微生物膜，完成生物挂膜过程。生物膜工作过程见图5－8。气相主体的有机物和氧气溶解于液相，再经扩散作用，进入生物膜，被微生物利用，代谢产物再经过扩散作用进入气相主体后外排。微生物膜是包含细菌及其他生物群落的黏质膜，由好氧区、厌氧区两部分组成，其厚度、生物量是由有机物量来决定的，一般为 $0.5 \sim 2.0mm$，增加有机物的负荷，膜的厚度能增长到一个极大的有效厚度，该厚度又与液气比、填料类型、有机物类型、空塔气速、温度及微生物的性质等因素有关。此外，当生物膜较厚时，有机物在未达到整个膜厚时就已消耗掉了，导致厌氧区的细菌往往处于内源呼吸状态，内强呼吸的细菌在滤料表面的附着能力较差，使生物膜在滤料上脱离，而在脱离原处又生长出生物膜，完成了膜的代谢，使微生物对有机物的代谢能连续稳定地进行。生物滴滤塔支持的滤料一般为塑料、陶瓷等不具吸附能力的物料，比表面积一般为 $100 \sim 500m^2/m^3$，孔隙率为 $0.7 \sim 0.95$。滴滤塔运行阶段，其营养物质、pH值可以通过控制循环液来实现，所以生物滴滤塔与洗涤塔、

过滤塔相比，更有效地去除卤代烃、含硫、含氮等，通过微生物转化产生酸性代谢产物的有机物和水溶性较大的有机物。此外由于生物滴滤塔单位体积滤料微生物含量较高，且可通过循环液的控制来强化传质与生物降解过程，因此在处理高负荷 VOCs 时，它较洗涤塔、过滤塔具有更好的净化效果。然而，生物滴滤塔操作要求高，抗负荷能力差，运行费用也较大，目前在气态污染物净化方面的应用尚少于洗涤塔和过滤塔。

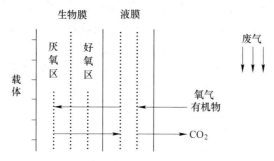

图 5-8　滴滤床生物膜降解 VOCs 原理

如图 5-9 所示，在生物过滤塔处理工艺中，VOCs 经过增湿塔增湿后进入生物过滤塔，在充足的停留时间内，污染物扩散进入包围在滤料周围的生物膜内，通过微生物作用得以降解，最终生成 CO_2、H_2O 和微生物基质。最初的生物过滤塔多采用土壤为过滤介质，随后采用含微生物量较高的堆肥等为滤料。近年来，又开发了诸如活性炭等新型介质作为滤塔滤料。生物过滤塔设计参数可参见表 5-4。生物过滤塔易于操作，而且滤料（特别是新型滤料）具有比表面积大、吸附性能高的特性，可大大减缓有机负荷变化而引起的降解产生的波动。同时，还可使微生物胞外酶、有机物在滤料和生物膜界面处浓缩，进而提高生化反应速度，使污染物得到最大程度的净化。目前较为常用的生物过滤工艺有：土壤法（即是以土壤中的胶状颗粒作为滤料，利用其吸附性能和土壤中的细菌、霉菌等微生物的分解作用，将污染物去除的生物过滤工艺）和堆肥法（利用泥炭、堆

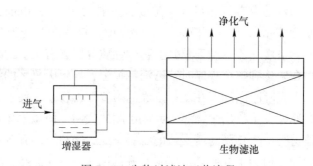

图 5-9　生物过滤池工艺流程

肥、木屑等为滤料，经熟化后形成一种有利于气体通过的堆肥层，更适宜于微生物的生长繁殖）。近年来为了克服土壤法和堆肥法的缺点，增强系统的过程控制能力，欧美等国相继开发了以活性炭等新型材料为滤料的封闭式生物过滤系统，大大减小了占地面积，延长了滤料的使用寿命，提高了有机物的转化能力，使生物过滤法得以广泛应用。生物法各工艺性能比较见表5-5。

表5-4 生物过滤塔设计参数

参 数	参考值	参 数	参考值
表面气流速度/m^3·(m^2·h)$^{-1}$	10~100	相对湿含量/%	30~60
停留时间/s	15-30-60	降解能力/g·(m^3·h)$^{-1}$	6~16
填料高度/m	0.5~1.0	酸碱度	7~8
压降/Pa	500~1000		

表5-5 不同生物法处理VOCs性能比较

工艺	生物洗涤塔	生物滴滤塔	生物过滤塔
系统类别	悬浮生长系统	附着生长系统	附着生长系统
适用条件	气量小、浓度高、易溶，生物代谢速率较低的VOCs	气量大、浓度低、有机负荷较高以及降解过程中产酸的VOCs	气量大、浓度低的VOCs
外加营养	需	否	否
填料及比表面积	小，不易堵	小，不易堵	小，易堵
运行特性	系统压降较大、菌种易随连续相流失	处理能力大、工况易调节，不宜堵塞，但操作要求较高，不适合处理入口浓度高和气量波动大的VOCs	处理能力大，操作方便，工艺简单，能耗少，运行费用低，对混合型VOCs的去除率较高，具有较强的缓冲能力，无二次污染
备 注	对较难溶气体可采用鼓泡塔、多孔板式塔等接触时间长的吸收设备	菌种易随流动相流失	菌种繁殖代谢快，不会随流动相流失，从而大大提高去除率

5.1.2.7 膜分离法

膜分离法是一种新型高效的分离技术，具有高效简单、能耗小、无二次污染等特点。该工艺装置的中心部分为膜元件，常用的膜元件为平板膜、中空纤维膜和卷式膜，又可分为气体分离膜和液体分离膜等。以气体膜分离技术为例，其原理是：利用有机蒸气与空气透过膜的能力不同，使二者分开。其过程分两步：首先压缩和冷凝有机废气，而后进行膜蒸气分离。该方法最适合处理浓度较高的废气，一般要求体积分数在0.1%以上，膜分离技术的典型工艺流程见图5-10。VOCs废气依次经过压缩和冷凝后，冷凝得到的液态有机物可以回收，膜单元将余下的未冷凝气体分成两部分，一部分回流压缩机，另一部分外排。采用该法回收有机废气中的丙酮、四氢呋喃、甲醇、乙腈、甲苯等（浓度为50%以下），回收率可达97%以上。Majumdar等使用中空纤维膜组件回收VOCs废气中的甲醇和甲苯，结果表明，甲醇和甲苯的回收率都达到98%。美国、日本在膜回收有机气体已经有不少工业装置，国内多家科研单位也在积极研发此类有机气体回收装置。目前，我国采用膜分离法回收VOCs的工艺离实现工业化应用还有一段距离。

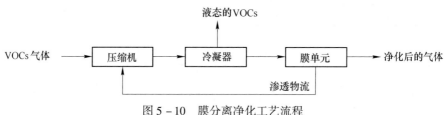

图5-10　膜分离净化工艺流程

5.1.2.8　光催化氧化法

光催化技术的基本原理是利用催化剂的光催化氧化性，在光照条件下，使催化剂中产生光致空穴和电子，光致空穴（h^+）和电子分别具有极强的氧化性和还原性，使吸附于催化剂表面的原本不吸光且无法被氧化的VOCs被氧化；催化剂表面的电子受体被还原。常见的光催化剂主要是金属氧化物和金属硫化物，如TiO_2、ZnO、Fe_2O_3、WO_3、ZnS、CdS和PbS等。由于有较高的化学稳定性和催化活性，且价廉无毒，所以TiO_2是目前常用的光催化剂之一。

光催化氧化技术对废水具有很好的处理能力，已被广泛应用，而利用光催化氧化技术处理VOCs废气则属于新型技术。大量的研究表明，TiO_2光催化氧化技术在常温、常压下就能将废气中的有机物降解为二氧化碳和水等无机物，因而具有较大的应用价值，常用的TiO_2形态有粉末和溶胶薄膜两类。段晓东等将粒径为20.7nm的TiO_2作为催化剂，研究了光催化氧化降解甲苯的效果，结果表明，在甲苯初始浓度为200mg/m³、体系的相对湿度为45%、反应温度为20~50℃、反应时间为60min的条件下，甲苯的去除率达76%以上。

5.1.3　石油化工行业硫化氢气体的脱除技术

硫化氢（H_2S）作为主要气体污染物之一，是一种无色剧毒的高刺激性酸性气体，相对密度1.189，故常浓集于低处。且H_2S具有较强的还原性，与空气或氧气以适当的比例（4.3%~45.5%）混合易爆炸。H_2S是一种急性的神经性剧毒，吸入少量高浓度硫化氢可于短时间内致命，低浓度的硫化氢对眼、呼吸系统及中枢神经均有影响。在有氧和湿热条件下，它不仅会引起设备和管路腐蚀、催化剂中毒，而且会严重威胁人身健康。石油中有机硫化合物含量达4%，因此H_2S广泛存在于石油加工过程中，主要是一次加工的电脱盐装置，二次加工的催化、焦化、加氢裂化装置，产品后处理的加氢精制、脱硫、制硫、气体分离、双塔气提等装置及与其相配套的贮罐区。此外，随着高硫进口原油的增加，炼油厂的H_2S产量也在逐渐增加。减少H_2S气体污染已成为当务之急。目前治理硫化氢的方法一般可以分为两类：干法脱硫和湿法脱硫。

5.1.3.1　干法脱硫

干法脱硫是用粉状或颗粒脱硫剂来脱除硫化氢，其反应是在完全干燥的状态下进行的，因而不会出现腐蚀、结垢等问题。干法脱硫常用于低含硫气体的处理，脱硫效率高，但设备投资较大，需间歇再生或更换，其硫容量相对较低，脱硫剂大多不能再生，主要适合气体精细脱硫。常用的干法脱硫方法有克劳斯法、吸附法等。

克劳斯法是脱除废气中硫化氢最古老的方法之一，主要是以H_2S为原料，在燃烧炉内使其部分氧化生成SO_2继而与进气中的H_2S作用生成单质硫（即硫黄），这是H_2S在燃烧炉内的高温热反应和在反应器内的低温催化反应共同完成的。克劳斯法的主要反应可分为两步：

$$H_2S + \frac{3}{2}O_2 \longrightarrow SO_2 + H_2O + 518kJ \qquad (5-2)$$

$$2H_2S + SO_2 \longrightarrow \frac{3}{2}S_2 + 2H_2O + 146kJ \qquad (5-3)$$

其中1/3的H_2S参与第一步反应，2/3的H_2S参与第二步反应，在酸性气燃烧炉的高温下，硫元素基本上以S_2形态存在。随着温度降低，S_2可变成S_6、S_8，生成的元素硫经冷凝后生成硫黄产品。根据废气中H_2S含量的不同，克劳斯法流程可分为单流法、分流法和催化氧化法三种，图5-11为常见的工艺流程。单流法是原料气全部通过燃烧炉，严格控制入炉的空气量，只让其中1/3的H_2S燃烧成SO_2，这些SO_2与H_2S反应生成硫。分流法是1/3的原料气送入燃烧炉，将其中的H_2S燃烧生成SO_2，再与另外的2/3原料气汇合进入催化转化器发生克劳斯反应，生成硫黄。这种方法易于控制混合气体中SO_2和H_2S的比例，但不能处理含烃类气体较高的原料气。催化氧化法是将脱硫后仍含有一定浓度的H_2S的酸性气体进行催化氧化处理。一般废气中H_2S体积浓度高于50%时，推荐采用单流法；体积浓度小于15%时，推荐采用催化氧化法；体积浓度介于15%~50%之间时，推荐采用分流法。克劳斯法的硫总回收率约为94%~96%。炼油厂废气中H_2S体积浓度均高于50%，尤其是上游的胺处理装置采用选择性溶剂后，H_2S体积浓度提高至70%左右，因此炼油厂硫回收装置基本上都采用直流法工艺。

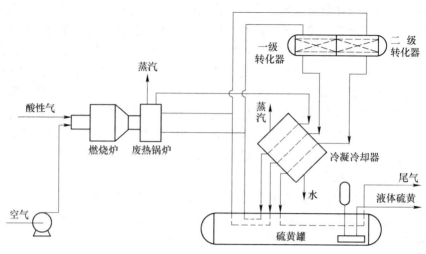

图 5-11　克劳斯回收硫黄工艺流程

　　吸附法是利用某些多孔物质吸附性能净化气体的性质,常用于处理净化含 H_2S 浓度较低的废气。其具有操作温度低、工艺简单、效果好等优点。常用的吸附剂有活性炭、分子筛、氢氧化铁、复合金属氧化物等。活性炭脱硫一般认为是在氧的存在下,活性炭表面的醌酚基将 H_2S 催化氧化为游离硫,从而打破吸附平衡,使活性炭脱 H_2S 的能力提高数十倍。用 12% ~ 14% 的硫化铵溶液洗涤活性炭上的硫可使炭再生。加热多硫化铵溶液可分解为硫化铵和硫黄,硫化铵可循环使用,硫黄作为产品回收。

$$2H_2S + O_2 \longrightarrow 2S + 2H_2O \tag{5-4}$$
$$(NH_4)_2S + nS \longrightarrow (NH_4)_2S_{n+1}（多硫化铵） \tag{5-5}$$

如果将活性炭进行改进,如负载过渡金属氧化物(Fe_2O_3、CuO、CoO 等)可显著增强活性炭的催化活性,既降低了脱硫温度又大大提高脱硫容量。活性炭法适用于 H_2S 含量小于 0.3% 的废气,脱硫效率可达到 99% 以上,回收的硫黄纯度高。

5.1.3.2　湿法脱硫

　　湿法脱硫是利用特定的溶剂与气体逆流接触而脱除其中的 H_2S,溶剂通过再生后可重新用于脱硫,工业上常用的湿法脱硫工艺主要为化学吸收法工艺,其流程复杂、投资大,适合于气体处理量大,H_2S 含量高的情况。

　　化学吸收法是利用 H_2S（弱酸）与化学溶剂（弱碱）之间发生可逆反应来脱除的,比较适合于较低的操作压力或原料中烃含量较高的场合,因为化学吸收较少依赖于组分的分压,且化学溶剂具有相对低的吸收烃的倾向。按吸收剂可将化学吸收法分为热碳酸盐吸收法和胺法吸收法,常用的化学溶剂包括碳酸钠溶液和各种醇胺溶液。

碳酸钠吸收法流程简单，含 H_2S 的气体与碳酸钠溶液在吸收塔内逆流接触，一般用 2%～6% 的 Na_2CO_3 溶液从塔顶喷淋而下，与从塔底上升的 H_2S 反应，生成 $NaHCO_3$ 和 $NaHS$。吸收 H_2S 后的溶液送入再生塔，在减压条件下用蒸汽加热再生，放出 H_2S 气体，同时 Na_2CO_3 得到再生。

$$Na_2CO_3 + H_2S \Longleftrightarrow NaHCO_3 + NaHS \qquad (5-6)$$

此法药剂便宜，适用于处理 H_2S 含量高的气体。但脱硫效率不高，一般为 80%～90%，且再生蒸气及动力消耗大。

醇胺吸收法是石油工业中常用的一种脱硫方法，一般采用烷醇胺类作为溶剂。扰动应用范围主要包括三个方面：意识克劳斯装置原料酸气的提浓；二是斯科特（SCOT）法的尾气处理工艺；三是处理天然气炼厂使之达到管输或其他应用的要求。采用的溶剂主要有一乙醇胺（MEA）、二乙醇胺（DEA）、二甘醇胺（DGA）、二异丙醇胺（DIPA）、甲基二乙醇胺（MDEA）等。MEA 反应活性好，与 H_2S 反应最迅速，但其再生温度高（125℃），腐蚀性强，且易与 COS、CS_2 等发生不可逆的降解反应。DEA 能够适应两倍以上 MEA 的负荷，也能抵制与 COS 等的降解作用，但其对 CO_2 同样有吸收效果，造成部分不必要的能力消耗，并且再生消耗较高。DGA 的稳定性及反应性与 MEA 相似。DIPA 的化学稳定性优于 MEA 和 DEA，还能有效脱除废气的 COS。MDEA 与 H_2S 的反应热较低，具有极好的选择性，且化学稳定性和热稳定性好，不易降解，其腐蚀性也低于其他胺类，但对于较高含量的 CO_2，其选择性还不能满足条件，且其水溶液有些发泡倾向。

5.1.3.3 其他方法

硫化氢的净化方法除了上述方法外还有生物法、膜分离法、变压吸附法（PSA）低温分离法、液相催化法等。

生物法主要是利用硫细菌的硫化作用，即在一定条件下能将 H_2S 氧化成元素硫，再进而氧化成硫酸的过程。生物法脱硫具有工艺设备简单、能耗小、处理费用低、较少形成二次污染的优点，但由于其工业上应用的微生物均为自养菌，故存在生长缓慢，受光能和人工限制的缺点。

膜分离法是利用气体中不同组分通过特制膜的速率差异实现脱除 H_2S 的目的。其优点是操作简单、无需外加能源、方便灵活、环境友好，因此其具有很好的发展前景。

变压吸附法是基于吸附剂在不同压力下对不同物质的吸附能力的差异来脱除 H_2S 的，它也能同时脱除 CO_2。

液相催化法是利用碱性溶液吸收 H_2S，为了避免空气将 H_2S 直接氧化为硫代硫酸盐或亚硫酸盐，利用有机催化剂将溶液中的 H_2S 氧化为硫黄，催化剂自身转化为还原态，然后再用空气氧化催化剂，使之转化为氧化态，该法避免了化学吸

收再生困难的缺陷。常用的催化剂是蒽醌二磺酸钠，该法又称 A. D. A 法。

5.1.4 石油化工行业乙烯的回收技术

乙烯，一种无色稍有气味的有毒气体，是世界上产量最大的化学产品之一，其是石油化工最基本的原料之一，主要用于生产聚乙烯、乙丙橡胶、聚氯乙烯等。我国乙烯生产基本依靠炼油厂提供的石脑油和轻柴油进行裂解。随着国内新建、改造的乙烯项目陆续投产，裂解原料缺口剧增，装置低负荷运行而乙烯产品竞争日趋激烈，乙烯生产企业经济效益不容乐观。因此，挖掘石化企业内部资源潜力，加强内部资源利用和优化愈显紧迫。其中炼厂干气回收乙烯的成本大致是石脑油裂解生产乙烯成本的 60%。炼厂干气主要来自原油的二次加工过程，如重油催化裂化、热裂化、延迟焦化等，其中催化裂化（FCC）产生的干气量较大，一般占原油加工量的 3% ~6%。虽然炼厂干气中轻烃有较高的利用价值，但其通常只用作燃料气，有些甚至放入火炬燃烧掉，这不仅会污染环境、影响人体健康，更是对资源的极大浪费。目前，国内外通常采用干气回收乙烯的方法主要有深冷分离法、油吸收法、络合分离法、变压吸附法和膜分离法。

5.1.4.1 深冷分离法

深冷分离法是一种已经相当成熟的技术。深冷分离法起初主要用于乙烯生产，20 世纪 80 年代末用于炼厂干气回收乙烯。该系统由气体净化、压缩与冷冻、精馏分离等部分组成。冷冻温度一般低于 -100℃，使气体组分液化，再精馏。美国石伟公司（S&W）开发的 ARS 技术既可用于乙烯裂解气分离回收乙烯，也可用于在 FCC 干气中提纯乙烯。该技术由原料预处理、产品选择性分流和深冷回收等单元组成，其工艺流程如图 5 - 12 所示：干气经净化、干燥和压缩后进入分凝分馏器。待回收的气体在通道内自下而上流过，越往上温度越低，部分气体在通道壁上被冷凝，冷凝液受重力向下流动，与气体逆向接触，气体与液膜间既传热又传质，起到分凝分馏的作用。从分凝分馏器上部排出的不凝气进入到膨胀机，经膨胀机法制冷降到 -100℃，再返回分凝分馏提供冷量，从而达到惰性气体与烯烃分离的目的。膨胀机法是利用高压气体通过膨胀机接近等熵膨胀同时输出外功，这时产生的温降比节流膨胀大得多，可使气体中露点较高的组分冷凝，从而达到进一步分离的目的。其流程一般包括压缩、膨胀和分离三部分。该法流程简单，投资小，生产费用低。

因此深冷分离法的乙烯回收率可达到 96% ~98%，比传统的深冷分离技术节能 15% ~25%，并且对原料的适应性较强，产品纯度可达到聚合级，经济效益显著。但此法需要大量耐低温合金钢，动力设备少，能耗大，流程较复杂，部分设备需从国外引进。故深冷工艺一般适合处理大量干气的情况，特别适合于炼厂集中地区及大型 FCC 装置比较多的地区。

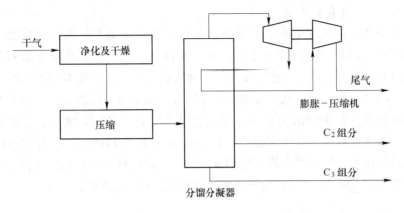

图 5-12 ARS 技术工艺流程

5.1.4.2 油吸收法

油吸收技术主要是利用吸收剂对干气中各组分的溶解度不同来分离气体混合物，一般利用 C_2 及其以上的重组分油品作为吸收剂，首先分离出甲烷、氢和氮气等不凝气，再用精馏方法分离吸收剂中的各组分。中冷油吸收技术一般的操作温度为 $-40 \sim -20℃$，乙烯纯度约为 90%，吸收率为 85%。该技术具有工艺简单、不需耐低温材料、适应性强、投资费用低等特点，适合 FCC 装置干气中低浓度乙烯的回收。但是同时，该法也存在乙烯回收率较低、产品纯度较低等缺点。针对传统中冷油吸收技术存在的不足，上海东化环境工程有限公司开发了新型中冷油吸收工艺（Novel Olefin Recovery Process，NORP）。为了提高乙烯回收率，增设了膨胀机法和冷箱，进一步回收尾气中的乙烯。工艺流程见图 5-13。NORP 工艺中乙烯回收率可达 90% ~ 98%；同等规模的装置，NORP 工艺比传统中冷油吸收工艺能耗降低了 10% ~ 15%。

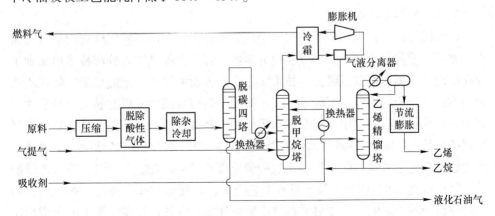

图 5-13 NORP 技术工艺流程

5.1.4.3　络合分离法

络合分离法是从含低浓度乙烯的废气中回收聚合级乙烯的工艺技术。美国Tenneco 化学公司开发的 ESEP 工艺，采用芳香烃（如甲苯）作溶剂溶解四氯化亚铜铝（$CuAlCl_4$）形成 π 型络合物。这种吸收剂只对 CO 及不饱和烃类具有反应活性，因此可选择性地从气体混合物中吸收乙烯组分。国内浙江大学对此进行了多年的研究，并于 2001 年在杭州炼厂完成了对乙烯的回收实验，乙烯纯度达99.5%。该法优点是在常压下操作，对设备腐蚀小，吸收容量大，产品纯度高，乙烯回收率也高。但是络合物制备困难且该工艺对进料气中水和硫化物的质量分数均要求小于 10×10^{-12}，因此预处理费用较高，约占总投资的 2/3。

5.1.4.4　变压吸附法

变压吸附（PSA）工艺是近十几年新发展的一种新兴技术，是采用变压吸附将炼厂干气中的乙烯等烃类组分回收，然后对变压吸附浓缩后的富乙烯气体进行深度净化。其基本原理是利用吸附剂在一定温度下或一定温度范围内具有对不同气体组分的吸附容量、吸附力、吸附速度随压力不同而有差异的特性，加压使吸附剂选择吸附（通常是物理吸附）浓缩干气中乙烯等轻烃，实现轻烃的分离与净化。当吸附床减压时，这些被吸附的轻烃从吸附剂上解吸出来，从而使吸附剂再生。此法通常采用多个吸附器（塔）联合操作，每个吸附器均经过吸收、置换、逆放、抽空、升压等步骤反复操作，通过吸附、脱附之间不断地切换来分离浓缩的轻烃，以实现工艺过程的连续。在分离烯烃的吸附工艺中，所用的吸附剂常有沸石分子筛、活性炭和金属络合物等，吸附压力 1.97~2.66MPa，脱附压力小于 0.245MPa。该法存在设备投资高、操作复杂、能耗较高、占地面积大等问题。同时，由于工艺技术的限制，该法对乙烯的回收率不高、产品纯度较低，无法得到更高纯度尤其是聚合级的乙烯。

5.1.4.5　膜分离法

气体膜分离法是以膜两侧的气体分压差为推力，利用不同气体在膜中渗透速率的差异，使其在膜两侧富集以实现分离的过程。目前气体膜分离技术可实现工业化应用，如国内在氢氮膜分离技术实际应用方面取得了一定的成果，但在乙烯分离方面还处于实验室研究阶段。近年被用于烯烃－烷烃分离的膜主要是平片膜和中空纤维膜，利用膜中金属载体与烯烃的选择性可逆络合反应，从而达到烯烃分离的目的。Leblane 等通过离子交换法把 Ag^+ 浸入聚合物的基体中，发明了一种含银的磺化聚苯醚氧化物膜。用这种膜分离乙烯－乙烷混合物时，膜对乙烯的分离因子可达 288。膜分离技术具有工艺简单、能耗低和操作弹性大等优点，但膜受原料杂质的影响大，须对原料进行特殊处理，设备投资高，距工业化应用还需进一步研究和开发。

5.2 煤化工行业气体污染物控制技术

5.2.1 煤化工行业主要气体污染物概述

煤化工技术是指以煤为原料，经化学加工使煤转化为气体、液体和固体燃料以及化学品的技术手段。主要包括煤的气化、液化、干馏、焦油加工和电石乙炔化工等。中国煤炭化工行业始于18世纪后半叶，19世纪形成了完整的煤化工行业体系。进入20世纪，许多以农林产品为原料的有机化学品多改为以煤为原料生产，煤化工成为化学工业的重要组成部分。第二次世界大战后，石油化工发展迅速，很多化学品的生产又从以煤为原料转向石油、天然气为原料，从而削弱了煤化工在化学工业中的地位。进入21世纪后，随着全球石油市场的动荡和石油价格的攀升，我国的煤炭储量丰富，为煤化工的发展创造了良好的条件，煤化工产业的竞争力日益凸显，成为石油化工产业的有益补充，又受到越来越多的重视。新型煤化工是指以洁净能源和可替代石油化工的化学品为目标产品，应用煤转化的高新技术，建成未来煤炭——能源化工一体化的新兴产业。新型煤炭化工产业是煤炭业调整产业结构，走新型工业化道路的战略方向，将在中国能源的可持续的利用中重要的角色。

煤的气化技术是洁净煤技术的重要组成部分，是发展新型煤化工的先导技术。在炼焦过程中，燃煤中约有质量分数为30%的硫进入焦炉煤气，质量分数为20%~25%的氮转化为氨。约30%的硫转化成H_2S等硫化物，与NH_3和HCN等一起形成煤气中的杂质。焦炉煤气中H_2S的密度一般为$6~8g/m^3$，NH_3的密度为$8~16g/m^3$，HCN的含量为$1~2.5g/m^3$。而含有H_2S和HCN的煤气具有很强的腐蚀性、毒性，空气中含有0.1%的HCN就能使人致命。当焦炉煤气最终用作燃料时，会生成大量SO_2和NO_x从而污染大气。所以煤气作为燃料使用前必须进行净化。

煤化工行业的可持续发展不仅要降低污染，提高使用效率，而且还要降低温室气体二氧化碳的排放量。CO_2脱除对煤气的燃烧或者化工合成也都具有重要意义，既能提高气体的热值，优化燃烧特性，又能在一定程度上缓解CO_2直接排放造成温室效应加剧的现象，减少对人类的危害。因此，研究煤化工行业中CO_2的捕集与分离技术具有十分重要的意义。

5.2.2 煤化工行业中煤气净化与分离技术

煤气的组成中有最简单的碳氢化合物、游离氢、氧、氮及一氧化碳等（见表5-6），这说明煤气是分子结构复杂的煤质分解的最终产物。煤气净化主要是脱除煤气中的有害成分，具体包括冷却和输送炉煤气、脱除煤气中H_2S、HCN等酸

性气体和 NH_3 类碱性气体、脱除及回收煤气中焦油类、苯类等物质以及萘等。因此，一般的煤气净化工艺包括冷凝鼓风、脱硫、脱氨、脱萘、回收粗苯等工序。

表 5-6 煤气的组成（净化前）

名　　称	质量浓度/g·m⁻³	名　　称	质量浓度/g·m⁻³
水蒸气	250~450	硫化氢	6~8
焦油气	80~100	氰化氢	1~2.5
苯类烃	30~45	吡啶盐基	0.4~0.6
氨	8~16	其他	2~3
萘	8~12		

5.2.2.1 冷凝鼓风工序

煤气的初冷是指出炉煤气通过集气管喷洒氨水和设置初冷器将出炉煤气由 650℃降至 25℃左右的处理过程。初冷器冷却方法通常有间接式、直接式、间 - 直结合式 3 种。冷却设备有直冷式喷淋塔、立管式初冷器和横管式初冷器。间接式煤气冷却过程冷却水不与煤气接触，通过换热器完成两相传热。由于冷却介质——水没有受到煤气中有害介质的污染，循环使用次数多。间冷式适用于大多数缺水地区的焦化厂。由于煤气初冷时有大量萘结晶析出，所以采用立管式初冷器的工艺要求初冷器集合温度不低于 25℃，以防冷凝液管堵塞。而在采用横管多级喷洒洗萘初冷器的工艺中，由于喷洒液对萘的吸收而大大降低了萘结晶堵塞管道。直冷煤气设备通常采用塔，由煤气与冷介质的逆相直接接触，完成热量和物质传递，因此煤气直接冷却，不但冷却了煤气，而且具有净化效果。据测定，在直冷过程中可有效除去煤气中 90% 以上的焦油、80% 左右的氨、60% 的萘、80% 的 H_2S 等。鉴于间、直冷各自优点，多数厂家采用间 - 直冷结合方式，即煤气先在间接初冷器中冷却至 45℃后，再进入直接冷却器进一步冷却至 25~30℃，冷却后煤气含萘降至 1g/m³ 以下。鼓风机是煤气输送装置，按结构分为容积式和离心式两种。离心式鼓风机按动力源又分为电动式和透平式。在离心式鼓风机使用厂家中，按机前、机后压力调节方式可分为循环煤气调节、自动调节机调节和改变鼓风机转速法调节。多数大型焦化厂采用离心式鼓风机。在整个冷凝鼓风工序中可采取的主要环保措施有：（1）焦油渣回兑炼焦煤中，废渣不外排；（2）贮槽放散气体经压力平衡系统回吸至煤气管道，废气不外排；（3）设备放空液、泵的漏液经地下防控槽回机械化氨水澄清槽，废水不外排。

5.2.2.2 脱硫脱氰工序

直接从焦炉中出来的煤气约含 6~8g/m³ 的硫化氢和 1~2.5g/m³ 的氰化氢。目前国内外关于 H_2S 和 HCN 的脱除工艺主要有 3 类：干式氧化工艺、湿式氧化工艺和湿式吸收工艺。

A 干式氧化工艺

常见的干式氧化工艺是氧化铁箱法。氧化铁脱硫最早在德国应用，是 19 世纪 40 年代随着城市煤气工业的诞生而产生的。氧化铁脱硫反应为气 – 固相非催化反应，其反应机理如式（5 – 7）和式（5 – 8）：硫化氢分子扩散到氧化铁水合物表面上，通过氧化铁的微孔向内部扩散；在颗粒表面的水膜中离解为 HS^-、S^{2-}，与水合氧化铁相互作用生成硫化铁和硫化亚铁。

$$Fe_2CO_3 \cdot xH_2O + 3H_2S \longrightarrow Fe_2S_3 \cdot xH_2O + 3H_2O \qquad (5-7)$$

$$Fe_2CO_3 \cdot xH_2O + 3H_2S \longrightarrow 2FeS + (3+x)H_2O + S \qquad (5-8)$$

理论上每 100kg 的氧化铁可吸收 64kg 的硫化氢，即 60kg 的硫，也就是氧化铁的理论硫容量为 60。其工艺简单、净化程度高，但仅适用于须在高压下净化的那些煤气，符合城市煤气质量的工厂。干法氧化工艺及功能的局限性，制约了其在焦化生产中的应用。

B 湿式氧化工艺

焦炉煤气脱硫脱氰的湿式氧化法工艺技术经历了长期的发展过程，从早期比较落后的砷碱法、对苯二酚法等，到现代日本研制的 TH 法（塔卡哈克斯法）、FRC 法（苦味酸法）等。湿式氧化工艺根据碱源不同可分为 2 种，其中以焦炉煤气中的氨为碱源的湿式氧化工艺有 TH 法、FRC 法、HPF 法，以碳酸钠为碱源的改良 ADA 法。

TH 法由 Takahax 法脱硫脱氰和 Hirohax 法废液处理两部分组成。脱硫采用以煤气中的氨为碱源，以 1, 4 – 萘醌 2 – 磺酸钠为催化剂的氧化法脱硫脱氰。在吸收塔用循环脱硫液洗涤吸收煤气中的 H_2S 和 HCN，吸收后的脱硫液送回再生塔用压缩空气进行再生，再生后的循环脱硫液送回吸收塔顶部循环喷洒，一部分循环脱硫液送入 Hirohax 法废液处理部。Hirohax 废液处理采用高温（273℃）高压（7.5MPa）条件下湿式氧化法，将废液中的硫代硫酸盐、含硫氰酸盐转化为硫铵和硫酸作为母液送往硫铵装置。该法硫铵产量较高，脱硫脱氰效率高，不宜堵塞设备，占地面积少，但设备运行中对吸收液和催化剂的要求较高，电耗大，催化剂尚需依赖进口。

FRC 法由 Fumaks – Rhodacs 法脱硫脱氰、Com – Pacs 法废液焚烧和接触法制硫酸等工序组成。FRC 法脱硫是以煤气中的氨为碱源，以苦味酸为催化剂的湿式氧化法脱硫，其反应如式（5 – 9）和式（5 – 10）所示。在吸收塔用循环脱硫液洗涤吸收煤气中的 H_2S 和 HCN，脱硫液送入再生塔用压缩空气进行再生，再送回吸收塔顶部喷洒。一部分循环脱硫液送入离心机进行硫黄离心，所得滤液经浓缩后与分离的硫黄一起送往制酸装置。其特点是脱硫脱氰效率高；再生塔采用高效预混合喷嘴，压缩空气用量少；所需苦味酸价廉易得，但苦味酸为易爆危险品，存放困难；工艺流程长，占地面积大，投资高；制酸尾气处理不经济；硫黄颗粒小，易附着，可造成填料堵塞。

$$NH_3 + H_2O \longrightarrow NH_4OH \tag{5-9}$$

$$NH_4OH + H_2S \longrightarrow NH_4HS + H_2O \tag{5-10}$$

HPF（硫酸亚铁复合催化剂）是以焦炉煤气中的氨为碱源，以对苯二酚、PDS（酞菁钴磺酸盐）、硫酸亚铁为复合催化剂进行脱硫的方法。它是一种液相催化氧化反应。一般分为以下 3 个步骤：

（1）煤气降温。从焦炉中排放出的煤气一般都带有一定的温度，其不利于脱硫工作的展开，因此在进行脱硫前，应先对煤气降温。这部分工作一般都在预冷塔内完成，通过对其进行一定的制冷处理，降低煤气的温度，以满足脱硫的要求。

（2）煤气的脱硫。降温后的煤气，开始进入正式的脱硫程序，首先其要进入脱硫塔中，在脱硫塔中借助化学制剂对其进行脱硫工作，将其内部的 H_2S 等硫化物及氨化物置换出来。在这一过程中会产生一定的化学反应，因此一定要确保脱硫塔内的密闭性，保障周围工作人员的人身安全。

（3）再生循环。煤气在进行完脱硫后进入脱氨、脱苯阶段。刚刚对煤气进行脱硫的化学液体中含有大量的硫化物，这部分液体将进入再生塔，工作人员向其中加入 HPF 制剂与其产生化学反应，并通过一系列的物理作用，使得脱硫液体再生并继续使用，而存在于液体中的硫化物也被分离出来以泡沫状的形态自流入泡沫槽中，等待进一步的固化处理。其特点是效率高，运行稳定，操作便利，装置简单占地少，但受煤气杂质影响大，硫黄泡沫多，产品质量低，熔硫操作环境差。HPF 脱硫机理可分为：

（1）吸收反应：

$$NH_3 + H_2O \longrightarrow NH_4OH \tag{5-11}$$

$$NH_4OH + H_2S \longrightarrow NH_4HS + H_2O \tag{5-12}$$

$$2NH_4OH + H_2S \longrightarrow (NH_4)_2S + 2H_2O \tag{5-13}$$

$$NH_4OH + HCN \longrightarrow NH_4CN + H_2O \tag{5-14}$$

（2）催化反应：

$$NH_4HS + NH_4OH + (x-1)S \xrightarrow{HPF} (NH_4)_2S_x + H_2O \tag{5-15}$$

$$NH_4CN + (NH_4)_2S_x \xrightarrow{HPF} NH_4CNS + (NH_4)_2S_{(x-1)} \tag{5-16}$$

蒽醌二磺酸法是一种较为广泛采用的湿式氧化脱硫工艺。此法是以蒽醌二磺酸（ADA）为催化剂，碳酸钠溶液为吸收液，简称 ADA 法，其反应式为：

$$Na_2CO_3 + H_2S \longrightarrow NaHS + NaHCO_3 \tag{5-17}$$

$$2NaHS + 4NaVO_3 + H_2O \longrightarrow Na_2V_4O_9 + 4NaOH + 2S \tag{5-18}$$

$$Na_2V_4O_9 + 2ADA(氧化态) + 2NaOH + 2H_2O \longrightarrow 4NaVO_3 + 2ADA(还原态) \tag{5-19}$$

$$2ADA(还原态) + O_2 \longrightarrow 2ADA(氧化态) + 2NaOH \quad (5-20)$$

改良 ADA (蒽醌二磺酸钠) 法与原来 ADA 不同之处是在脱硫液中添加了适量的酒石酸钾钠及偏钒酸钠。该工艺由脱硫、再生和废液处理组成。脱硫部分是以碳酸钠为碱源、以 ADA 为催化剂的湿式氧化法，废液处理采用蒸发结晶法制取 $Na_2S_2O_3$ 和 NaSCN 产品。在吸收塔用循环脱硫液洗涤吸收煤气中的 H_2S 和 HCN，脱硫液用压缩空气再生循环喷洒。浮于再生塔顶部的硫黄泡沫，自流入泡沫槽，经加热搅拌、澄清分离，硫泡沫至熔硫釜加热熔融，再经冷却即为硫黄产品。该工艺特点是脱硫脱氰效率高，可达城市煤气标准，但碱的消耗大，硫黄质量差，吸收率低，综合经济效益差。

C 湿式吸收工艺

煤气脱硫脱氰的湿式吸收法有 Vacuum Carbonate (真空碳酸盐) 法、AS (氨 – 硫化氢) 循环洗涤法、Sulfiban (索尔菲班) 法等。

真空碳酸盐法是以碳酸钠或碳酸钾为吸收剂的脱硫方法。在焦炉煤气净化流程中设于煤气回收粗苯之后。它是在常温常压下用吸收剂吸收煤气中的硫化氢，脱硫液在真空条件下用水蒸气蒸馏再生，并解吸出硫化氢。脱硫效率为 90% ~ 93%。1938 年，美国考伯斯公司将真空碳酸盐法应用于焦炉煤气脱硫，此后该法就得到了广泛应用。为了提高脱硫效率，考伯斯公司发展了二级真空碳酸盐法，脱硫效率为 98%。其反应式为：

$$H_2S + Na_2CO_3 \Longleftrightarrow NaHS + NaHCO_3 \quad (5-21)$$
$$2NaHS + 2O_2 \longrightarrow Na_2S_2O_3 + H_2O \quad (5-22)$$

焦炉煤气进入二段式脱硫塔的底部，每一个吸收段中部用解吸后的脱硫液喷洒洗涤。脱硫塔下部的脱硫液用泵送入二段式脱硫塔的上部，脱硫塔下部的脱硫液用泵送入二段式解吸塔的上部，而脱硫塔上部的脱硫液则用泵送入解吸塔的下部。每段解吸塔排出的脱硫液，在冷却后送入脱硫塔相应的吸收段。解吸塔两段的蒸汽由下段底部送入，并依次通过上下两段蒸馏出脱硫液中的硫化氢。脱硫塔上段的循环脱硫液比下段少得多，因而在解吸塔下段蒸馏得更好，从而在脱硫塔上段能达到很高的脱硫效率。解吸塔顶排除的酸性气体和蒸汽，在高度真空下经过冷凝器，绝大部分蒸汽被冷凝。剩余气体通过第一级蒸汽喷射真空泵和中间冷凝器，再通过第二级蒸汽喷射真空泵和后冷凝器。在后冷凝器排出的酸性气体硫化氢用以制取硫黄或硫酸。此工艺选择性高，能有效脱除硫化物及有机硫。但此法能源消耗大，技术和关键设备需要引进，另外，在生产过程中还会产生少许废液，惰性盐较难处理。

AS 循环洗涤法以煤气中的 NH_3 为碱源，在洗氨的同时脱除 H_2S 和 HCN，一般由氨硫洗涤、脱酸蒸氨、氨分解硫回收三部分组成。煤气进入脱硫塔，在塔的下段用来自解吸塔的含氨为 23 ~ 28g/L 的氨水进行喷洒洗涤，在塔的上段用来自

洗氨塔的含氨 $8 \sim 15g/L$ 的氨水进行喷洒洗涤。被氨水吸收了 H_2S 后的煤气，由塔顶排出，进入洗氨塔。在塔内又被软水和来自焦炉煤气初冷的剩余氨水喷洒洗涤，由塔顶排出。脱硫塔底排出的富液送解吸塔，塔内富液用蒸氨塔引入的氨蒸汽蒸馏，解吸出 H_2S 等酸性气体。解吸塔底排出的贫液，其中一部分送回脱硫塔循环使用，一部分送入蒸氨塔。在蒸氨塔内用蒸汽直接将贫液中的氨蒸出后，氨气进入解吸塔，蒸氨废水排往生物脱酚装置。为提高脱硫效率，在洗氨塔顶部喷洒浓度为 $2\% \sim 4\%$ 的 $NaOH$ 溶液，进一步脱除煤气中的 H_2S 等。该工艺不需外加碱，不产生废液，不会产生二次污染；洗涤系统在较低温度下操作，低温水用量大；脱酸系统介质腐蚀性强，对设备材质要求高；由于氨、硫相互关联，操作难度大。

索尔菲班法是一种高效的脱硫脱氰工艺，脱硫效率在 98% 以上，脱氰率也高于 90%，同时还能脱除煤气中的有机硫。它使用弱碱性的单乙醇胺水溶液直接吸收煤气中的 H_2S 和 HCN。该工艺脱硫液不需要氧化再生，不会生成副产盐类，亦不会产生二次污染；设备简单、操作弹性大；材质要求低、投资费用小，但由于单乙醇胺昂贵，且运转中有损耗，因此，该法操作费用大。

5.2.2.3　脱氨工序

煤在干馏时，其中大部分氮转化成以氨为代表的含氮化合物，因此粗煤气中含有 $8\% \sim 16\%$ 的氨。由于氨具有腐蚀特性，因此必须从煤气中除去。目前采用的脱氨方法主要有 3 类：（1）水洗法，包括浓氨水法、间接法制 $(NH_4)SO_4$、联碱法制 NH_4Cl、氨分解法等；（2）硫酸吸氨法生产 $(NH_4)SO_4$，有饱和器法和酸洗塔法；（3）磷酸吸氨法，包括磷酸氢二铵法和弗萨姆法、半直接饱和器法。器后含氨可控制在 $0.03g/m^3$ 以下，水洗氨和氨分解联合流程，目前塔后含氨在 $0.05g/m^3$ 以下。

5.2.2.4　脱萘工序

粗煤气中含萘约 $8 \sim 12g/m^3$，其中大部分在集气管初冷器中冷凝下来并溶于焦油中，经初冷后，含量约为 $2g/m^3$ 的萘处于过饱和状态，初冷后的煤气沿管道流向后序净化设备时，一旦流速缓慢或温度进一步下降，萘就会沉积析出并造成堵塞，因此对煤气进一步脱萘是必要的。目前脱萘主要有两种方式，水洗法和油洗法。所谓水洗法是利用终冷塔中冷水与热煤气的逆向接触，降低煤气温度使萘析出，再利用热焦油吸收水中的萘而实现冷水循环洗萘。油洗萘是利用洗油洗涤煤气并吸收其中的萘，而从洗油中分离萘可以同富油脱苯同时进行，该法较水洗法效率高，一般可将煤气含萘降至 $0.5g/m^3$ 以下。

5.2.2.5　粗苯回收工序

理论上煤气中苯类脱除可以通过冷冻、吸附、洗涤 3 种方式完成。工业上主要采用油洗涤方式，根据使用洗油的来源及组分差别，分为焦油洗油洗苯和石油洗油洗苯。有粗焦油加工系统的大型焦化厂均采用自产焦油洗油洗涤方式。在洗涤塔中煤气与洗油逆向接触，要具备足够的吸收面积、吸收时间、吸收推动力（温度、塔内压力、贫油含苯）、洗油分子量及喷淋量等，洗涤后煤气中苯可由 $30\sim45g/m^3$ 降至 $2g/m^3$ 以下。洗苯后的富油经蒸馏解析后返回洗涤，轻苯和重苯送后续系统进一步加工。负压粗苯蒸馏工艺（见图 5-14）与常压粗苯蒸馏工艺比较，具有的优点是：无废水、废气外排，环保效果好。用真空机组取代直接蒸汽产生负压降低粗苯沸点，同时煤气用量比常压蒸馏可节省 20%，从而降低单位产品能耗和运行费用。

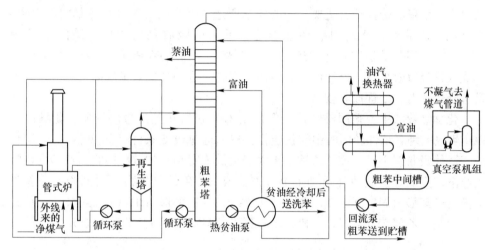

图 5-14　负压粗苯蒸馏工艺流程

5.2.3 煤化工行业中二氧化碳的分离技术

工业革命后，人类大量使用煤炭等化石燃料，排放的大量二氧化碳，使大气层中温室气体浓度大幅度上升，大气层的温室效应进一步强化，导致地表平均温度不断攀升。这就是全球气候变化的根本原因。二氧化碳（CO_2）是最重要的温室气体，其温室效应占所有温室气体的 77%。但同时 CO_2 也是一种重要的碳资源，在国民经济各部门，二氧化碳均有十分广泛的用途。如固态二氧化碳（即干冰）在食品、卫生、工业、餐饮、人工降雨中有大量应用。又如它可与环氧丙烷（或环氧乙烷）合成碳酸丙烯酯（或碳酸乙烯酯），碳酸丙烯酯（或碳酸乙烯酯）又可与甲醇酯交换反应生成碳酸二甲酯，由于碳酸二甲酯具有非常广泛的用途，是绿色清洁生产的最重要的基础原料。二氧化碳也可用于制碱工业和制糖工业，可当作焊接的保护气体和塑料行业的发泡剂，因此研究煤化工行业中 CO_2 的分离技术具有重要意义。

根据分离的原理、动力和载体等进行分类，工业应用较为成熟的 CO_2 分离技术主要可分为 7 类：吸收分离技术、吸附分离技术、膜分离技术、化学循环燃烧分离技术、水合物分离技术、低温分离技术和生物分离技术。

5.2.3.1　吸收分离技术

吸收分离技术是利用吸收剂溶液对含有 CO_2 的混合气体进行洗涤，从而达到分离 CO_2 的技术。按照吸收途径不同，吸收分离 CO_2 的方法可分为物理吸收法和化学吸收法两种。

物理吸收法是采用特定的有机溶剂，在特定条件下（如加压、降温等）对混合气体中的 CO_2 进行溶解和吸收，然后改变条件（如降压、升温）使吸收溶剂再生。溶剂的选择非常重要，一般要求所选的吸收剂必须对 CO_2 的溶解度大、沸点高、无腐蚀、无毒性、性能稳定，常用的吸收剂有甲醇、碳酸丙烯酯（PC）、N - 甲基吡咯烷酮（NMP）、聚乙二醇二甲醚（DMPE）、N - 甲酰吗啉等。其优点是吸收效果好、能耗低、分离回收率高，适合 CO_2 含量较高的烟气。缺点是选择性较低，处理成本较高。

化学吸收法主要采用碱性溶液等能与 CO_2 进行快速反应的物质，化学溶解 CO_2 生成一种联结性较弱的中间化合物，然后通过改变条件（如加热），分解释放气体使吸收剂再生。该方法适用于大流量低浓度 CO_2 的分离回收。典型的化学吸收溶剂主要是碳酸钾（再加上部分铵盐或钒、砷的氧化物）溶液和乙醇胺类溶液（乙醇胺（MEA）、二乙醇胺（DEA）、三乙醇胺（TEA）、氨水、二甘醇胺、甲基二乙醇胺（MEDA）和二异丙醇胺（ADIP）等）。此法对 CO_2 的捕获效果好，技术较为成熟，已在化工行业中普遍应用，但由于吸收溶剂再生能耗大，存在成本昂贵的问题。图 5 - 15 为化学吸收法工艺流程图。

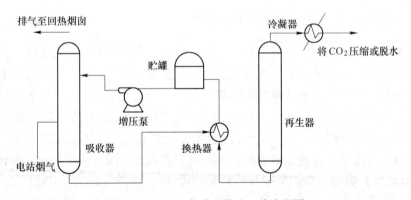

图 5 - 15　CO_2 化学吸收法工艺流程图

5.2.3.2　吸附分离技术

吸附分离技术是利用固态吸附剂对原料混合气中的 CO_2 选择性可逆吸附作用来分离捕集 CO_2 的。吸附剂在高温（或高压）时吸附 CO_2，降温（或降压）后

将 CO_2 解析出来，通过周期性的温度（或压力）变化，从而使 CO_2 分离出来。按照吸附和解吸过程中的变换条件，吸附法主要又分为变温吸附法（TSA）和变压吸附法（PSA）。常用的吸附剂有天然沸石、分子筛、活性氧化铝、硅胶和活性炭等。由于温度的变化速度慢、调节控制周期长，在工业上较少采用变温吸附法。而变压吸附法由于其操作条件比较简单，因而在煤化工业中应用较多。

吸附分离技术主要是利用吸附剂和被吸附物质之间的范德华力，其吸附能力主要取决于吸附剂的表面积及操作的压（温）差。由于范德华力很弱，吸附效率较低，需要大量的吸附剂和吸附面积，故投资较高。

变压吸附基于被吸附物质在压力循环过程中的吸附分离特性，对混合物进行分离，其主要特征是通过减压或用吸附性较弱的气体清洗吸附床来解吸附。变压吸附过程由两个基本步骤组成：（1）加压吸附，气体中具有较强吸附能力的物质被选择性吸收；（2）降压解吸附，被吸附的物质从吸附剂中释放出来。其工艺流程如图 5-16 所示。PSA 技术具有以下特点：工艺简单。装置操作弹性大，能适合原料气量和组成较大波动；原料气中有害微量杂质可作深度脱除；无溶剂和辅助材料消耗，无三废排放，对环境不会造成污染。

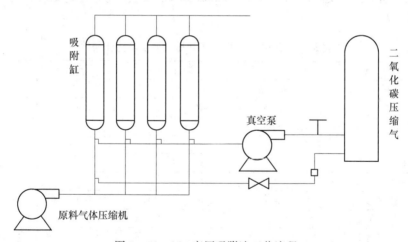

图 5-16 CO_2 变压吸附法工艺流程

5.2.3.3 膜分离技术

膜分离技术是利用膜对不同气体的选择透过性，将 CO_2 从混合气体中分离出来。如图 5-17 所示，其原理主要是使 CO_2 气体能快速溶解于吸收液并通过分离膜或吸收膜快速传递，从而达到吸收气体在膜的一侧浓度降低，而在另一侧富集的目的。根据膜的材料和工艺的不同，可分为有机聚合膜和无机膜两种。

有机聚合膜又分为玻璃质膜和橡胶质膜，因为前者具有更好的气体选择性和力学性能，因而当前工业上采用的有机聚合膜几乎都是玻璃质膜。常见的有机聚合膜有醋酸纤维膜、乙基纤维素膜、聚苯醚膜、聚酰亚胺膜等。有机膜分离系数高，但是气体的透过量小，且受其自身材质的影响，有机膜在高温、高腐蚀性环境中易老化。

无机膜又分为多孔膜和致密膜，见表5-7。多孔膜通常是利用一些多孔金属物作为支撑，将膜覆在支撑物上。氧化铝、碳、玻璃、碳化硅、沸石和氧化锆是最常用的多孔膜材料。多孔膜分离的机理主要是努森扩散、表面扩散、毛细浓缩以及分子筛作用。致密膜是钯、钯合金或氧化锆形成的金属薄层，其分离机理可以用溶解扩散模型进行描

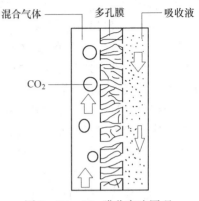

图5-17　CO_2膜分离法原理

述，即气体首先被吸附在膜表面，然后在膜中进行分子扩散，最后在膜的另一侧进行解吸附，从而实现CO_2气体分子的分离。无机膜具有耐高温、耐腐蚀的特点，但其难以装配、体积较大；CO_2分离系数低；采用单级膜分离时，仅能部分分离和浓缩CO_2，实际应用时，要采取多级循环分离，这样会使无机膜的利用价值大打折扣。

表5-7　几种常用CO_2无机分离膜及其操作条件

类　型	多孔陶瓷膜				致密膜
膜材料	氧化铝	硅	碳	硅	钯/银
操作温度/℃	<500	<400	<400	<500~700	<600
操作压力/×10^5Pa	>100	>100	10	>100	>100
孔径/nm	0.7~2	0.7~2	0.7~2	0.3~0.7	无
选择性（H_2/CO_2）	15	15	15~25	50	100
渗透性/mol·(m^2·s·Pa)$^{-1}$	10^{-6}	10^{-6}	10^{-7}	10^{-6}	10^{-7}~10^{-6}
测试温度/℃	200	200	300~400	300~400	300~400
需要的预处理	无	无	无	S	S、HCl、HF
有害物质	无	H_2O	O_2	S	S、HCl、HF
形　状	管式	管式	管式	管式	管式或板式
结　构	层叠/循环/一次通过	层叠/循环/一次通过	层叠/循环/一次通过	一次通过	一次通过
费用/美元·m^{-2}	4250	4250	3000	4000~4250	4000~4250

5.2.3.4　化学循环燃烧分离技术

化学循环燃烧分离技术（Chemical-Looping Combustion，CLC）最早是在20世纪80年代初期提出的，该技术的主要分离过程见图5-18。燃烧过程中循环流动的颗粒为氧载体。烃类燃料与金属氧化物中的晶格氧在燃料反应器中发生燃烧

反应生成 CO_2 和 H_2O，金属氧化物被还原成低价的金属氧化物或者金属单质，然后通过冷却即可将 CO_2 简单地分离出来。被还原的金属氧化物与空气中的氧气在空气反应器中发生强放热的氧化反应，金属氧化物得以再生。

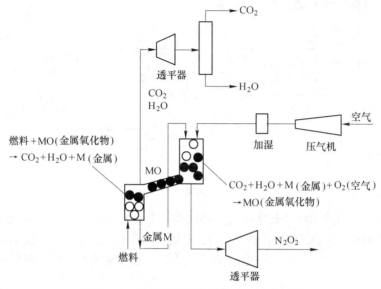

图 5-18 化学循环燃烧分离 CO_2 工艺流程

CLC 与传统的技术相比，其主要优点是该技术改变了传统的燃料与空气中氧气直接反应的燃烧过程，引入金属氧化物作为氧的载体为燃料提供氧原子，避免了生成的 CO_2 气体被空气中大量的氮气所稀释，减少了分离 CO_2 所需的能耗。同时也避免了燃料气体与氧气直接混合带来的爆炸危险。由于燃烧过程中没有空气的直接参与，因此没有生成氮氧化物气体。但是，化学循环燃烧技术也存在能量系统和氧载体反应活性等方面的优化问题。在氧载体反应活性方面，金属氧化物颗粒作为氧的载体在燃料反应器与空气反应器之间循环使用，是实现 CLC 系统运转的核心要素之一。为了增强循环颗粒的整体力学性能和反应活性，金属氧化物需要用一种惰性物质作为载体。目前，国内外主要选择 NiO、Fe_2O_3、CuO 和 CoO 等作为金属氧化物制备氧载体。

5.2.3.5 水合物分离技术

气体水合物是指在一定温度和压力条件下，小分子气体和水形成的一种冰晶状的晶体物质。因为在相同的温度下，不同的气体形成水合物的平衡压力也不尽相同，故可以通过调节压力使那些平衡压力较低的气体形成气体水合物，进而达到分离的目的。

首先，将经过预处理的酸性混合气体通入水合物反应器中，接着调节到一定的压力，使容易生成气体水合物的 CO_2 气体与其他气体分离开，最后将生成的

CO_2 气体水合物的一部分通入固液分离器中，进行固液分离，脱水后可直接利用。另一部分可通入分解器中，分解后的 CO_2 气体水合物可以贮藏，以提高回收率。将分解后的水和添加剂混合物重新回流至水合物反应器中循环使用。水合物分离 CO_2 气体的流程如图 5-19 所示。

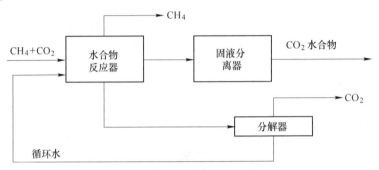

图 5-19 水合物分离 CO_2 工艺流程

水合物分离技术如今较多运用于燃烧烟气中 CO_2 的分离捕集。该技术与其他分离技术相比，具有工艺流程简单、可连续生产的优点，并且，该技术对 CO_2 的分离效果较好，对压力的损失也较少。但是缺点是容易腐蚀装置，对装置的选材要求较高。

5.2.3.6 低温分离技术

低温分离技术是通过低温冷凝分离 CO_2 的一种物理过程。CO_2 在常温常压下以气态形式存在，其临界压力为 7.43MPa，临界温度为 31.1℃。因此，只要将压力增加到 7.43MPa，温度低于 31.1℃，就可使 CO_2 变为液态，从而得到有效的分离。较典型的工艺是美国 Koch Process（KPS）公司的 RyanHolmes 三塔和四塔工艺，整个流程包括乙烷回收、甲烷脱除、添加剂和 CO_2 回收。

该技术的优点是与其他技术联合使用具有较好的分离效果，能够分离出高纯度的 CO_2，缺点是能耗较高，设备投资大、工艺复杂等。

5.2.3.7 生物分离技术

生物分离技术，即利用生物的光合作用吸收固定 CO_2。由于其不需要捕集分离 CO_2，从而降低了处理成本，安全性高，技术基本成熟，而且还可以在分离过程中获取具有一定经济价值的副产品，是 CO_2 分离技术领域最具有发展前景的技术之一。微藻吸收 CO_2 后通过光合作用，可有效转化成碳水化合物（糖类）、氢气和氧气。

微藻具有光合速率高、繁殖快、环境适应性强、处理效率高、可调控以及易与其他工程技术集成等优点，且可以获得高效、立体、高密度的培养技术，固碳后产生的藻体有很大的利用价值。但生物分离技术距离工业化应用于煤化工烟道气中 CO_2 脱除还有一段距离。

参考文献

[1] 李广超，傅梅绮．大气污染控制技术［M］．北京：化学工业出版社，2004.

[2] 郝吉明，马广大．大气污染控制工程（第二版）［M］．北京：高等教育出版社，2009.

[3] 吴忠标．实用环境工程手册/大气污染控制工程［M］．北京：化学工业出版社，2001.

[4] 熊振湖．大气污染防治技术及工程应用［M］．北京：机械工业出版社，2003.

[5] 宁平，易红宏，唐晓龙．工业废气液相催化氧化净化技术［M］．北京：中国环境科学出版社，2012.

[6] 马广大，黄学敏，朱天乐，等．大气污染控制技术手册［M］．北京：化学工业出版社，2010.

[7] 童志权．大气污染控制工程［M］．北京：机械工业出版社，2006.

[8] 曹湘洪．炼油与石化工业技术进展［M］．北京：中国石化出版社，2009.

[9] 黄炎．石油·汽车与中国可持续发展［M］．北京：石油工业出版社，2006.

[10] 高建业，王瑞忠，王玉萍．焦炉煤气净化操作技术［M］．北京：冶金工业出版社，2009.

[11] 陈文敏，李文华，徐振刚．洁净煤技术基础［M］．北京：煤炭工业出版社，1997.

[12] 吴兑．温室气体与温室效应［M］．北京：气象出版社，2003.

[13] 罗兰．石油化工废气处理技术研究［J］．化工管理，2014，12：102.

[14] 吴悦，曾向东，金海花，等．中国石油化工废气处理技术进展［J］．石油学报，2012，15（1）：16~18.

[15] 张新民，薛志刚，孙新章，等．中国大气挥发性有机物控制现状及对策研究［J］．环境科学与管理，2014，39（1）：16~19.

[16] 何伟立，谢国建，吴昊，等．VOCs废气的危害及处理技术综述［J］．四川化工，2000，16（6）：79~84.

[17] 黎维彬，龚浩．催化燃烧夫除VOCs污染物的最新进展［J］．物理化学学报，2010，26（4）：885~894.

[18] Pires J, Carvalho A, Carvalho M B. Adsorption of volatile organic compounds in Y zeolites and pillared clays［J］. Microporous Mesoporous Mater, 2001, 43（3）：277~287.

[19] 翁棣，张艳，楼婷婷，等．脉冲电晕法处理含苯废气实验研究［J］．实验技术与管理，2011，28（5）：32~36.

[20] Majumdar S, Bhaumik D, Sirkar K K. Performance of commercialsize plasma polymerized PDMS - coated hollow fiber modules in removing VOCs from N_2/air［J］. J Membr Sci., 2003, 214（2）：323~330.

[21] 段晓东，孙德智，余政哲，等．光催化氧化法降解废气中苯系物的研究［J］．化工环保，2003，23（5）：253~256.

[22] 李婕，芈宁．挥发性有机物（VOCs）活性炭吸附回收技术综述［J］．四川环境，2007，26（6）：101~105.

[23] Fengdong Y, Lingai L, Georgea G. Electrothermal swing adsorption of toluene on an activated carbon monolith experiments and parametric theoretical study［J］. Chemical Engineering and

processing, 2007, 46 (1): 70 ~ 81.

［24］孙珮石，郑顺生. 高流量负荷下低浓度 VOCs 废气的生物法处理［J］. 中国环境科学，2004，24 (2): 201 ~ 204.

［25］宋倩倩，李春虎. 脱除原料气中 H_2S 的干法研究进展［J］. 广州化工，2008，36 (5): 27 ~ 28.

［26］何义，余江，陈灵波. 铁基离子液体湿法氧化硫化氢的反应性能［J］. 化工学报，2010，61 (4): 963 ~ 968.

［27］张礼昌，李东风，杨元一. 炼厂干气中乙烯回收和利用技术进展［J］. 石油化工，2012，41 (1): 103 ~ 110.

［28］崔卫星. 炼厂催化干气制备提浓乙烯气的研究［D］. 天津大学，2006.

［29］陈庆龄，杨为民，滕加伟. 中国石化煤化工技术最新进展［J］. 催化学报，2013，34 (1): 178 ~ 181.

［30］吴声彪，肖波，左娜，等. 焦炉煤气净化技术现状及探讨［J］. 有色金属，2003，55: 101 ~ 105.

［31］Tenneco. Develops Economic Progress to Recover Ethylene from Waste Streams［J］. Oil. Gas J., 1978, 76 (52): 199.

［32］Leblane O H, Ward W J, Matson S L, et al. Facilitated transport in ion – exchange membranes［J］. J. Membr. Sci., 1980, 6: 339 ~ 343.

［33］朱振玉，刘恩举，杨杰，等. 二氧化碳脱除原理及工艺［J］. 广州化工，2011，39 (5): 51 ~ 53.

［34］Banerjee R, Phan A, Wang B, et al. High – throughput synthesis of zeolite imidazolate frameworks and application to CO_2 capture［J］. Science, 2008, 319 (5865): 939 ~ 943.

［35］Luebke D, Myers C, Pennline H. Hybrid membranes for selective carbon dioxide separation from fuel gas［J］. Energy Fuels, 2006, 20 (5): 1906 ~ 1913.

［36］Chae S R, Hwang E J, Shin H S. Single cell protein production of Euglena gracilisand carbon dioxide fixation in an innovative photo – bioreacto［J］. Bioresour Technol, 2006, 97: 322 ~ 329.

6 无机化工行业中大气污染控制

6.1 无机化工行业概况

6.1.1 无机化工行业定义及分类

无机化工是无机化学工业的简称，它是化学工业的一个重要分支，以天然资源和工业副产物为原料生产硫酸、硝酸、盐酸、磷酸等无机酸、纯碱、烧碱、合成氨、化肥以及无机盐等化工产品的工业。按照无机化工的类型，可以将其分为硫酸工业、纯碱工业、氯碱工业、合成氨工业、化肥工业和无机盐工业。广义上也包括无机非金属材料和精细无机化学品，如陶瓷、无机颜料等的生产。无机化工产品的主要原料是含硫、钠、磷、钾、钙等的化学矿物和煤、石油、天然气以及空气、水等。

6.1.2 产生的主要污染物及其危害

无机化工是对环境中的多种资源进行化学处理和转化加工的生产部门，其产品和废弃物从化学组成上讲都是多样化的，而且数量也相当大。这些废弃物在一定浓度上大多是有害的，有的还是剧毒物质，进入环境就会造成污染。有些无机化工产品在使用过程中也会引起一些污染，甚至比生产本身造成的污染更为严重、更为广泛。

无机化工生产中的废弃污染物一般随废水、废气排出，或以废渣的形式排放（即所谓的"三废"）。虽然产生化工污染物的原因和污染物进入环境的途径多种多样，但概括地讲，化工污染物的主要来源大致可分为以下两种。

（1）化工生产的原料、中间体、半成品及成品。

1）化学反应不完全：未反应的原料，因回收不完全或不可回收而被排放掉，排放后会对环境造成污染。

2）原料不纯：原料有时本身纯度不够，其中含有杂质，这些杂质因不需要参加反应，在原料净化过程中或反应后，最终也要排放掉。

3）跑、冒、滴、漏：由于生产设备、管道等封闭不严密，或者由于操作和管理的不善，物料在储存、运输以及生产过程中，往往造成泄漏，习惯称为跑、冒、滴、漏现象。这一现象的出现不仅会造成经济损失，也会造成环境污染。

（2）化工生产过程中排放出的废弃物。

1）燃料燃烧：在化工供热和化工炉燃烧过程中，不可避免会产生大量的烟气。烟气中除含有粉尘外，还含有其他有害物质，对环境危害极大。

2）冷却水：化工生产过程中常常需要大量的冷却水。而当采用直接冷却时，冷却水会直接与被冷却的物料接触，容易使水中含有化工原料，而成为污染物质。在冷却水中往往要加防腐剂、杀藻剂等化学物质。同时，大量热废水排入水域，导致水体温度上升，造成水中溶解氧的减少，降低水体自净能力，使得一些毒物如氰化物、重金属离子的毒性加剧。热废水污染还可以加速细菌繁殖。

3）副反应：化工生产中，在进行主反应的同时，经常还伴随着一些副反应。副反应产物（副产物）虽然有的经回收可以成为有用的物质，但是往往由于副产物数量不大，且成分比较复杂，进行回收时会产生许多困难，经济上需要耗用一定的经费，所以往往在产物的分离过程中以高低沸物、滤饼、尾气等形式作为废料排弃，而引起环境污染。

4）反应的转化物和添加物：在许多化工生产过程中，反应的转化物有时形成"炉渣"或"釜渣"不被利用。有时在化工生产过程中，还需要加入一些不参加反应的物质，如各种溶剂、催化剂等，这些物质随废弃物排放，同时也会造成环境污染。

5）分离过程：分离过程是化工生产中几乎必不可少的过程，不仅会分离掉副产物、未反应物和杂质，有时由于分离效率的限制，原料和产品也会出现在分离的废弃物中，如精馏塔釜下脚料、过滤器的残渣、旋风分离器的尾气等等。

无机化工行业产生的废气不经处理排入大气，会造成大气污染，使人体健康受到危害、农作物减产，甚至植物枯死，给人类的生存造成很大的危害。在大气污染中二氧化硫、硫化氢、氮氧化合物、氨、一氧化碳、氯气、氯化氢等物质的危害最大。例如，在硫酸生产的吸收过程中，其尾气中仍有二氧化硫和三氧化硫的酸雾。因此，对无机化工行业中产生的气体污染物的治理显得极其重要。

6.2   氯碱工业气体污染物控制技术

6.2.1   氯碱行业现状

工业上用电解饱和 NaCl 溶液的方法制取 NaOH、Cl_2 和 H_2，并以它们为原料生产一系列化工产品的工业，称为氯碱工业。

氯碱工业是重要的基本化工原料工业，在国民经济中起着重要作用。其主要产品为烧碱、液氯、盐酸、聚氯乙烯树脂等，广泛应用于轻工、纺织、冶金、造纸、食品、建材、化工、塑料等行业，是这些行业不可缺少的原材料。据一些省市调查统计，每 1 万吨烧碱产品带动的一次性社会产值高达 15 亿～20 亿元。我国现有的氯碱企业大都是当地的骨干企业，与其他行业有着紧密的供求关系。随

着国民经济的不断发展，氯碱企业将不断满足各行业对氯碱产品的新需求，为各行业提供更多更好的原材料，可促进国家现代化建设事业的发展。

6.2.1.1 我国氯碱的发展历程

我国氯碱工业开始于 20 世纪 20 年代末期，1949 年时全国只有几家氯碱厂，年产烧碱总量只有 1.5 万吨，氯产品也只有盐酸、液氯、漂白粉等几个品种。

新中国成立前，氯碱工业面临着许多困难，东北、华北各厂几经劫难，设备遭到破坏和盗卖，技术资料散失殆尽，厂房破旧不堪，人员四处流散，技术力量严重不足。

1949 年，沈阳化工厂首先恢复了烧碱的生产。此后，锦西化工厂、天津化工厂也陆续恢复了生产。上海天原化工厂、重庆天原化工厂和宜宾天原分厂在人民政府的扶持下，也很快恢复了生产。1952 年全国烧碱产量比 1949 年增长了 5 倍，达 7.9 万吨，但仍满足不了各行业的需求。

从 1953 年开始，国家决定在山西、四川、湖南等地新建一批烧碱生产厂，并进行电解槽的技术改造，提高了电流密度，降低了单耗，到 1957 年烧碱产量已达 19.8 万吨。

1958 年，国家又决定再建 13 个氯碱企业，分布在浙江衢州、湖北武汉、福建福州、安徽合肥、江苏常州、江西九江、陕西西安、贵州遵义、广东广州、广西南宁、吉林四平、北京以及上海等地，使我国的氯碱工业在全国展开，不但沿海工业发达地区氯碱产量增加，而且中南、西南等地区也有了氯碱厂。这一批企业大部分在 1959 年建成，使烧碱产量新增 20 多万吨。因烧碱的供需矛盾十分突出，各地方自筹资金又兴建了一批小氯碱企业。这些小企业大部分是因陋就简建设起来的，虽然缓解了供需矛盾，但也因技术力量不足和设备简陋而留下了一些隐患。到 1966 年底，烧碱产量达到了 69.31 万吨。到 1976 年全国的烧碱产量已达 121.5 万吨，十年增长了 52 万吨，增长 75.3%。到 1978 年，产量达 251.8 万吨，比 1976 年增长了 130.3 万吨。

20 世纪 90 年代，离子膜烧碱生产技术引入我国，在氯碱工业中所占的比重也越来越大，到 2008 年离子膜烧碱产能接近 1600 万吨，比例接近全部产能的三分之二。

6.2.1.2 氯碱工业的现状和发展

A 世界氯碱工业的现状

2008 年，全球氯碱工业的产值约 200 亿美元。截至 2008 年 12 月，全球有 500 多家氯碱生产商（生产厂有 650 多个）；烧碱产能达到 7481 万吨/年，比 2004 年的 5870 万吨/年增加 1611 万吨/年，年均增长 6.25%，而 1994 年和 1999 年的产能分别为 4032 万吨/年和 5300 万吨/年，图 6-1 为全球和中国 21 世纪初烧碱生产能力的变化和所占比重关系图[1]。

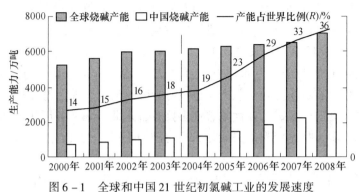

图 6-1   全球和中国 21 世纪初氯碱工业的发展速度

2008 年全球烧碱产量为 5866 万吨，比 2007 年下降 1.86%。2008 年全球烧碱平均开工率约为 78.7%。根据氯碱的生产特点，即按理论质量比（1∶0.8875∶0.05）同时产出烧碱、氯气、氢气 3 种产品，2008 年全球氯气产能约为 6640 万吨/年，氯气产量约为 5206 万吨。

亚洲的烧碱产能占全球烧碱产能的 50% 以上，不过生产厂的规模都较小。全球烧碱产能的分布为：亚洲 51.3%；北美 20.0%；欧盟 17.9%；中东非洲 3.9%；前独联体 3.6%；南美洲 3.1%；大洋洲 0.2%（参见表 6-1）[1]。

表 6-1   世界各地烧碱市场需求变化

地 区	1999 年		2004 年		2008 年		2004~2008 年增长率/%
	需求/Mt	比例/%	需求/Mt	比例/%	需求/Mt	比例/%	
北美	13	30.2	15.1	26.7	10.94	18.6	-7.7
欧盟	9	20.9	10.6	18.8	11.32	19.3	6.8
中东欧	4	9.3	3.6	6.4	1.57	2.7	-56.4
亚洲	13	30.2	21.4	37.9	26.9	45.9	5.9
中东非洲	1	2.3	1.2	2.1	2.1	3.6	15
中南美洲	2	4.7	3.3	5.8	3.78	6.4	3.5
大洋洲	1	2.3	1.3	2.3	2.05	3.5	12.1
合 计	43	100	56.5	100	58.66	100	-20.8

从生产国家（地区）看，中国是最大的烧碱生产国，产能约占 33.0%；其次是美国，产能约占 17.5%；再其后是日本和德国，产能分别占 6.8% 和 6.7%。

B   国内氯碱工业现状

1990 年前，我国需进口国外烧碱，解决国内烧碱供需矛盾。随着近十年国内烧碱生产规模的快速扩张，于 1990 年开始我国由烧碱进口国变为出口国，2008 年中国出口烧碱超过 200 万吨，出口的主要国家有美国、加拿大、俄罗斯、澳大利亚和部分亚洲国家。

进入 21 世纪,中国氯碱工业步入快速发展阶段,从图 6 – 2 可以看出[1],从 1998 年到 2008 年,我国烧碱生产能力从每年不足 800 万吨增加到 2500 万吨,产能增加了 3 倍,烧碱产量接近 1900 万吨,生产能力和实物产量超过美国和日本,居世界第一位。烧碱的品种也逐渐增加,尤其是离子膜法烧碱发展得很快,2000年生产能力为 200 万吨左右,到 2008 年已接近 1600 万吨,其中离子膜法制碱的比例达到 63%,预计该比例 2020 年年底将增加到 85%。

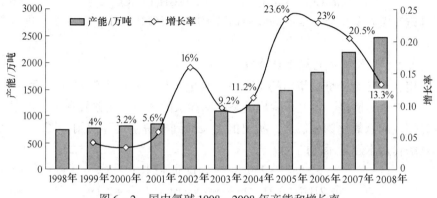

图 6 – 2　国内氯碱 1998 ~ 2008 年产能和增长率

中国氯碱产业已初具规模,共有生产企业 245 家,50 万吨以上的企业占 12%,10 万吨以下的企业占 15%,大部分企业的规模在 (10 ~ 50) 万吨之间,平均开工率约为 74.9%(见表 6 – 2[1])。

表 6 – 2　国内主要地区烧碱产量和所占比例

地　区	2000 年	所占比例/%	2008 年	所占比例/%	年均增幅/%
西北	12.1	3.8	194	12.3	41.5
中南	22.9	7.3	215.5	13.6	32.3
西南	20.7	6.5	172	10.8	30.3
华北	133.1	42.6	664.5	42	22.3
华东	93.7	30.2	268	16.9	14
东北	29.9	9.6	70	4.4	11.2

华北地区氯碱所占比例超过 40%,排在全国首位,其中山东省产能为 580 万吨,天津市 120 万吨;华东地区烧碱产能排第二,其中江苏省产能超过 300 万吨。

近年来,氯碱企业在资源丰富的地区建厂,利用盐田、煤矿和电石资源发展氯碱工业,比较典型的是内蒙古,其产能目前已超过 100 万吨。

6.2.2 主要生产工艺及污染物

烧碱的生产方法有苛化法和电解法，电解法又有水银电解法、隔膜电解法和离子膜电解法。目前国内工业烧碱生产方法主要为隔膜电解法和离子膜电解法。

6.2.2.1 苛化法生产烧碱

在 20 世纪 50～60 年代，国民经济发展迅速，烧碱产量滞后于工业发展，为了满足烧碱的需求，一度采用苛化法生产烧碱，原理为：

$$Na_2CO_3 + Ca(OH)_2 \longrightarrow 2NaOH + CaCO_3\downarrow \qquad (6-1)$$

纯碱和熟石灰反应，生成的碳酸钙溶解度比氢氧化钙小，所以能够进行苛化反应。

6.2.2.2 水银法电解生产烧碱

采用水银法生产烧碱使用的主要设备为电解槽，其由电解室和解汞室组成，其特点是以汞为阴极，得电子生成液态的钠和汞的合金。在解汞室中，钠汞合金与水作用生成氢氧化钠和氢气，析出的汞又回到电解室循环使用。图 6-3 为水银法电解食盐水原理示意图[1]。

$$2NaCl + 2Hg \longrightarrow 2HgNa + Cl_2\uparrow \qquad (6-2)$$

$$2HgNa + 2H_2O \longrightarrow 2NaOH + H_2\uparrow + 2Hg \qquad (6-3)$$

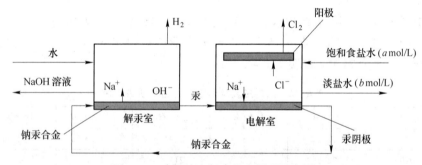

图 6-3　水银法电解食盐水原理示意图

此法的优点是制得的碱液浓度高、质量好、成本低。水银法制碱的最大缺点是汞会对环境造成污染，所以此法已逐渐被淘汰。

目前还有部分欧洲国家如法国、意大利和西班牙等存在少量水银法烧碱电解生产装置。

6.2.2.3 隔膜电解法生产烧碱

隔膜法电解制烧碱，曾经是我国生产烧碱的主要方法，其流程如图 6-4 所示[1]。工艺过程：食盐在化盐桶内加水溶解为 NaCl 的水溶液，然后加入纯碱和氯化钡等化学物质，除去其中的钙、镁和硫酸根，并经沉降、过滤、中和使之达到电解的工艺要求；盐水送入电解槽，并通以直流电，由于电化学反应的结果，在阳极生成氯气（Cl_2），在阴极生成氢气（H_2）和氢氧化钠溶液。Cl_2 和 H_2 经过冷却、干燥等处理后，可作为成品或半成品进入下道工序，NaOH 的水溶液（电解液）质量分数很低（10% ~ 20%），并含有大量的 NaCl，需要进行浓缩、蒸发并回收一部分盐后，进入成品包装。

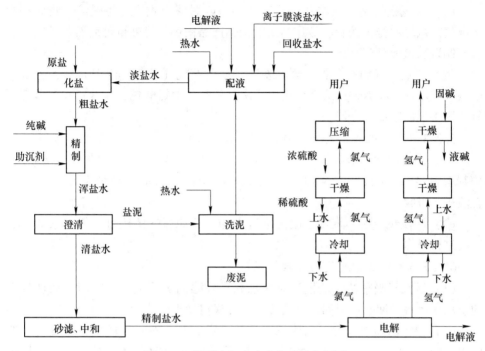

图 6 - 4　隔膜电解法生产烧碱的方框图

6.2.2.4　离子膜电解制碱的技术优势

离子膜电解法氯碱生产自 20 世纪 70 年代末工业化以来得到了快速发展。通过离子膜电解法氯碱生产技术设备的引进、推广和应用，使我国氯碱生产技术水平跃上了一个新台阶，2000 年离子膜电解法制碱产能占烧碱的 23%，2008 年升高到 65%，不仅替代了可能带来汞污染的水银法制碱，而且替代了部分早期建设、老化了的隔膜法制碱装置，满足了国内对高品质烧碱的要求，表 6 - 3 为国内离子膜法烧碱产能的变化。

表 6 - 3　国内离子膜电解法烧碱产能变化

年　份	隔膜碱/%	离子膜碱/%
2006 年	45	55
2007 年	37	63
2008 年	31	69

氯碱工业中废气治理的主要对象是含汞、氯气及氯乙烯废气等。

6.2.3 主要采取的处理措施

6.2.3.1 含氯废气的处理技术

（1）含氯废气制次氯酸盐。采用填料塔或湍球吸收塔，用碱液吸收处理含氯废气。从塔内排出的吸收液作为次氯酸钠产品销售。另外也可用石灰乳循环吸收，制取次氯酸钙产品。

（2）含氯废气制水合肼。含氯废气经净化处理（除尘、降温）后，进入吸收塔，与塔内 30% NaOH 溶液反应生成次氯酸钠。次氯酸钠、尿素及高锰酸钾在氧化锅中反应生成水合肼。

6.2.3.2 含汞废气的处理技术

（1）次氯酸钠溶液吸收法。将含汞废气进行冷却，冷却后气体进入吸收塔。控制塔内 pH = 9～11，用 NaCl 含量为 120～220g/L、NaClO 含量为 150g/L 的混合液进行吸收。

（2）活性炭吸附。将含汞废气进行冷却，冷却后气体经过三级串联的活性炭塔进行吸附。

6.2.3.3 氯乙烯废气的处理技术

（1）活性炭吸附法。活性炭对氯乙烯有较强的吸附能力。吸附在活性炭上的氯乙烯经解吸回收后返回生产装置，活性炭得到再生。

（2）三氯乙烯吸收法。采用三氯乙烯作吸收剂，在吸收塔里吸收废气中的VCM。吸收后的三氯乙烯进入解吸塔，解吸出来的 VCM 送入气柜，三氯乙烯进行循环使用。

（3）N - 甲基吡咯烷酮吸收法。该吸收剂对尾气中 VCM 和 C_2H_2 均有吸收作用。且无毒、无气味、热稳定性好，易于解吸分离。

6.2.4 存在问题

存在的主要问题有：

（1）对环境保护工作的重要性认识不足，环保意识差。目前不少氯碱厂没有治理措施，有的措施上去后开车率也很低。

近几年，为了解决水银法汞污染问题，国家引进多套离子膜装置。但离子膜装置投产正常后，水银法装置却迟迟不能停产。企业只顾眼前的利益，缺乏全局观念。

（2）管理水平低，操作人员素质较差。有不少企业是 20 世纪六七十年代建立起来的，有的设备早已超过了使用期限，加之维护保养差，设备泄漏率高，生产事故较多。

（3）治理技术不配套，空气污染严重，劳动卫生条件差。

（4）对"新、改、扩建"项目的投产，没有坚持"三同时"原则，对环保措施往往有名无实。

6.2.5 技术经济评价及国外差距

6.2.5.1 技术经济评价

各种治理技术的技术经济评价见表 6-4[2]。

表 6-4 各种治理技术的技术经济评价

技术名称	处理效果	优 缺 点
含氯废气治理技术： 1. 含氯废气制水合肼； 2. 含氯废气制次氯酸盐	处理后，尾气中氯含量可达 0.05% 以下	工艺简单，处理效果好； 工艺简单，操作方便，吸收液可回用或销售
含汞废气治理技术 1. 次氯酸钠溶液吸收法； 2. 活性炭吸附法	处理后尾气中汞含量为 0.02mg/m³； 处理后尾气中汞含量在 10μg/m³ 以下	工艺简单，原料易得，投资费用低，吸收液可综合利用，无二次污染； 流程简单，除汞效果好，缺点是活性炭不能再生，需要后期处理
氯乙烯废气治理技术 1. 活性炭吸附法； 2. 三氯乙烯吸收法； 3. N-甲基吡咯烷酮法	处理后尾气中 VCM 含量可小于 1%； 处理后尾气中 VCM 含量可降低到 0.2% ~ 0.3%； 处理后尾气中 VCM 含量 <2%	吸附解吸过程较复杂，处理成本较高。VCM 回收量可达产品年产量的 1%，降低电石消耗 18kg/t（PVC）； 处理效果好，成本低，处理量为 100m³/a 装置中，每年可回收 VCM200t； 吸收效率高，易于解吸分离，回收 VCM 量为年产量的 0.9% ~ 1%，但吸收剂昂贵，且再生后吸收率下降

6.2.5.2 与国外差距

氯碱工业与国外的差距主要体现在以下几个方面。

（1）工艺技术落后，生产规模小。国外烧碱生产，自 20 世纪 70 年代以来逐渐采用离子膜技术及改性隔膜技术，生产规模每年达万吨以上。在发达国家水银法生产烧碱已逐渐被淘汰。日本自 1986 年就成为世界上第一个从水银法占 95% 转变为不采用水银法的国家。采用离子膜法生产的烧碱产品质量好，能耗低，且能彻底消除汞和石棉的污染。我国离子膜法生产烧碱除引进装置外，目前尚处于技术开发阶段。

国外聚氯乙烯生产已达 2000 万吨/年，单体氯乙烯生产工艺技术大都采用乙烯氧氯化法生产。电石乙炔法生产已被淘汰。采用乙烯氧氯化法生产可大大减少"三废"的排放量，并能根除汞的污染。我国则以电石乙炔为主，产量占 80%，乙烯氧氯化法产量仅占 20%。国外聚氯乙烯生产装置规模一般年产均在数万吨以上，聚合釜大型化是普遍趋势，目前最大已采用 200m³ 聚合釜进行生产。我国绝大多数工厂生产规模都很小，最大的聚合釜也仅 30m³。

（2）治理技术方面的差距。经济发达国家的氯碱工业一般都是大型联合企业。生产过程专业化、自动化、大型化，管理严格，生产中产生的"三废"少。我国多数工厂工艺落后，设备陈旧，管理不善，"三废"排放量大。氯碱工业中产生的含汞废气，缺乏先进的治理技术。隔膜法的石棉污染问题，尚未引起重视。针对含石棉的废气目前尚无治理技术及相应的排放标准。

氯乙烯废气治理技术的差距主要有：

（1）聚合浆料中氯乙烯回收：国外自 1976 年美国固特里奇公司研制成功塔式提纯工艺后，世界各国相继采用了此技术。我国只有个别厂采用塔式汽提回收浆料中的氯乙烯，多数中、小厂均未采取治理措施，致使碱处理吹风和干燥排气中均含有较多的 VCM，且成品树脂中 VCM 含量也较高。

（2）精馏尾气中 VCM 的回收：国外一般采用活性炭吸附法和溶剂法回收精馏尾气中的 VCM，经回收后尾气中 VCM 含量可达 $(6 \sim 10) \times 10^{-6}$。我国年产万吨以上的大厂基本上都有回收装置，但各厂情况不尽相同，以三氯乙烯为吸收剂，排放尾气中 VCM 含量为 0.2% ~ 0.3%；以 N－甲基吡咯烷酮为吸收剂，VCM 含量 < 2%，而以活性炭为吸附剂，尾气中 VCM 含量有的厂较低，有的厂则高达 1%。另外，还有相当数量的中小厂尚未治理，有的厂废气中 VCM 含量竟高达 50% ~ 60%。

6.3 合成氨工业气体污染物控制技术

6.3.1 合成氨工业现状

合成氨是最重要的化工产品之一，其产量居各种化工产品的首位。氨本身是重要的氮素肥料，其他氮素肥料也几乎都是先合成氨，然后加工成各种肥料。农业上使用的氮肥，例如尿素、硝酸铵、碳酸氢铵、硫酸铵、氯化铵以及各种含氮复混肥料，都是以氨为原料。氨不仅可用来制造肥料，亦是重要的化工原料，基本化学工业中的硝酸、纯碱、含氮无机盐，有机化学工业中的含氮中间体，制药工业中的磺胺类药物、维生素、氨基酸，化纤和塑料工业中的己内酰胺、己二胺、甲苯二异氰酸酯、人造丝、丙烯腈、酚醛树脂等，也都直接或间接用氨作为原料。氨还应用于国防工业和尖端技术中。制造三硝基甲苯、三硝基苯酚、硝化甘油、硝化纤维等多种炸药都会消耗大量的氨。生产导弹、火箭的推进剂和氧化剂，同样也离不开氨。

6.3.1.1 合成氨工业的发展概况

自从 1913 年在德国奥堡巴登苯胺纯碱公司建成世界上第一个日产 30t 的合成

氨工厂至今已有 100 多年的历史。100 多年来，随着世界人口的增长，合成氨产量也在迅速增长，如图 6-5 所示[3]。

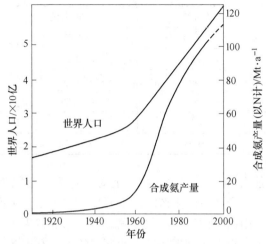

图 6-5　世界合成氨产量在 90 年内的变化情况

从图 6-5 中可以看出，合成氨工业化开始的最初三十年，产量增长缓慢。到第二次世界大战结束后，开始大幅度提高，这是由于 20 世纪 50 年代天然气、石油资源被大量开采，氨的需求急剧增长，尤其是 60 年代后开发了多种活性好的催化剂，反应热的回收与利用更加合理，大型化工程技术等方面的进展，促使合成氨工业高速发展，其产量在化工产品中仅次于硫酸。

6.3.1.2　我国合成氨工业生产发展概况

我国合成氨工业经过不断地发展，产量已跃居世界第一位，并掌握以焦炭、无烟煤、褐煤、焦炉气、天然气及油田伴生气和液态烃等气固液多种原料生产合成氨的技术，形成我国大陆特有的煤、石油、天然气原料并存和大、中、小生产规模并存的合成氨生产格局。

A　生产能力现状

近年来，我国化肥工业稳步发展，产量逐年增加，国内自给率迅速提高，据国家统计局统计，2009 年，我国共有合成氨生产企业 496 家，合成氨产量 5135.5 万吨。2009 年进口液氨 28.1 万吨，出口量很少，表观消费量 5163.6 万吨，国内自给率 99.5%。总体上，我国合成氨工业能满足氮肥工业生产的需求，基本满足了农业生产需要。2013 年我国氮肥和合成氨供需情况见表 6-5[4]。

表 6-5　2013 年我国氮肥和合成氨供需情况

品种	产量/万吨	进口量/万吨	出口量/万吨	表观消费量/万吨	自给率/%
氮肥（折 N）	6274.3	8.2	820.4	5007.6	125
合成氨	7168.4	36.1		7428.5	96.5

2013 年中国不同规模合成氨产量比例见表 6 - 6[3]。

表 6 - 6　2013 年中国不同规模合成氨产量比例

单厂产量/万吨	企业数	总产量/万吨	占全国比例/%
≥50	9	594.93	4.94
≥30	42	1892.51	15.71
≥18	100	3231.10	26.82
≥8	252	4958.09	41.15
<8	402	1371.11	11.38
总计	805	12047.74	100

　　我国合成氨产能分布较广,除北京、上海、青海、西藏等省区没有生产厂外,其他省市均有多家合成氨的生产厂,主要集中在华东、中南、西南及华北地区,以山东、河南、山西、四川、河北、湖北、江苏等省为主。华北、华东和中南地区氮肥消费量大,靠近无烟煤产地山西晋城的省市有很多以无烟煤为原料的中小氮肥企业,产量较大。西南地区天然气丰富,价格低廉,集中了我国多套大型合成氨的生产装置。未来合成氨产能分布的走势将向资源地转移,尤其向煤炭资源地转移。

　　根据《合成氨能量优化节能工程实施方案》规划,这一重点节能工程的目标是:大型合成氨装置采用先进节能工艺、新型催化剂和高效节能设备,提高转化效率,加强余热回收利用;以天然气为原料的合成氨推广一段炉烟气余热回收技术,并改造蒸汽系统;以石油为原料的合成氨加快以洁净煤或天然气替代原料油改造;中小型合成氨采用节能设备和变压吸附回收技术,降低能源消耗。煤造气采用水煤浆或先进粉煤气化技术替代传统的固定床造气技术。到 2017 年,合成氨行业单位能耗由 2014 年的 3600kg(标煤)/t 下降到 2200kg(标煤)/t;能源利用效率由 2014 年的 43.7% 提高到 48.2%;实现节能 (570 ~ 585) ×10⁴t 标煤,减少排放二氧化碳 (1377 ~ 1413) ×10⁴t。

　　最近十年来,合成氨装置先后经过油改煤、煤改油、油改气和无烟煤改粉煤等多次反复的原料路线改造和节能改造。但由于装置原料路线、资源供应、运输、资金与技术成熟度等诸多方面原因,合成氨节能技术改造的效果始终未能达到预期目标。到 2014 年年底,合成氨单位能耗平均为 3600kg(标煤)/t,吨氨平均水平与国际先进水平相差 200 ~ 350kg(标煤)。

　　B　市场供需情况分析及预测

　　化肥是粮食的"粮食",以世界不到 9% 的耕地解决世界 22% 人口的吃饭问题,是国民经济发展的头等大事。在氮肥工业初期,国家给予氮肥工业一系列优惠扶持政策,氮肥工业得以迅速发展。经过 60 多年的发展,氮肥工业的建设投资占化肥工业总投资的 80% 以上；我国合成氨、氮肥、尿素产量和消费量已全部跃居世界首位，改变了长期大量依赖进口的局面，从 1998 年尿素最高进口量的 793 万吨，到 2007 年出口 525 万吨，实现了自给有余的跨越；2008 年，全国尿素年产能已达 5900 万吨（实物），尿素产量已占到全球产量的 1/3。

国内氮肥消费量经过了近二十年的高速增长，目前已进入平稳发展阶段，我国化肥产业"十二五"发展重点已初步确定，其中企业整合和重组将成为重中之重。2005 ~ 2009 年，国内粮食连续 5 年稳产高产，我国化肥利用效率逐步提高。预计未来每年增幅不超过 0.25%，主要任务放在节能降耗和新技术的应用上。

C 原料构成变化

氮和氢是生产合成氨的原料，氮来源于空气，氢来源于水，空气和水的储量巨大。传统的制氨方法是在低温下将空气液化并分离制取氮，而氢气是由电解水制取。由于电解制氢法电能消耗大，成本高，因此，未能在工业中得到应用。传统的另一种方法是在高温下将各种燃料与水蒸气反应制造氢。合成氨生产的初始原料有焦炭、煤、焦炉气、天然气、石脑油、重油（渣油）等，60 多年来世界合成氨原料构成产能的比例见表 6 - 7[3]。

表 6 - 7 世界合成氨原料构成产能的比例 （%）

原　料	2000 年	2008 年	2015 年
天然气	72	66	70
煤　焦	20	28	22
石脑油（燃油）	8	6	8

由表 6 - 7 可知，合成氨原料在 20 世纪末是以气体燃料和液体燃料为主。但近年来以油为原料的企业纷纷转成以煤为原料，因此，固体原料（焦炭、无烟煤）的比重大幅度上涨，在中国占了六成以上，并有继续增长的势头。

（1）以固体燃料为原料生产氨。合成氨刚刚工业化时是以焦炭为原料的，当时为了避免采用昂贵的焦炭，对煤的连续气化进行了大量的研究，并成功开发了流化床粉煤气化工艺。一直到第二次世界大战结束，它们始终是生产合成氨的主要原料，可以说 20 世纪前 30 年是以固体原料合成氨造气的时期。

（2）20 世纪 50 年代，由于北美成功开发了天然气资源，从此天然气作为制氨的原料开始盛行。由于天然气能以管道输送，因此不仅工艺路线简单而且投资少、能耗低。20 世纪 60 年代末，国外主要产氨国家都已先后停止使用焦炭、煤为原料，取而代之的是以天然气、重油等为原料，天然气所占的比重不断上升。一些没有天然气资源的国家，如日本、英国在解决石脑油蒸汽转化过程的析碳问题后，1962 年开发成功以石脑油为原料生产合成氨的方法。石脑油经脱硫、气化后，可采用与天然气为原料的相同生产装置制氨。

表 6 – 8 为各种原料的日产 1043.3t（1150st；st 为短吨）合成氨厂相对投资和能量消耗比较[3]。由表可见，虽然各国资源不同，但采用原料的基本方式相同。只要资源条件具备，作为合成氨的原料首先应考虑天然气和油田气，其次采用石脑油和重油。

表 6 – 8　氨厂采用的各种原料的相对投资和能量消耗

原　料	天然气	重油（渣油）	煤
相对投资费用/万元·t^{-1}	1.0	1.5	2.0
能量消耗/GJ·t^{-1}	28	38	48

D　生产规模

20 世纪 50 年代以前，氨合成塔的最大日产能力为 200t，20 世纪 60 年代初期为 400t。单系列装置（各主要设备和机器只有一台）的生产能力很低。要想扩大合成氨厂规模，就需设置若干平行的系列装置，若能提高单系列装置的生产能力，就可减少平行的系列装置数。这样，既便于操作管理，又有利于提高经济性。

随着蒸汽透平驱动的高压离心式压缩机的研制成功，美国凯洛格（Kellogg）公司运用建设单系列大型炼油厂的经验，首先选用工艺过程的余热副产高压蒸汽作为动力，于 1963 年和 1966 年相继建成日产 544.31t（600st）和 907.19t（1000st）的氨厂，实现了单系列合成氨装置的大型化，这是合成氨工业发展史上第一次突破。大型化的优点是投资费用低，能量利用率高，占地少，劳动生产率高。从 20 世纪 60 年代中期开始，新建氨厂大都采用单系列的大型装置。

但是，大型的单系列合成氨装置要求其运行周期长，对机器和设备质量要求很高，而且在超过一定规模后，优越性并不十分明显。因此，大型氨厂通常是指日产 600t（年产量为 20×10^4t）级，日产 1000t（年产量为 30×10^4t）级和日产 1500t（年产量为 50×10^4t）级的三种。现在世界上规模最大的合成氨装置为日产 2200t 氨，2010 年 KBR 已在澳大利亚的合成氨厂投料生产。

6.3.2　主要生产工艺及污染物

氨的合成技术是在适当的温度、压力和有催化剂存在的条件下，将经过精制的氢氮混合气直接合成氨。然后将所生成的气体氨从未合成为氨的混合气体中冷凝分离出来，得到液氨产品，分离氨后的氢氮气体可循环使用。

6.3.2.1　合成氨生产原料的种类及技术特点

合成氨生产的原料，按物质状态可分为固体原料、气体原料和液体原料三种。固体原料主要有焦炭、煤及其加工品碳化煤球、水煤浆；气体原料有焦炉

气、天然气；液体原料有石脑油、重质油。

A 固体原料合成氨

合成氨的固体原料主要是焦炭、煤。焦炭是由原煤干馏得到的产品，不含挥发分。利用焦炭制取合成氨原料气，主要以空气与水蒸气为气化剂通过间歇交替吹入气化炉中的固定碳层进行气化反应，而获得合成氨生产用的原料气。

煤的品种很多，按其在地下生成时间的长短，大体分为泥煤、褐煤、烟煤、无烟煤等。除烟煤外，其他煤种因含挥发分较多，不适于常压固定碳层间歇气化方法。选择的造气设备（气化炉）多为流化床（沸腾床）和各类气流床。沸腾床或气流床都必须连续作业且都需使用氧气或富氧空气，这是与固定床间歇造气最大的不同点。

煤的连续气化法唯一使用固定层（移动床）的是德国的鲁奇炉，固定层加压连续气化主要使用无烟煤，或其粉煤经加工处理后的碳化煤球。无烟煤的挥发分含量很低，性能较接近焦炭，生产能力却高于焦炭。该工艺一开始就使用加压技术，前后经历了三代自我改造，迄今仍有其生命力。

用煤粉与水配制成可泵送的水煤浆，在外热式的蒸发器内，水煤浆经预热、蒸发和过热三阶段，最终形成蒸汽——粉煤悬浮物。以高浓度水煤浆进料，液体排渣的加压纯氧气流床气化是由美国德士古发展公司开发的，取名德士古煤气化工艺。该气化工艺由于煤种适应范围广，工艺灵活，合成气质量高，生产能力强（引进技术的单台炉日处理煤量达 1800t，相当于日产合成氨 1200t），不污染环境，成为当今具有代表性的第二代煤气化技术。

用煤粉直接气化的方法也称干法进料气流床气化技术，与湿法（水煤浆气化）相比，干法进料气化具有原料适应性广、冷煤气效率高、碳转化率高、单位耗氧量低等特点。

近年来，以粉煤或水煤浆气化制取粗原料气工艺技术得到了进一步发展，不仅应用于合成氨工业，也广泛应用于甲醇合成、联合循环发电等诸多领域。由此，在化工工艺专业之中，又出现了专门研究以煤为原料生产各类产品的新兴学科——煤化学或煤化工工艺学。

B 气体原料合成氨

适合于合成氨生产的气体来源很多，有天然产生的，也有其他工业副产的。气体原料生产氨的技术很多，如以焦炉气为原料的深冷氢分法、部分氧化法；以天然气或石油加工气为原料的无催化热裂解法、部分氧化法等。其中以天然气为原料的蒸汽转化技术被广泛使用。由于该技术的建设费用少、生产成本低，目前在全世界已成为合成氨厂的主流，20 世纪 70 年代就已达总氨产量的 60%，80 年代达 80%。

C 液体原料合成氨

石脑油来自石油馏出的较轻馏分。利用石脑油制取合成氨原料气最先由英国的帝国化学公司（ICI）开发应用，20世纪50~60年代，其被一些没有天然气资源的国家推广。这种原料的使用技术与天然气蒸汽转化本质上没有太大的不同，主要区别之一是在转化反应中需采用耐烯烃的专用催化剂。

由于石脑油价格上扬等因素，以石脑油制取合成氨原料气的合成氨厂正在逐渐改用以天然气为原料的制氨技术。

重质油包括减压渣油、常压重油甚至原油。作为合成氨原料，要根据各地的原油加工深度而定。制取高热值煤气的工艺技术有热裂解法、加氢裂解法和催化裂解法，适合于氨生产用的工艺技术主要是部分氧化法。

6.3.2.2　合成氨生产工艺流程

生产合成氨的基本过程可用方框图6-6表示[3]。工艺流程为：

原料 → 造气工序 → 脱硫工序 → CO变换工序 → 脱碳工序 → 精制工序 → 压缩工序 → 合成工序 → 产品氨

图6-6　生产合成氨基本过程

（1）原料气制备。将煤和天然气等原料制成含氢和氮的粗原料气。对于固体原料煤和焦炭，通常采用气化的方法制取合成气；渣油可采用非催化部分氧化的方法获得合成气；对气态烃类和石脑油，工业中利用二段蒸汽转化法制取合成气。

（2）净化。对粗原料气进行净化处理，除去氢气和氮气以外的杂质，主要包括变换过程、脱硫脱碳过程及气体精制过程。

（3）一氧化碳变换过程。在合成氨的生产中，各种方法制取的原料气都含有CO，其体积分数一般为12%~40%。合成氨需要的两种组分是H_2和N_2，因此需要除去合成气中的CO。由于CO变换是强放热过程，必须分段进行以利于回收反应热，并控制变换段出口残余的CO含量。第一步是高温变换，使大部分CO转变为CO_2和H_2；第二步是低温变换，将CO含量降至0.3%左右。CO变换反应既是原料气制造的继续，又是净化的过程，为后续脱碳过程创造了条件。

（4）脱硫脱碳过程。各种原料制取的粗原料气，都含有一些硫和碳的氧化物，为了防止合成氨生产过程催化剂中毒，必须在氨合成工序前加以脱除，以天然气为原料的蒸汽转化法，第一道工序是脱硫，用以保护转化催化剂，以重油和煤为原料的部分氧化法，根据一氧化碳变换是否采用耐硫的催化剂来确定脱硫的位置。工业脱硫方法种类很多，通常采用物理或化学吸收的方法：低温甲醇洗法、聚乙二醇二甲醚法等。粗原料气经CO变换后，变换气中除H_2外，还有CO_2、CO和CH_4等组分，其中以CO_2含量最多。CO_2既是氨合成催化剂的毒物，又是制造尿素、碳酸氢铵等氮肥的重要原料。因此变换气中CO_2的脱除必须兼顾这两方面的要求。

一般采用溶液吸收法脱除CO_2。根据吸收剂性能的不同，可分为两大类。一类是物理吸收法，如低温甲醇洗法、聚乙二醇二甲醚法、碳酸丙烯酯法。一类是化学吸收法，如热钾碱法、低热耗本菲尔法、活化 MDEA 法、MEA 法等。

（5）气体精制过程。经 CO 变换和 CO_2 脱除后的原料气中尚含有少量残余的 CO 和 CO_2。为了防止对氨合成催化剂的毒害，规定 CO 和 CO_2 总含量不得大于 $10cm^3/m^3$（体积分数）。因此，原料气在进入合成工序前，必须进行原料气的最终净化，即精制过程。

6.3.2.3 生产过程存在的问题分析

设备原因分析：

（1）脱硫塔能力偏小，预脱硫塔（即清洗塔）被迫加稀氨水（约 $8m^3/h$）脱硫，含 NH_3 和含硫污水进入造气循环水系统，造成水循环不平衡，污水过剩外溢，外排的废水 $NH_3 - N$ 超标。

（2）变换工段设备装置能力不足，其中 $\phi2800 \times$ 变换炉系统压差达 0.15MPa，阻力大，导致主机电耗高；再加上中串低工艺不够先进，蒸汽耗费量大。

（3）尿素解析装置处理能力偏低，又无中压高温尿素水解设施，导致解析液中 3.0% ~ 5.0%（质量分数）尿素无法回收，每年不仅损失尿素 2000 多吨，而且造成含 NH_3 废水外排，污染水环境。

（4）造气炉因间歇加煤造气，生产工艺落后、设备泄漏点多、造气率低、原煤单耗高、废气污染大、操作工人劳动强度高、环境差。

6.3.2.4 合成氨生产中的废物

合成氨生产过程中合成气循环使用，甲烷浓度不能过高，因此必须有部分含氨、甲烷等污染物质的尾气排放，以控制甲烷浓度，保证氨合成反应的正常进行。合成氨尾气主要由氢气、氮气、甲烷组成，另外含有氨、微量一氧化碳及惰性气体。尿素系统合成氨尾气各成分平均含量见表 6 – 9[5]。

表 6 – 9　尿素系统合成氨尾气气体成分及平均流量

尾气组成	氢气	氮气	甲烷	氨	其他	合计
$V/\%$	56.24	25.16	15.02	2.55	1.03	100
流量（标态）/$m^3 \cdot h^{-1}$	5624	2516	1502	255	103	10000

污染物产生的原因是：

（1）造气炉底与炉口无组织泄漏：工艺技术落后，间歇操作；因炉口与炉底密封圈高温、人工加煤、开关频繁，易磨损造成漏气；管理不到位，员工操作、维修水平不高。

（2）氨合成塔放空管：为合成氨生产正常排放的工艺废气，G1 产生量受工艺过程控制和操作水平共同影响。G1 含 CH_4、H_2、NH_3 等可燃性成分，送燃烧炉燃烧产生蒸汽。

（3）尿素尾气吸收塔放空管：尿素生产中正常排放的工艺尾气，经软水多级吸收后达标排放。

（4）清洗塔放空气体：复合肥干燥废气，经循环水洗涤处理后达标排放。

（5）燃烧炉排气筒：可燃性吹风气与合成二气经高温燃烧后，烟气高空排放。

（6）燃煤锅炉排气筒：燃用本省淮南市低灰分、低硫煤烟气经水膜除尘器处理后达标高空排放。

6.3.3　主要采取的处理措施

6.3.3.1　作燃料气供用户使用

合成氨尾气中含大量氢气、甲烷等可燃气，可作为燃料气使用。如为生产中一段转化炉燃烧提供转化用的热量，剩余部分返回转化工段。合成氨尾气一般经水洗除氨后再作燃料气使用。

虽然经水洗除氨可消除氨对大气的污染，但尾气中含大量的氢气，氢气是化工生产中重要的原料。合成氨尾气做燃料气是一种很大的浪费。

6.3.3.2　氢回收技术

合成氨尾气经水洗除氨后，利用中空纤维膜回收其中的氢气，是一种氢回收效率较高的技术，回收氢气后的尾气仍可作为燃烧气使用。中空纤维膜氢回收系统可根据回收氢气的用途确定回收氢气的纯度，进而确定回收装置的设计。

回收的氢气可以返回生产系统，是一种先进、成熟、资源利用效率高的技术，符合清洁生产的要求。黑龙江黑化集团有限公司有两套合成氨系统，现已采用此技术回收处理合成氨尾气。其中硝铵系统 6 万吨/年合成氨尾气采用二级分离，回收的氢气供双氧水生产，尿素系统 15 万吨/年合成氨尾气采用一级分离，回收的氢气返回合成氨生产系统。

这两种方式产生的稀氨水都必须回收利用。过去企业的稀氨水利用简单的氨回收装置回收一部分，或出售给用户，剩余部分直排。直排会导致水体严重的氨氮污染，同时也是一种资源浪费。稀氨水的治理一般是直接或回收液氨用于生产。

6.3.3.3　CO_2 回收技术[6]

CO_2 的回收装置由压缩吸附工段、精馏贮存工段以及冷冻液化工段组成。

（1）压缩吸附工段。来自化肥生产装置的二氧化碳在温度 <40℃ 条件下经加压、分水、脱硫后进入干燥器（A/B）。干燥器设计为 2 个体积相同的吸附床，原料气中的水分、油脂等杂质被床内的干燥剂吸附，气体从干燥器底部流出。出干燥器的气体分成 2 股物流：食品级物流进入吸附系统，以吸附去除烯烃、烷

烃、苯等杂质，净化后的气体进入精馏贮存工段的精馏塔中脱除氧气、甲烷、氮气等轻组分；工业级物流经液化后直接进入单级闪蒸系统，再进入产品罐贮存。

（2）精馏贮存系统。食品级二氧化碳气体经干燥、吸附、预冷器降温和液化器液化后直接进入精馏塔中，脱除轻组分后得到的食品级液态二氧化碳产品从精馏塔底引出，再经节流降压至 2.2MPa 后送至食品级产品贮罐中贮存，最后装瓶或装车出厂。

工业级二氧化碳气体经预冷器降温、液化器液化后直接进入闪蒸罐中，脱除轻组分后得到的工业级液体二氧化碳从闪蒸罐底部引出，然后经节流降压至 2.2MPa 直接送工业级产品贮罐中贮存，再装瓶或装车出厂。

不凝气经精馏塔或闪蒸罐顶部排出，节流降压至 0.2MPa 返回预冷器中回收冷量，再经加热升温后作为再生气体进入干燥器或吸附器中。

（3）冷冻液化工段。来自精馏贮存工段的气体进入预冷器，来自精馏塔塔顶的低温气体冷却后进入液化器，被节流降温的液氨冷却后，气体被进一步降温，使绝大部分的二氧化碳被液化，连同轻组分（甲烷、氮气、氧气）一起被送入精馏贮存工段。

使二氧化碳液化的液氨由制冷系统提供，即气氨经螺杆式冷冻机压缩后进入卧式冷却器中，被冷却水冷却为液氨后贮存在贮氨器中。由贮氨器出来的液氨分成 3 路：第 1 路液氨经节流后进入液化器中，使工业级二氧化碳气体液化，自身被气化后重新返回螺杆式冷冻机；第 2 路液氨经节流后进入液化器中，使食品级二氧化碳气体液化，自身被气化后重新返回螺杆式冷冻机；第 3 路液氨经节流后进入精馏塔顶的冷凝器中，使塔顶的二氧化碳气体液化，自身被气化后重新返回螺杆式冷冻机。

6.3.3.4 其他气体回收技术

虽然氩、氖、氙在合成氨尾气中含量很少，但是由于尾气的排放量很大，因此这些惰性气体的回收利用也是有意义的。目前，此类气体的回收利用是通过精馏的方式分离提纯的。

6.4 磷化工工业气体污染物控制技术

6.4.1 磷化工工业现状

磷化工行业是基础原材料工业，产品用途广，需求量大。我国磷化工行业总生产能力超过 1200 万吨，产品品种约 100 个，产量为 800 万吨，已成为全球第一大磷化工生产国。

我国已建立起较为完善的磷化工生产体系，从资源开采到基础原料的生产，从各种大宗磷化工产品的资源开采到基础原料的生产，目前各种大宗磷化工产品已基本满足国内各行业的需求，并有大量产品出口。其中出口量较大的有黄磷、磷酸、三聚磷酸钠、饲料和牙膏级磷酸氢钙、次磷酸钠等，在世界贸易中占有重要地位。目前，我国已能生产60多种磷化工产品，其中生产能力在1万吨/年以上的有10多种，如磷酸二氢钾、五硫化二磷、磷酸氢二钠（DSP）、六偏磷酸钠（SHMP）、磷酸钠（TSP）、三氯化磷、磷酸氢钙（DCP）等。我国黄磷的产能和产量占世界75%以上；磷酸、三聚磷酸钠、饲料磷酸盐、黄磷磷酸盐等产量均居世界第一。磷化工已发展为黄磷精细加工为主的精细化工产业，产品的精细化和专用化更丰富。

目前我国磷酸盐生产主要以热法为主，大宗产品的质量已达到国际水平。现国内共有企业约500家，但规模普遍偏小，只有部分企业达到一定的经济规模，与发达国家相比，仍存在较大差距。

另外，我国磷化工行业产品结构不够合理，低附加值的无机磷化工产品比例过大，高附加值的有机磷产品比例较小，很多企业的产品还停留在大宗的几种传统产品上。目前行业面临较突出问题是：一方面有机磷产品需求增长较快，需进口；另一方面磷化工企业生产技术落后和原料路线及生产规模较小，产品品种单一，缺乏竞争力。磷化工行业属于高能耗的基本化工原料工业，电力供应和电价对磷化工产品的生产成本影响很大。近几年，电力等涨价导致磷化工产品生产成本增加，影响经济效益。

尽管目前存在种种问题，影响着我国磷化工行业发展和竞争力的提高，但是，我国磷化工行业仍然具有自己的优势来面对激烈的市场竞争。

6.4.1.1　我国磷化工行业的特点

（1）资源丰富。我国磷矿资源比较丰富，现已探明资源总量仅次于摩洛哥，位居世界第二位。我国磷矿平均 $w(P_2O_5) = 16.95\%$，$w(P_2O_5) > 30\%$ 的富矿只有10.69亿吨，仅占总储量的8.12%，绝大部分磷矿都是中低品位，分布在湖北、湖南、四川5省，$w(P_2O_5) > 30\%$ 的富矿工业储量所占比例分别为：云南省35.86%，贵州省45.52%，湖北省9.87%，四川省6.82%，湖南省1.91%。湖北富矿储量的96%是宜昌磷矿，磷矿质量不高；云南富矿采出 $w(P_2O_5)$ 能达到30%以上的只有滇池地区磷资源；贵州富矿的97%在开阳磷矿和瓮福磷矿，采出 $w(P_2O_5)$ 约28%。因此，国内采 $w(P_2O_5) > 30\%$ 的真正富矿资源合计地质储量不足3亿吨，而北方和东部地区可供利用的资源储量较少，大部分地区所需磷矿均依赖云、贵、鄂3省供应。受运输条件的制约，磷矿资源一直是影响磷肥、磷化工行业发展的关键因素。

我国的磷矿资源较丰富，由于供应体制等问题，磷化工行业在用矿、电力等方面目前面临很大困难，但随着电力、磷矿资源管理体制改革的深入，我国在资源上的优势将会逐步显现出来。

（2）掌握部分核心技术。经过多年的引进技术、消化吸收和自主开发，我国磷化工行业已在一些被国外发达国家垄断的核心技术上取得了一定的突破。由于已掌握了部分产品的核心生产技术,通过生产装置的国产化,我国磷化工产品的生产成本降低,大大增加了我国磷化工行业的竞争能力。因此,在国内形成系列化产品生产基地在技术上是有保证的。

(3) 市场前景好,将是磷化工主要出口国。我国磷化工行业经过多年的发展,已经形成了一定的规模和水平,部分骨干企业已逐渐形成了自己的经营特色与品牌,建立了自己固定的销售渠道和长期客户群,形成了一定的竞争优势。有相当多的大型磷化工企业,尤其是云、贵、川、江、浙的磷化工发展速度较快,已占领了大部分的国内磷化工市场,并向国外大量出口产品。近年来,由于磷矿资源的日益紧张,以及生产磷化工产品所造成的环境污染严重,使磷化工产品的生产成本逐年提高,环保压力越来越大,对行业发展造成不利影响。世界主要磷酸盐生产国受产业结构调整、原材料、能源、环保法规等因素影响,生产萎缩,产量下降,大宗的基础磷化工产品的生产有从发达国家向发展中国家转移的趋势,而国外磷化工则逐步转向新产品、新技术的开发和研究。这些为我国磷化工产品大量出口提供了难得的机遇。近年来,磷酸和三聚磷酸钠等产品的出口量已居世界首位。我国已成为主要的磷酸盐产品出口国。

6.4.1.2　我国磷化工行业存在的问题

我国磷化工产业在竞争中的不利条件主要在原料及能源供应上,其中包括磷矿、电力的供应体制问题,造成产品竞争的完全市场化与原料、能源供应垄断化的矛盾。另外,国内磷化工企业过多,市场需求大,科研投入和开发的力度较小等也是我国产业的劣势所在。产业政策的调整,也对行业发展产生制约[7]。

(1) 资源开发利用面临诸多问题。我国磷矿具有分布相对集中、外运困难、贫矿多、富矿少、采选难度大的特点。近年来我国磷肥、磷化工行业的快速发展也使磷矿的供应形势日趋紧张,磷矿价格持续上涨。我国磷矿资源的开发利用也面临诸多问题。一些地区资源的开发利用也面临诸多问题。一些地区资源的开发利用不能从技术上获得磷精矿,在利益驱动下,助长了"采富弃贫",造成磷矿资源的巨大浪费。磷矿资源保护不力,可持续发展面临重大挑战,过量开采未得到控制;粗放经营,优质矿没有得到优用。磷化得到控制;磷化用的效率不高,粗放经营的采掘业、小型分散的磷加工业所占比重较大,影响了磷化工产业的规模化发展和资源优势的发挥。

(2) 资源利用率低。目前国内的磷矿石也多用于生产磷肥,还有部分原矿出口,用于生产精细磷化工产品的很少,产品附加值很低,资源优势未能很好地转化为经济优势。磷矿通过深加工生产精细化工产品,其经济价值要增加 10 倍以上。目前磷矿深加工比例较低的问题非常突出,资源利用率低,已严重影响了磷资源利用的整体效益。

（3）资源、市场呈逆向分布，增加物流成本。我国探明的资源储量主要分布在云南、贵州、湖北、湖南、四川 5 省，大部分地处西南，而我国磷化工的市场却分布在中东部经济发达地区，部分产品有相当数量的出口，而西南地区生产企业大多距港口较远，物流成本较高，影响其竞争能力。

（4）面临政府限制。

1）能源、环保政策限制。近来我国相继出台了一系列促进高耗能企业节能降耗的宏观政策。为遏制高耗能行业盲目膨胀，国家发展改革委发布了对电解铝、铁合金、电石、烧碱、水泥、钢铁、黄磷、锌冶炼等 8 个高耗能行业实行差别电价的政策，明确对这些行业中淘汰类和限制类企业用电实行加价的时间和标准，禁止对高耗能企业实行优惠电价。

为了推动黄磷行业的清洁生产，提高资源利用率，降低能源消耗，减少污染物排放，国家环保总局要求黄磷行业编制《黄磷工业污染物排放标准》，该标准已经发布。该标准将严格限制黄磷生产企业的“三废”排放，将淘汰一批不达标企业。

国家发改委出台《黄磷行业清洁生产评价指标体系》《黄磷单位产品能源消耗限额》《黄磷行业产业政策》等一系列政策法规来规范管理黄磷行业的生产和发展。这些政策的出台，无疑将增加黄磷的生产成本，相应地提高了行业的准入门槛。

黄磷行业虽然一直将节能降耗工作摆在行业发展的重要地位，但行业仍有较大的节能潜力。从目前情况看，一些小型的黄磷企业要达到相关标准难度很大，有部分落后企业面临淘汰的危险。因此，新标准的出台将会促使黄磷企业采用更多先进的节能技术，使行业的节能降耗迈上新台阶。

2）外贸政策限制。为了抑制资源型、污染型产品的生产和出口，2007 年 6 月 19 日财政部、国家税务总局发出关于调低部分商品出口退税率的通知，磷化工行业有多个产品列入其中，不再享受出口退税的政策。这些使出口型的无机盐企业遭受重创，相关磷化工企业收入锐减近亿元，大部分产品出口量呈下降趋势。后来又出台了征收特别关税的有关政策，使黄磷、磷酸生产企业的效益雪上加霜，一些企业的生产经营达到难以为继的地步。

随着环境保护要求的日趋严格，国外利用环保法规建立的贸易壁垒将对我国出口产生影响。REACH 法规的实施对我国磷化工行业的发展有一定积极意义。它从保护人体健康和环境安全出发，对化学品的研发、生产、销售、使用、废物处理等各个环节，都做了严格的规定，迫使化学品的生产企业加快产业结构和产品结构的调整，采用国际标准，提高产品质量，改进生产工艺，加快与国际先进水平接轨的进程。同时，REACH 法规的实施也给我国磷化工带来一定的负面影响。按照国家相关产业政策的要求，磷化工行业应针对存在的问题，积极提出发展的对策。

（5）产业层次不高。我国的磷化工企业生产模式比较简单，大多数企业基本上是黄磷－热法磷酸－三聚磷酸钠和/或六偏磷酸钠等，主要以大宗磷酸盐产品为主。生产六偏磷酸钠等，主要以大宗磷酸盐产品为主。生产化工产品较少，尤其是专用品更少。而国外产品品种多，例如黄磷，除了工业品黄磷外，还有低砷黄磷，半导体用的超纯黄磷；磷酸除了工业品外，有食品级、试剂级及高纯磷酸。在磷化工品种中，磷酸酯、膦酸酯、亚磷酸酯等有机磷化工品种少，而磷（膦）酸酯作为增塑剂、阻燃剂、油品添加剂、水处理剂、表面活性剂等具有广泛的应用。

6.4.2 主要生产工艺及污染物

6.4.2.1 湿法磷酸生产[8]

广义来说，凡是由酸性较强的无机酸或酸式盐分解磷矿而生成的磷酸，都可称为湿法磷酸。常用的无机酸和酸式盐有硫酸、硝酸、盐酸、氟硅酸、硫酸氢铵等。它们分解磷矿时发生的主要化学反应可以表示为：

$$Ca_5(PO_4)_3F + 5H_2SO_4 + nH_2O \longrightarrow 3H_3PO_4 + 5CaSO_4 \cdot nH_2O + HF$$

$$Ca_5(PO_4)_3F + 10HNO_3 \longrightarrow 3H_3PO_4 + 5Ca(NO_3)_2 + HF$$

$$Ca_5(PO_4)_3F + 10HCl \longrightarrow 3H_3PO_4 + 5CaCl_2 + HF$$

$$Ca_5(PO_4)_3F + 5H_2SiF_6 \longrightarrow 3H_3PO_4 + 5CaSiF_6 + HF$$

$$Ca_5(PO_4)_3F + 10NH_4HSO_4 + nH_2O \longrightarrow 3H_3PO_4 + 5CaSO_4 \cdot nH_2O + 5(NH_4)_2SO_4 + HF$$

上述反应的共同副产都是氟化氢和钙盐，各种酸根形成的钙盐是分解体系中的主要杂质，生产湿法磷酸必须将它们分离出去。由于各种钙盐的性质不同，分离方法不同，于是产生了不同的湿法磷酸生产工艺。

用硝酸分解磷矿粉后，所得料液中含有硝酸钙。将此料液冷却，硝酸钙即以 $Ca(NO_3)_2 \cdot 4H_2O$ 结晶析出，过滤分离后得磷酸溶液。此工艺称作冷冻法。

上述料液中加入硫酸，可使硝酸钙转化为难溶的硫酸钙沉淀物，从而分离得到湿法磷酸，称为混酸法。同理使用可溶性硫酸盐也可达到转化目的，这时称为硫酸盐法。

采用溶剂萃取的方法，也能使磷酸与硝酸钙分离，这样得到的磷酸比较纯净。

用盐酸分解磷矿粉所得的料液中含有氯化钙，采用溶剂萃取，可使之与磷酸分离。但是萃余液中所含的氯化钙难以处理。以色列矿业公司用正丁醇或异戊醇为溶剂，以此工艺为基础建成了生产磷酸的装置。含氯化钙的萃余液被倾入海中。

用氟硅酸分解磷矿粉，生成物是磷酸和氟硅酸钙。磷酸浓度约 20% ~ 30%

时，多数氟硅酸钙可沉淀析出。但还有相当数量留在溶液中，需借助诸如溶剂萃取等方法进行分离。

以硫酸为原料的工艺路线是湿法磷酸生产中最基本的方法。硫酸分解磷矿粉所得产物为磷酸和硫酸钙，其中硫酸钙以晶体形式存在于酸解料浆中，它的溶解度很小，只需真空过滤即可将磷酸从酸解料浆中分离出来，方法简单，便于安排大规模的工业化生产。本节着重论述以硫酸为原料分解磷矿粉生产湿法磷酸的工艺方法。

6.4.2.2 元素磷和热法磷酸

电炉法生产磷，是用硅石作助熔剂，用焦炭作还原剂而得以实现的。

热法是将黄磷在过量空气中燃烧，再水合制成。若经进一步处理，可得到食品级磷酸。在氧化磷制磷酸的生产过程中，聚合 P_4O_{10} 或气态 P_2O_5 是中间反应氧化物，它能强烈吸收空气中的水分，特别在高温燃烧条件下，可生成偏磷酸。随着磷酸酐的水合，整个反应向生成磷酸方向进行。

磷的低级氧化物在磷酸中水合后，则生成次磷酸和亚磷酸等。可用硝酸、双氧水等氧化剂，将次或亚磷酸氧化为磷酸。

在磷化工中主要生成的气态污染物包括有机硫、HCN 等有毒有害气体，同时其中也含有一些可再利用的原料（例如 CO、CH_4 等）。

6.4.3 采取的主要处理措施

采取的主要处理措施有：

（1）CO。黄磷生产中的尾气含有大量的 CO，通常生产 1t 黄磷要副产 3.34tCO，且尾气中 CO 浓度高达 90% 以上。全国黄磷设计能力为 80 万吨（预测到 2015 年仅云、贵、川、鄂四省黄磷总生产能力可达 134 万 ~ 152 万吨/年），按开工率 70% 计，实际产量 94 万吨/年，每年副产的 CO 达 310 多万吨。CO 是重要的燃料，可用于烘干矿石、硅石或做热源用于三聚磷酸钠和六偏磷酸钠的热缩聚反应；它也是重要的化工合成气原料，可以合成甲酸、甲醇、草酸、丙酸、光气、碳酸二甲酯等。最主要的用途是净化后作为"碳一化工"的原材料。

（2）有机硫。目前脱除有机硫的方法可分为湿法和干法两种。湿法主要包括有机胺类溶剂吸收法和液态催化水解转化法。湿法投资及操作费用高、动力消耗大、操作复杂，而且远远达不到精脱硫的要求。干法主要有加氢转化法、氧化法、吸附法和水解法等。加氢转化法存在一定的副反应。氧化法虽然脱硫效率高，但是投资费用较高，且氧化法会将黄磷尾气中的 CO 氧化。吸附法主要用于高精度 H_2S 的脱除，其反应温度较高，且会有副反应发生。作为目前脱除有机硫的主要方法之一，水解法的能耗明显下降，黄磷尾气本身就含有一定量的水蒸气

（1%～5%左右），采用水解法脱除其中的 COS 和 CS_2 无需引入其他气体，可充分利用资源。

6.5 其他无机化工工业气体污染物控制技术

6.5.1 硫酸工业

硫酸是一种十分重要的基本化工原料，是产量最大的化工产品之一，工业生产已有 270 多年的历史，曾被誉为"工业之母"。它不仅是化学工业许多产品的原料，而且还广泛应用于其他各个工业部门。在化肥生产中，某些磷肥、氮肥和多元复合肥料，都需用大量的硫酸。硫酸用于生产多种无机盐、无机酸、有机酸、化学纤维、塑料、农药、医药、颜料、染料及中间体等，它还是重要的化学试剂。在石油炼制、冶金、国防、能源、材料科学和空间科学中，硫酸用作洗涤剂，还可用于制造炸药、提取铀、生产钛合金的原料二氧化钛、合成高能燃料等。

硫酸工业是中国化学工业中建立较早的一个部门。1874 年天津机器制造局三分厂建成中国最早的铅室法装置，1876 年投产，日产硫酸约 2t。1934 年，第一个接触法装置在河南巩县兵工厂分厂投产。1949 年以前，中国硫酸最高年产量为 18 万吨（1942 年），硫酸厂 20 余家。

20 世纪 50～70 年代，在恢复、扩建和改造的基础上，新建了不少中小型装置，硫酸产量有较大增加。1979 年硫酸产量达 699.8 万吨，仅次于美国及苏联，居世界第三位。

20 世纪 80 年代前，中国硫酸工业的装置数量多但规模小，工艺陈旧，三废排放严重，采用工艺基本上都是水洗净化，一次转化，设备效率低，开工率低，能耗大，随着改革开放政策的实施，80 年代后，引进一批大型生产装置，使硫酸产量进一步增加。2003 年，我国硫酸产量达 3371.2 万吨，其中硫铁矿制酸一改过去的下降趋势，产量达到 1303.4 万吨，比上年增长 8.1%，占总产量的 38.7%；硫黄制酸产量为 1260.9 万吨，占总产量的 37.4%；冶炼烟气制酸产量为 752.1 万吨，占总产量的 22.3%；磷石膏及其他制酸产量为 54.7 万吨，超过美国（3050 万～3100 万吨）居世界首位。

目前我国硫酸生产能力已超过 9000 万吨，形成了三大原料制酸三分天下的格局，其中，具有国际先进水平的大型装置能力占总能力的 50% 以上，全国有 40 多家企业产量超过 20 万吨；广泛采用新结构、新材质的高效设备替代老式设备，很多进口设备，如酸泵、酸冷器、转化器、大型沸腾炉，电除雾器等已基本国产化；使用环状催化剂，积极引进和开发高活性低温催化剂。

但我国硫酸工业集中度偏低，全国有 520 余家生产企业，平均规模仅 13 万吨/年；其中矿质酸企业 270 余家，年产量 20 万吨以上的仅有 13 家，规模小于

10万吨的企业有220家，占企业总数的42%；自主创新能力不强，新产品培育步伐缓慢，资源环境制约力增大，行业资源对外依存度高，大部分企业三废污染严重，能耗大，水洗净化多，给环境造成了很大的污染。

硫酸行业属于高污染行业，在其生产工艺过程中会产生 SO_2、硫酸雾、颗粒物等大气污染物，是我国 SO_2 污染控制和减排的重点。

硫酸生产按原料可分为硫黄制酸、硫铁矿制酸（包括磷石膏制酸和硫化氢制酸）、冶炼烟气制酸。按基本生产工艺可分为一转一吸工艺和二转二吸工艺。通常，采用一转一吸工艺制酸排放尾气中 SO_2 浓度为 $2000 \sim 5000 mg/m^3$，采用两转两吸工艺排放尾气中 SO_2 的浓度为 $800 \sim 1500 mg/m^3$。在冶炼烟气制酸工艺中，在非正常烟气条件下，尾气中 SO_2 浓度可达 $10000 \sim 16000 mg/m^3$。

国家对硫酸工业 SO_2 污染十分重视，已经将其列为减排的重点行业。新的《硫酸工业污染物排放标准》（GB 26132—2010）已经于2011年3月1日开始实施，新标准规定：新建企业排放限值为 $400 mg/m^3$，特别排放限值为 $200 mg/m^3$；现有企业排放限值为 $860 mg/m^3$，自2013年10月1日起，所有企业均执行新建企业排放标准。新标准的实施对硫酸尾气处理提出了更高的要求。

硫酸工业尾气处理方法如下所述。

6.5.1.1　湿式氨法处理硫酸尾气

氨酸法是目前最常用也是最成熟的硫酸尾气脱硫工艺，得到的产品一般是液体的 SO_2 和硫酸铵母液，目前常用的是生产硫铵肥料，工艺流程见图 6-6[9]。氨-酸法是以一定浓度的氨水为吸收剂，洗涤烟气中的 SO_2，生成亚硫酸铵和亚硫酸氢铵溶液；加入浓硫酸后可生成 SO_2 气体和硫酸铵溶液。其中高浓度的 SO_2 气体通过干燥、压缩、中和得到液体 SO_2，也可直接回流到硫酸生产系统中；酸解液（含有过量硫酸的硫酸铵溶液）用氨水进行中和，经蒸发、结晶分离出硫酸铵固体（见图6-7）。

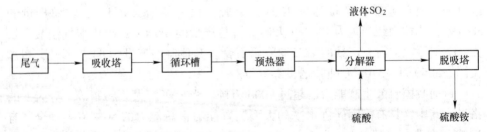

图6-7　氨酸法处理硫酸尾气工艺流程图

氨-酸法存在的主要缺点是工艺流程复杂、投资高、酸解设备腐蚀严重、维修量大，在生产中有一定的危险性。

近年来在此基础上，云南亚太环保公司开发了氨肥法脱硫工艺，它将氨脱硫生成的亚硫酸氢铵和亚硫酸铵直接氧化为硫酸铵，不再用硫酸分解亚盐，不解吸出 SO_2，工艺流程简单，降低了投资。

针对硫酸厂深度脱硫的需要，北京化工大学、巨化集团公司等单位合作开发了二氧化硫超重力法深度脱除技术，利用空塔和超重力机代替原有的氨法脱硫复喷复挡设备，以氨或碳铵溶液作吸收剂，利用超重力反应器脱除硫酸生产装置尾气中的 SO_2，吸收后得到的亚硫酸铵产品可作化肥，SO_2 排放浓度可在 $200mg/m^3$ 左右。

6.5.1.2　活性焦法处理硫酸尾气

活性焦脱硫工艺主要采用的是吸附技术，是活性炭法脱硫技术的一种，主要包括：吸附脱硫、活性焦再生、副产品合成等几个部分。其工艺流程图如图 6-8 所示[9]。其原理为：利用活性焦的吸附和催化特性使硫酸尾气中的 SO_2 与水蒸气、O_2 反应生成 H_2SO_4，并将其吸附在活性焦表面。吸附后的活性焦在解析塔中加热再生，从而释放出高浓度的 SO_2。高浓度的 SO_2 可用于生产硫酸或硫单质等化学产品，再生后的活性焦可循环使用。

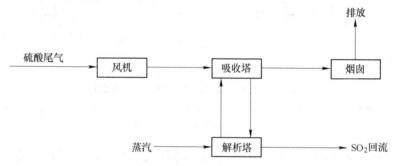

图 6-8　活性焦脱硫工艺流程图

活性焦法脱硫工艺作为一种资源化的脱硫技术，其脱硫效率高，适用范围广，较适用于西南、西北缺水地区，尤其是高硫煤储量大的地区具有良好的应用前景。但活性焦脱硫技术的主要缺点是工艺复杂，投资较高、存在活性焦的损耗等问题。

江西铜业集团贵溪冶炼厂铜冶炼烟气制酸脱硫装置采用活性焦脱硫工艺，采用主体装置吸附脱硫塔和解吸再生塔一体化布置。在运行期间，冶炼烟气流量和 SO_2 浓度波动很大的情况下，装置性能稳定，脱硫后尾气中 SO_2 浓度维持在 $300mg/m^3$ 以下。

6.5.1.3　离子液循环吸收法处理硫酸尾气

离子液循环吸收法脱硫技术采用的吸收剂是以有机阴离子、无机阴离子为主，添加少量活化剂、抗氧化剂和缓蚀剂组成的水溶液。该吸收剂对 SO_2 气体有很好的吸收和解析能力，其主要成分的离子液由阳离子和阴离子组成、在室温和接近室温下呈液体状态的物质，能在低温下吸收 SO_2，高温下将吸收剂中的 SO_2 再生出来，从而达到脱除和回收尾气中 SO_2 的目的，其工艺流程如图 6-9 所示[9]。

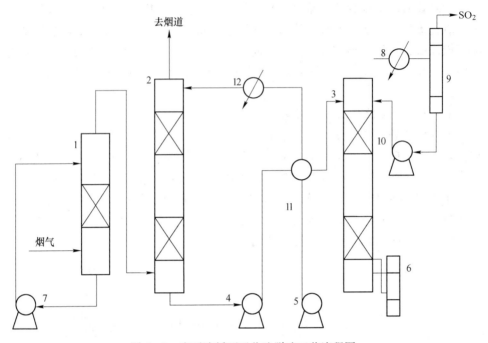

图 6-9　离子液循环吸收法脱硫工艺流程图

1—水洗塔；2—吸收塔；3—再生塔；4—富液泵；5—贫液泵；6—再沸器；7—洗涤水泵；
8—冷凝器；9—气液分离器；10—回流泵；11—富贫液换热器；12—贫液冷却器

离子液循环吸收法具有脱硫效率高、适用范围广、流程简洁、环保、效益高、投资低等优点，但主要的缺点是吸收液具有腐蚀性，操作过程中存在一定的危险。

巴彦淖尔紫金有色金属有限公司采用离子特性，低温吸收尾气的 SO_2，高温再将 SO_2 解吸出来，得到 99% 以上纯度的 SO_2 气体，脱硫效率的设计值在 95%。制酸尾气通过"离子液"吸收系统净化回收，尾气中 SO_2 排放浓度由原来的小于 960mg/m^3 降到 100mg/m^3 以下，在大大减少 SO_2 排放量的同时，每年可增产硫酸 700 多吨，运行效果良好。

6.5.1.4　新型炭催化法脱硫技术

新型炭催化法脱硫技术是在传统的炭法脱硫技术及磷氨肥法的基础上发展而成的，其技术核心是脱硫剂。其工艺原理是：以炭材料为载体，负载活性催化成分，制备成催化剂，利用烟气中的水分、氧气、SO_2 和热量，生成一定浓度的硫酸。工艺流程如图 6-10 所示[9]。新型催化法技术既具有活性炭的吸附功能，又具有催化剂的催化功能。烟气中的 SO_2、H_2O、O_2 被吸附在催化剂的孔隙中，在活性组分的催化作用下变为具有活性的分子,同时反应生成 H_2SO_4。催化反应生成的硫酸富集在炭基孔隙内,当催化剂失活后对其进行再生处理,释放出催化剂的活性位,催化剂的脱硫能力得到恢复。

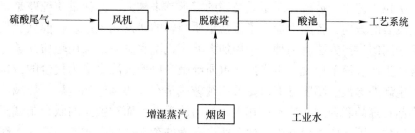

图 6 - 10 新型碳催化法脱硫工艺流程图

新型炭催化法技术特点为脱硫效率高、环保、效益好、适用范围广、工艺流程短、设备少,投资费用低。

大冶有色金属股份有限公司,采用新型催化法脱硫,脱除冶炼烟气制酸排放尾气中的 SO_2,并生成 $w(H_2SO_4)$ 为 30% 的稀硫酸,用于硫酸装置配酸。该公司通过试验后,建设了处理 340000m^3/h 硫酸尾气脱硫的装置,运行后小型试验装置经脱硫后排放烟气的 SO_2 浓度小于 20mg/m^3。

6.5.1.5 过氧化氢脱硫法[10]

氧化氢法脱除硫酸工业尾气中二氧化硫的基本原理是:将过氧化氢溶液加入到吸收塔中,使其与含 SO_2 的尾气接触,利用过氧化氢强氧化性将 SO_2 氧化为硫酸。

过氧化氢法脱硫工艺的基本原理虽然简单,但是在实际应用中,要充分满足4 个基本条件:(1)要具备高吸收效率;(2)要回收全部副产物稀硫酸;(3)不能产生新的"三废"产物;(4)经济上是可行的。

6.5.2 纯碱工业

纯碱即碳酸钠(Na_2CO_3)是重要的基础化工原料,在国民经济中占有十分重要的地位,被誉为"化工之母",其生产量和消费量是衡量一个国家工业生产水平的重要指标之一。在我国,由于制造的纯碱产品纯度极高,早在我国建立第一个制碱企业——永利碱厂时即以"纯碱"命名而沿用至今。

纯碱主要应用于玻璃制造业、化学工业、冶金工业,以及造纸、肥皂、纺织、印染、食品等轻工业,用量极大,其中玻璃制造业是纯碱的最大用户,约占纯碱总消费量的 50%。

纯碱产品主要有两种,即轻质纯碱和重质纯碱,其区别主要在于物理性质的不同,如松密度、粒子大小、形状及安息度等。一般轻质纯碱堆积密度为 500 ～

$550kg/m^3$，重质纯碱堆积密度为 $1000 \sim 1200kg/m^3$。轻质纯碱与重质纯碱在成分上并无本质区别，但由于重质纯碱具有颗粒大、不易飞扬等优点，浮法玻璃、汽车挡风玻璃、显像管等高档玻璃要求必须采用重质纯碱。近几年来，随着国家逐步淘汰平拉工艺生产玻璃，对重质纯碱的需求越来越大，低盐重质纯碱是未来纯碱重点发展的方向，各国也加大了低盐重质纯碱的研发和生产。目前低盐重质纯碱广泛采用的生产方法有两种：采用加大滤碱机洗水量或是采用轻质纯碱与水水合的方法生产。简单地说，生产低盐重质纯碱是以增大洗水量为代价的，这无疑又会产生新的母液。膨胀母液对氨碱法纯碱或是有外协生产如盐厂、烧碱盐水精制、小苏打等的联合制碱法不存在太大的出路问题，而对独立的联合制碱法企业却难以消化，因此应尽量减少其他含氨、含碱的杂水产生，才能为增大滤碱机洗水量、降低产品盐分创造条件。

纯碱工业尾气的处理可采用净化与回收的方式。富源公司碳化尾气净化采用滤碱机过滤净氨洗水，无淡液蒸馏，虽然有综合回收塔，但作业从未正常。母液平衡一直是困扰小联碱的一大难题，尾气净化洗水排放严重，消耗高、污染严重。某纯碱尾气流程见图 6-11[11]。

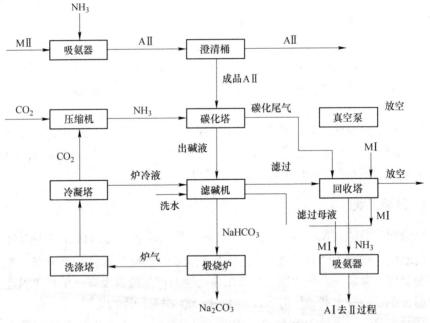

图 6-11　纯碱尾气与净化回收原则流程

6.5.3　化肥工业

化肥工业对农业发展的重要性不言而喻。施用化肥，对于提高农作物产量和质量，其效果非常显著，国内外公认化肥对农业增产的贡献约占40%，故使用化肥已经成为发展农业的最重要措施之一。我国是一个拥有13亿人口的大国，占世界总人口约1/5，但耕地面积却只占世界耕地面积的7%。加上耕地逐年减少，人口逐年增加。在这种情况下，为了保证粮食的供给，提高粮食单产是最有效的措施之一。因此，化肥工业对于我国显得尤为重要。

中国氮肥工业的发展是从建设中型氮肥厂开始的。中型氮肥厂不仅为农业生产提供了大量化肥，而且为化工系统培养并输送了大批人才，提供了许多科技成果，积累了较丰富的生产管理经验。治理现状[2]：

（1）锅炉烟气：采用较多的是麻石水膜除尘，除尘效率在90%以上。

（2）尿素造粒塔粉尘：通过引进新一代造粒喷头及粉尘回收技术。

（3）"三气"：采用常压回收、高压水洗、两段吸收等方法回收"三气"中的氨；采用普里森、变压吸附和深冷技术，回收"三气"脱氨后的H_2。

（4）硝酸尾气："双加压"技术、改进碱吸收法、氨选择性催化还原法。

6.5.4 无机盐工业

无机化工产品中还有应用面广、加工方法多样、生产规模较小、品种为数众多的无机盐，即由金属离子或铵离子与酸根阴离子组成的物质，例如硫酸铝、硝酸锌、碳酸钙、硅酸钠、高氯酸钾、重铬酸钾、钼酸铵等，约有1300多种。

我国无机盐生产的特点是厂点多、布局分散、生产规模小、生产技术落后、间歇操作多、设备密闭性差。"三废"排放量大，由于治理工作没有跟上，环境污染严重。

无机盐工业排放的废气主要有：钡盐和二硫化碳生产中的硫化氢废气、氯酸盐及高氯酸盐生产中的含溴废气、二氧化氯和铬酸酐生产中的含氯废气、硝酸盐生产中的含氮氧化物废气、硫酸盐生产中排放的烟雾，以及过氧化氢、黄磷、多晶硅等生产过程排放的废气。主要的治理方法为：

（1）铬酸酐废气处理技术。铬酸酐废气的治理主要采用水喷淋－碱吸收法。此方法的过程和原理是：首先铬酸酐废气经水喷淋降温，并去除氯化铬酰和六价铬后，再进入碱吸收塔，所有氯离子均形成盐类溶于水中，净化后的废气达标排放，废液进污水厂处理。

（2）过氧化氢废气处理技术。过氧化氢废气的治理均采用冷凝－吸收技术。过氧化氢废气进入冷凝器和一、二级鼓泡吸收器，产生的冷凝液进入烃水分离器，回收的烃返回生产系统，水则排入污水处理，净化后的气体可达标排放。

（3）硫化氢废气处理技术。湿法接触制硫酸：硫化氢废气经完全燃烧，生成二氧化硫，以矾触媒为催化剂再转化成三氧化硫，用水吸收成硫酸。

克劳斯法回收硫黄：含有硫化氢的废气在燃烧炉内与氧发生反应生成SO_2，

再经过两冷两转两捕或三冷三转三捕制得硫黄。以 HE－861 为催化剂，在 150℃条件下，将未转化的 H_2S 再次燃烧生成 SO_2，并与前段反应中未冷凝的 SO_2 一道，用于生产硫代硫酸钠。

参考文献

[1] 李相彪. 氯碱生产技术［M］. 北京：化学工业出版社，2011.

[2] 国家环境保护局. 化学工业废气治理——废气篇［M］. 北京：中国环境科学出版社，1998.

[3] 林玉波. 合成氨生产工艺［M］. 北京：化学工业出版社，2011.

[4] 韩红梅. 我国合成氨工业进展评述［J］. 化学工业，2010，28（9）：1～5.

[5] 胡昌顺，刘丽涵. 合成氨尾气污染治理与回收利用［J］. 黑龙江环境通报，2008，32：52～53.

[6] 王洪玲，晁承龙，陈允梅. 合成氨尾气中二氧化碳回收利用技术总结［J］. 化肥工业，2011，38：33～35.

[7] 叶丽君. 我国磷化工现状及发展趋势分析［J］. 磷肥与复合肥，2010，25：6～9.

[8] 徐刚. 最新磷化工工艺技术手册［M］. 北京：中国知识出版社，2005.

[9] 程婷，刘洁岭，蒋文举. 我国硫酸工业尾气脱硫技术现状分析［J］. 四川化工，2013，16：45～48.

[10] 曹辉，陈思涛，徐德和，等. 过氧化氢脱硫法在硫酸工业尾气处理中的应用［J］. 硫磷设计与粉体工程，2013（2）：41～45.

7 基础有机化工行业大气污染控制

7.1 基础有机化工概述

7.1.1 基础有机化工的定义

基础有机化工是基础有机化学工业的简称，也称基础有机合成工业，是以石油、天然气、煤等为基础原料，主要生产各种有机原料的工业。它是发展各种有机化学品生产的基础，是现代工业结构中的主要组成部分。基础化工生产的有机原料也是电子、信息、农药、涂料、染料、医药等行业的原料和中间体。常见基础原料包括氢气、一氧化碳、甲烷、乙烯、乙炔、丙烯、碳四以上脂肪烃、苯、甲苯、二甲苯、乙苯等。有机原料的生产路线早期依赖于农副产品的深加工以及煤焦油加工，随着石油行业的快速发展，石油化工路线逐渐取代了农副产品和煤焦油生产路线，在有机原料生产中占优势地位。但是，由于石油价格的持续走高，农副产品深加工和煤焦油加工路线重新呈现上升趋势。基础有机原料根据用途不同又可以进一步加工，合成不同行业的化工原料。从原油、石油馏分或低碳烷烃的裂解气、炼厂气以及煤气，经过分离处理，可以制成用于不同目的的脂肪烃原料；从催化重整的重整汽油、烃类裂解的裂解汽油以及煤干馏的煤焦油中，可以分离出芳烃原料；适当的石油馏分也可直接用作某些产品的原料；由湿性天然气可以分离出甲烷以外的其他低碳烷烃；从煤气化和天然气、炼厂气、石油馏分或原油的蒸气转化或部分氧化可以制成合成气；通过碳化钙、天然气或石脑油裂解可以产生乙炔。

7.1.2 我国主要基础有机化工行业

根据有机原料生产路线不同，基础有机化工又分为农副产品深加工业，煤化工业以及石油化工业三大类。目前，国内仍以石油化工为主。由于有机化工产品的种类繁多，无论采用哪种生产路线，都会生产一系列的化工产品。故有机化工行业又可以根据物质的化学组成进行分类，即按照物质含有两种以上元素或两种以上基团进行归纳，可划分为以下几类：（1）合成气系产品；（2）甲烷系产品；（3）乙烯系产品；（4）丙烯系产品；（5）C_4 以上脂肪烃系产品；（6）乙炔系产品；（7）芳香烃系产品等。由于生产基础化工原料的煤、石油等组成十分复杂，在实际生产过程中势必会产生大量污染物。污染物的主要来源主要有化学反应不完全产生的废料；副反应产生的废料；燃烧过程中产生的废气以及设备管道的泄漏。而产生的大气污染物体现为易燃易爆气体多，排放物大多具有较强的刺激性和腐蚀性，浮游粒子种类繁多且危害大。除了产生大量气体污染物，也会有大量高毒有害的废水和废渣的产生，若处理处置不当，将会对周边环境造成严重威胁。

7.1.3 基础有机化工行业产生的主要污染物及其危害

基础有机化工主要污染物包括二氧化硫、氮氧化物、烃类、乙烯、一氧化碳、恶臭气体（硫化氢和磷化氢等）、丙烯腈及颗粒状物质等。

7.1.3.1 颗粒污染物

A 颗粒污染物的来源

颗粒污染物又称气溶胶态污染物，而在大气污染中，气溶胶态污染物是指沉降速度可以忽略的小固体粒子、液态粒子及它们在气体介质中的悬浮体系。颗粒污染物按照其来源不同可分为天然源和人为源两大类。天然源是指由于地面扬灰（自然作用或大风扬起灰尘），以及火山爆发山地震灰和森林火灾灰等。而人为源主要是由生产、建筑、运输及燃烧过程所产生的。例如，各个工业生产过程中排放的固体微粒，通常称为粉尘；燃烧过程产生的固体颗粒物，通常称为固体颗粒物，如煤烟、飞灰等；汽车尾气排放的卤化铅凝聚而形成的颗粒物以及人为排放的 SO_2 在一定条件下转化为硫酸盐粒称为二次颗粒物。

B 颗粒污染物的危害

颗粒污染物的危害具体表现为可以同二氧化硫协同，削弱日光的照射和能见度，使空中多云、多雾、浑浊，不仅会直接危害人体健康还会增加交通事故发生的概率。颗粒污染物中的飘尘及煤烟等可由呼吸道进入人体，可附着在肺壁和支气管壁上，是构成人类呼吸疾病的重要原因。研究发现，颗粒物的危害性随粒子粒径变小而逐渐变大，5μm 以下的颗粒物可进入呼吸道，引发一系列的呼吸道疾病；3μm 以下的颗粒物可沉积在肺细胞内，引发肺病，其中最为典型的粒子是 PM2.5。

7.1.3.2 二氧化硫

A 二氧化硫的性质

二氧化硫是一种无色、有刺激性气味的有毒气体，它的分子具有极性、极易液化，比空气更重。SO_2 易溶于水即在 20℃时每 100g 水溶解 $3927cm^3$ 的二氧化硫，其溶液称为 "亚硫酸" 溶液。通过光谱对 SO_2 水溶液进行研究，认为其中的主要物质是二氧化硫的水合物，根据不同浓度、温度和 pH 值，存在的离子有 H_3O^+、HSO_3^-、$S_2O_5^{2+}$，还有痕量的 SO_3^{2-}，但是并未检测出有 H_2SO_3 的存在。适当加热可使得 SO_2 从溶液中逸出。

由于亚硫酸盐水溶液能被空气氧化为硫酸，并且亚硫酸盐的浓度越低氧化速度越快，而且经加热后会自动发生歧化反应，为：

$$3H_2SO_3 \rightleftharpoons 2H_2SO_4 + H_2O + S\downarrow$$

　　二氧化硫既有还原性，又有氧化性，其中以还原性为主。二氧化硫为一种酸性气体，可以与碱反应生成亚硫酸盐并被空气氧化生成硫酸盐。与氧化剂反应生成硫酸，与还原剂反应生成单质硫或硫化氢，改变相应条件，可以生成硫代硫酸盐。二氧化硫还可以与硫化氢反应生成单质硫，这就是有名的克劳斯反应。总的来说硫化氢的一般性质如表 7 – 1 所示。

表 7 – 1　二氧化硫的一般性质

项　目	条　件	项　目	条　件
相对分子质量	64.063	平均比热容/$J \cdot (g \cdot K)^{-1}$	0.6615
密度/$g \cdot L^{-1}$	2.9265	黏度/$mPa \cdot s$	0.0116
冰点/℃	– 75.48	偶极矩 $D \times 10^{18}$	1.61
沸点/℃	– 10.02	临界温度/℃	157.2
熔化热/$J \cdot mol^{-1}$	7.401	临界压力/MPa	7.87
蒸发热/$J \cdot mol^{-1}$	24.937	溶解度（20℃）	10.55
分子容积/mL	44	溶解热/$kJ \cdot mol^{-1}$	34.4
电导率/Ω^{-1}	4×10^{-8}	沸点常数/$℃ \cdot mol^{-1}$	1.45

　　二氧化硫最突出的环境特征是它在大气中也能被氧化，最终生成硫酸或者硫酸盐，是酸雨和光化学烟雾的成因之一。二氧化硫与氧在完全干燥的情况下几乎不反应，当在有初生态氧的燃烧环境中，或者对 SO_2 与 O_2 或与 O_3 的混合物进行无声放电，则发生氧化反应。

$$2SO_2 + O_2 \rightleftharpoons 2SO_3$$
$$3SO_2 + O_3 \rightleftharpoons 3SO_3$$

B　二氧化硫的来源

　　大气中 SO_2 的来源分为两大类：天然来源和人为来源。天然来源火山爆发时喷射出来的 SO_2，沼泽、洼地、大陆架等处释放的 H_2S 进入大气后被氧化成 SO_2，含硫的有机物被细菌分解以及海洋形成的硫酸盐气溶胶在大气中经历一系列的变化而产生的 SO_2 等。天然源排放量约占大气 SO_2 总量的 1/3。天然产生的 SO_2 属全球性分布，在广阔地域以低浓度排放，在大气中易于吸收和被净化，一般不会造成严重的大气污染，不会产生酸雨现象。天然排放的 SO_2 人力无法控制。人为源包括矿物燃料燃烧和含硫物质的工业生产过程。SO_2 排放量较大的工业部门有火电厂、钢铁、有色金属冶炼、化工、炼油以及水泥等。人为排放源约占大气 SO_2 总量的 2/3，而且比较集中，主要集中在城市和工业区，是造成大气污染和酸雨的基本原因。与天然源不同,人为源排放的 SO_2 可以人为控制。人类排放入大气中的 SO_2,随着生产发展,以惊人的速度增加。20 世纪 60 年代后期,全世界 SO_2 的排放总量为 1.46 亿~1.50 亿吨/年,70 年代以来,则以每年 5% 左右的速度递增,专家预计到 20 世纪末期可能达到 3.3 亿吨/年。

C 二氧化硫的危害

二氧化硫的危害主要表现为对生物体的危害和对建筑以及环境的影响。

(1) 对人体的危害。二氧化硫具有强烈的刺激性,它易溶于人体的血液及其他活性液中。二氧化硫对人体健康的影响,具有长期性、广泛性、慢性作用等特点。大气中的二氧化硫可导致多种疾病,如上呼吸道炎症、慢性支气管炎、支气管炎、肺气肿、眼结膜炎症等。对青少年生长发育也有不利的影响,易使青少年的免疫力低下,抗病能力弱。若与飘尘及水形成硫酸烟雾吸入肺部后,将会滞留在肺壁上,可引发肺纤维病变。不同浓度的二氧化硫对人体的影响如表 7-2 所示。

表 7-2 空气中二氧化硫的含量对人体的影响

浓度/mL·m^{-3}	对 人 体 的 影 响
0.01~0.1	由于光化学反应生成分散性颗粒,引起视野距离缩小
0.1~1	植物及建筑结构遭到损害
1~10	对人有刺激作用
1~5	感觉到 SO_2 气味
5~10	人在此环境下进行较长时间的操作时尚能忍受
10~100	对动物进行实验时出现种种状况
20	人因刺激而引起咳嗽、流泪
100	人仅能短时间的操作,咳嗽有异常感,疼痛并且呼吸困难
400~500	人立刻引起严重中毒,呼吸道闭塞而导致窒息死亡

(2) 对动植物的危害。SO_2 对动物机体的损害,尤其是与人类相似的脊椎动物,主要体现在对呼吸系统的损害,不同 SO_2 浓度可导致肺炎、支气管哮喘、肺气肿及肺水肿并导致死亡,对畜牧业产生一定影响。同时 SO_2 对许多植物如林木、谷物及蔬菜等均可造成不同程度的伤害,破坏其叶绿素使组织脱水坏死,症状为叶脉或叶面出现白色斑点,长期接触 $0.09mg/m^3$ 的 SO_2 即可造成伤害,SO_2 对植物的危害与光照、湿度、温度等因素有关,一般来说,光照愈强,温度、湿度愈高,植物对 SO_2 的敏感性愈大。大麦、小麦、棉花、梨树等对 SO_2 较敏感;而洋葱、玉米、梧桐、柳树、松树等对 SO_2 有抵抗性,即种植松树和柳树可以吸收 SO_2。

(3) 对金属的腐蚀。大气中 SO_2 对金属的腐蚀主要是对钢结构的腐蚀。金属腐蚀直接威胁工业设施、生活设施和交通设施的安全，使得这些设备要么提前报废，要么需使用昂贵的涂敷材料进行保护。同时，SO_2 污染环境，阻碍新技术的开发利用，加速有限资源的耗损。

（4）对非金属的腐蚀。SO_2 在潮湿环境中形成 H_2SO_3 或 H_2SO_4，可使相当一部分非金属材料发生诸如氧化、溶解、溶胀等物理化学反应。

（5）对生态环境的影响。酸雨对生态环境的影响及破坏主要表现为使土地酸化和贫瘠化，对文物古迹、森林、水生生物等造成严重破坏。

7.1.3.3 氮氧化物

A 氮氧化物的性质

氮氧化物的种类很多，有一氧化氮、二氧化氮、三氧化氮、三氧化二氮、四氧化二氮、五氧化二氮以及一氧化二氮，一般可以用 NO_x 表示。其中造成大气污染的氮氧化物主要是一氧化氮和二氧化氮。NO 毒性不大，是无色无味的难溶于水的气体，密度接近空气，但可与空气反应生成红棕色的有毒、有刺激性气味的 NO_2 气体。当大气中有 O_3 等强氧化剂存在时，在催化剂的作用下，其氧化速度会加快。NO_2 的毒性约为 NO 的 5 倍，当 NO_2 参与大气中光化学反应时，形成光化学烟雾后，其毒性更强。研究发现，N_2O 是一种非常强大的温室气体。目前大气中的 N_2O 只有 CO_2 的千分之一，但其产生的温室效应比 CO_2 强 310 倍；它对臭氧的破坏作用，比氟利昂更甚。而且 N_2O 在大气中存留时间长达 150～170 年，一旦产生就不易从大气中消除。

B 氮氧化物的来源

从形成过程来看，氮氧化物可以分为一次污染物和二次污染物两类。所谓一次污染物是指由污染源直接排放的污染物，其物理和化学性质并未发生变化的物质；二次污染物是指在大气中一次污染物之间或一次污染物与大气正常成分之间发生化学反应的生成物，通常比一次污染物对环境和人类的危害更大。常见的 NO 和 NH_3 等为一次污染物；NO_2 和硝酸盐等多为二次污染物。

按来源，氮氧化物可分为自然源和人为源两类。氮氧化物的天然源有雷电、森林或草原火灾，大气中氨的氧化及土壤中微生物的硝化作用等，每年全球产生的氮氧化物约有 5 亿吨氮氧化物的人为源主要来源于自然燃料的燃烧和工业生产过程形成两种类型。固定源是氮氧化物的主要来源，其余则是机动车辆等流动源。机动车氮氧化物的排放量对城市中心区影响较大，尤其是非采暖期，是形成光化学烟雾的主要来源。

据推算，20 世纪 90 年代中期，我国固定源排放的氮氧化物约达 1000 万吨，已然成为我国酸雨污染的重要原因之一，也是光化学烟雾的前体污染物。我国对氮氧化物的控制主要是电站、锅炉等燃煤装置，据对我国大型电站、锅炉的调查发现，氮氧化物的排放量均比国外大很多。计算表明，我国发电量每增加 100 亿度，氮氧化物排放量就会增加3.9万~8.8万吨。据资料显示我国氮氧化物污染范围相当大，北京、天津、南京、上海以及广州等地均属于污染严重的区域。自1992年起，广州市的氮氧化物污染负荷开始超过二氧化硫。因此，我国治理氮氧化物污染已刻不容缓。

C　氮氧化物的形成机理

NO_x的形成机理一般可以分为热力型、燃料型和瞬时反应型三种，而前两种则是NO_x的主要来源。

a　热力型

热力型NO_x源是指在燃烧过程中空气中的氮气被氧化生成NO_x。随着反应温度的升高，其生成速度也呈现指数规律增加。当$T < 1500℃$时，NO_x的生成量很少；而当$T > 1500℃$时，温度每增加$100℃$，反应速率就会增加6~7倍。当高于1800K时，其反应为：

$$N_2 + O \longrightarrow NO + N$$
$$N + O_2 \longrightarrow NO + O$$
$$N + OH \longrightarrow NO + H$$

前两个反应被称为捷里德维奇模型，三个反应被称为扩大的捷里德维奇模型。由于分子氮比较稳定，它被氧原子氧化需要较大的活化能，整个反应的速率取决于第一个反应的速率。氧原子在反应中起活化的作用，它来源于高温下氧气的分解。也就是说热力型反应需要在过量氧存在的条件下进行。

b　燃料型

燃料型NO_x是指燃料在燃烧过程中经历一系列的氧化还原反应而生成NO_x。除天然气外的常用燃料，或多或少都含有氮的化合物，其中石油的平均含量约为0.65%，煤炭的平均含氮量为1%~2%。由于燃料中的热分解温度低于燃烧温度，600~800℃时会产生燃料型NO_x，转化率与燃料气类型和工艺有关，一般转化率为15%~35%。燃料型NO_x既受燃烧温度、过量空气系数、煤种、煤颗粒大小等因素的影响，同时也受燃烧过程中燃料与空气混合条件的影响，它们影响燃烧室局部自由基浓度的分布，从而影响了NO_x的生成与还原。研究认为，煤的燃料型NO_x中，挥发分的NO_x是主要成分，焦炭NO_x所占比例不大。

燃料型生成氮氧化物的过程比较复杂，涉及在高温下产生的许多自由基，可能发生以下一系列反应：

$$4HCN + 5O_2 \longrightarrow 4NO + 4CO + 2H_2O$$
$$HCN + H_2O \longrightarrow NH_3 + CO$$
$$4HCN + 6NO \longrightarrow 5N_2 + 2H_2O + 4CO$$
$$4NH_3 + 6NO \longrightarrow 5N_2 + 6H_2O$$
$$4NH_3 + 5O_2 \longrightarrow 4NO + 6H_2O$$

在焦炭表面 NO 被还原为 N_2：

$$2C + 2NO \Longrightarrow N_2 + 2CO$$

在煤的燃烧过程中，挥发分 HCN 和 NH_3 的氧化过程比上面的反应复杂很多，涉及很多中间产物的产生及氮氧化物的还原。

D　快速反应型

快速反应型 NO_x 是碳氢类燃料在过剩空气系数小于 1 的富燃条件下，在火焰内快速生成的 NO_x，它不同于空气中的 N_2 按捷里德维奇机理生成的热力型 NO_x，其生成过程经过了空气中的 N_2 和碳氢燃料分解的 HCN、NH_3、N_2 等中间产物的一系列复杂的化学反应，其反应可简化为下列两个反应：

$$CH \cdot + N_2 \Longrightarrow HCN + N$$
$$CH_2 \cdot + N_2 \Longrightarrow HCN + NH \cdot$$

1971 年费尼莫尔通过实验发现，碳氢化合物燃料在燃料过浓时燃烧，在反应区附近会快速生成 NO_x。

E　氮氧化物的危害

a　对人体的危害

NO_x 对人和动物都有伤害，又以 NO 和 NO_2 为甚，其中 NO_2 能破坏呼吸系统，引发支气管炎和肺气肿。人在 100mg/L NO_2 的大气中停留一小时或在 400mg/L 的 NO_2 下停留 5min 就会死亡。NO 浓度较大时对人体有很大毒性，因为 NO 能与血液中的血红蛋白结合生成亚硝酸基血红蛋白或高铁血红蛋白，从而降低血液输氧能力，引起组织缺氧，甚至损害中枢神经系统。高浓度 NO 中毒，可迅速导致肺部充血和水肿，甚至窒息死亡。

NO_x 对眼睛和上呼吸道黏膜刺激较轻，主要侵入呼吸道和细支气管及肺泡，到达肺泡后，因肺泡表面湿度增加，反应加快，在肺泡内约可阻留 80%，一部分变成 N_2O_4。NO_x 通过各种途径进入人体，可使机体的血红蛋白变成高铁血红蛋白。当体内高铁血红蛋白含量达 15% 以上，即出现紫绀，影响红细胞携氧功能。长期吸入 NO_x 会使支气管和细支气管上皮纤毛脱落，黏液分泌减少，肺泡细胞吞噬能力降低，使机体内源性或外源性病原体易感性增加，呼吸道慢性感染发病率明显增加。

b　对环境的危害

NO_x 污染对环境的影响主要表现为：全球性不良影响，例如加剧臭氧层损耗和温室效应；区域性不良影响，例如产生酸沉降；地区和局地不良影响，例如烟雾增多及城市热岛效应。所有这些不仅破坏自然环境，影响生态平衡，而且对人体有直接危害。NO_x 不但是酸雨的主要来源之一同时也能致癌；NO_x 和烃类化合物在夏季强烈阳光的照射下，极易通过复杂的光化学反应生成比原来毒性大百倍的二次污染物；NO_x 同时也会对臭氧层造成破坏。鉴于 NO_x 的危害性，国外在

20 世纪 70 年代就开始研究燃烧过程中 NO_x 的生成与控制。在燃烧产生的 NO_x 中，NO 占 90% 以上，NO_2 占 5% ~ 10%。

7.1.3.4　一氧化碳

A　一氧化碳的性质

CO 的主要物理化学性质如表 7 – 3 所示。

表 7 – 3　CO 的主要物理化学性质

分子式	CO	熔点/℃	– 199
相对分子质量	28.01	临界温度/K	133.0
单位分子体积/$m^3 \cdot mol^{-1}$	22.4	临界压力/MPa	3.49
密度/$kg \cdot m^{-3}$	1.2501	单位临界体积/$cm^3 \cdot mol^{-1}$	93.1
沸点/℃	– 191.5	临界压缩系数	0.29

CO 在空气中燃烧，发出淡蓝色火焰，并放出大量热，其燃烧反应方程式为：

$$2CO(g) + O_2(g) === 2CO_2(g) \quad \Delta_r H_m^\ominus = +566kJ$$

CO 是强还原剂，在高温下，CO 可使许多金属氧化物如 Fe_2O_3、CuO 等还原成金属。因此在冶金工业中常用来提炼金属，其反应式为：

$$CuO + CO === CO_2 + Cu$$

$$Fe_2O_3 + 3CO === 2Fe + 3CO_2$$

在光照或钼催化作用下，CO 与氯气反应生成剧毒物质二氯化碳酰，俗名光气。

$$CO + Cl_2 === COCl_2$$

CO 具有强的配位性，能与许多过渡金属如 Ni、Fe、Ru 等在高温和加压的条件下生成金属羟基化合物，如 $Ni(CO)_4$、$Fe(CO)_5$、$Ru(CO)_5$。

CO 能与亚铜氨络离子进行配合反应，此反应被用于气体中 CO 的脱除。

CO 又是一种重要的有机合成原料，它与氢在不同条件下反应可得到一系列产物，如甲烷、甲醇、各种高级醇、石蜡及其他碳氢化合物和含氧有机化合物。

B　一氧化碳的危害

CO 是一种无色无臭的气体，有剧毒，其毒性比硫化氢大 10 倍。它同人体血液中的血红蛋白形成稳定的配合物。CO 和血红蛋白配合的能力比氧气与血红蛋白配合能力强 230 ~ 270 倍。因此，人体中的血红蛋白被 CO 饱和后，就失去了载氧能力，致使人因窒息而死亡，空气中只要有 1/800 体积的 CO，就能使人在半小时内死亡。因此从环保角度来看，是不允许有 CO 的泄漏和放空的。

7.1.3.5　硫化氢

A　硫化氢的性质

硫化氢是一种无色无味的有毒气体，其熔点为 – 83℃，沸点为 – 60.3℃，相对分子质量为 34.8，相对密度 1.189，故常集于低处。硫化氢水中的溶解度不大，通常情况下，1 体积水能溶解 4.7 体积的硫化氢，浓度约为 0.1mol/L。硫化氢在水中发生如下电离：

$$H_2S \longrightarrow H^+ + HS^-$$
$$HS^- \longrightarrow H^+ + S^{2-}$$

溶液中 $[H^+][S^{2-}] = 6.8 \times 10^{-24}$，由于硫离子极易失去电子而被氧化，所以硫化氢具有较强的还原性。在空气中易氧化燃烧，自燃点为 292℃，爆炸极限为 4.3% ~ 45.5%，当氧不足时，硫化氢被氧化为单质硫和水。在一定条件下，硫化氢还能被二氧化硫氧化生成单质硫和水。基于这一性质发展的克劳斯法及在此基础上发展起来的若干改进方法是目前应用最为广泛的回收利用硫化氢的方法。

由于硫化氢是酸性气体，易与碱发生反应，形成金属硫化物或硫氢化物。硫化氢还易溶于醇，环丁砜等有机溶剂。硫化氢的上述两个性质被用于净化硫化氢废气，产生了碱液吸收法及有机溶剂吸收法等净化方法。

在常温或高温下，硫化氢能与一些金属氧化物，如 Fe_2O_3、ZnO 等作用生成金属硫化物，还能与许多金属离子在液相中生成溶解度很小的硫化物，故可利用金属氧化物或液相中的金属离子去除废气中的硫化氢。硫化氢的物理和热力学性质如表 7-4 所示。

表 7-4 硫化氢的物理和热力学性质

性　质	数　值	性　质	
相对分子质量	34.8	爆炸极限/%	
熔点/℃	-85.6	上限 46	
沸点/℃	-60.75	下限 4.3	
熔融热/kJ·mol^{-1}	2.375	蒸汽压力/kPa	
汽化热/kJ·mol^{-1}	18.67	-60℃	102.7
密度/g·cm^{-3}	0.993	-40℃	256.6
临界温度/℃	100.4	-20℃	546.6
临界压力/kPa	9.020	0℃	1033
临界密度/g·cm^{-3}	0.3681	20℃	1780
生成热/kJ·mol^{-1}	-20.3	40℃	2859
生成自由焓/kJ·mol^{-1}	-33.6	60℃	4347
生成熵/J·(mol·K)$^{-1}$	205.7	溶解度/%	
定压摩尔比热容/J·(mol·K)$^{-1}$	34.2	0℃	0.710
自燃温度/℃	-260	10℃	0.530
		20℃	0.398

B　硫化氢的来源

硫化氢的来源分为自然源和人为源两类，自然界的硫化氢气体来源较为广泛，包括：火山活动、地热温泉及湖泊、沼泽、下水道等中的有机质腐烂分解时都会产生 H_2S 气体，尤其以蛋白质腐烂时生成的硫化氢较多；同时，自然界中存在大量硫酸盐，在还原条件下，可被微生物还原为 H_2S 气体逸入大气。而 H_2S 的人为来源主要包括以下几方面：

（1）医药、制革及橡胶工业生产中均有 H_2S 的产生。

（2）天然气、粗焦炉气、水煤气中均含有 H_2S。

（3）石油中有机硫化物含量达到 4%，在冶炼及脱硫过程中可能产生 H_2S。

（4）硫酸盐纸浆、人造丝、二硫化碳等硫化物在生产过程中，常会排出含有 H_2S 的气体。

（5）煤在 1000℃ 高温下进行干馏或气化制造煤气的过程中，煤气中的有机硫化物裂解变成 H_2S 逸入大气。

此外，在硫化染料的生产过程中，硫化钠与中间体反应产生的尾气中含有高浓度的 H_2S；有机磷农药生产也有高浓度 H_2S 尾气逸出；碱法造纸煮木材的过程中，造纸黑液回收碱时，部分芒硝被还原成 H_2S；黏胶纤维生产和玻璃纸生产中有 H_2S 与其他硫化合物气体一起逸出的可能。

C　硫化氢的危害

硫化氢的臭味极易被嗅出，当空气中质量浓度达到 $1.5mg/m^3$ 时，即可辨别。而当浓度为上述浓度的 200 倍时，反而嗅不出来，因为在此环境下，嗅觉神经已被麻痹。硫化氢是强烈的神经毒物，对黏膜亦有强烈的刺激作用，主要从呼吸道侵入人体而致使人中毒。浓度较低时，会出现眼睛刺痛、流泪、呕吐，有时发生肺炎、肺水肿。吸入高浓度硫化氢时，意识会突然丧失，昏迷窒息甚至死亡。急性中毒后遗症是头痛、智力降低等。其特点是：浓度越低，对呼吸道及眼局部刺激作用越明显；浓度越高，全身作用越明显，表现为中枢神经系统症状和窒息症状。随着接触浓度的不同，硫化氢的中毒现象表现有明显差异。不同浓度硫化氢对人体健康影响见表 7-5。

表 7-5　不同硫化氢对人体的影响

浓度/mg·m^{-3}	接触时间	毒 性 反 应
1400	30min 左右	昏迷并因呼吸麻痹而死亡，除非立即人工呼吸急救，此刻其毒性与氢氰酸相近
1000	数秒钟	很快引起急性中毒，出现明显的全身症状，开始呼吸加快接着呼吸麻痹死亡
760	15~60min	可能引起生命危险，发生肺气肿等状况，接触时间长者可引起头痛等全身症状

浓度/mg·m^{-3}	接触时间	毒 性 反 应
300	1h	可引起严重反应，刺激症状明显，可引起神经系统抑制，长期接触可引起肺水肿
70 ~ 150	1 ~ 2h	出现眼及呼吸道刺激症状，长期接触可引起亚急性或慢性结膜炎
30 ~ 40		虽臭味强烈，但能忍受，可能引起局部刺激及全身症状
3 ~ 4		中等强度难闻臭气，明显嗅出
0.035		嗅觉阈值

因此，人们需要制定相应的硫化氢排放标准，以保护环境和人体健康。

7.1.3.6 磷化氢

A 磷化氢的性质

磷化氢是一种有恶臭气味、无色、剧毒、致癌、反应活性高的气体。纯磷化氢几乎无味，但工业品有腐鱼样臭味。分子式 PH_3，相对分子质量34。相对密度1.17。熔点 – 133℃。沸点 – 87.7℃。自燃点 100 ~ 150℃。蒸汽压 $2.03 \times 10^6 Pa$（ – 3℃）。与空气混合爆炸下限 1.79%（26g/m^3）。微溶于水（20℃时，能溶解0.26 体积磷化氢）。空气中含痕量的 P_2H_4 就可自燃；浓度达到一定程度时可发生爆炸。能与氧气、卤素发生剧烈的化合反应。通过灼热金属块生成磷化物，放出氢气。还能与铜、银、金及该金属的盐类反应。磷化氢主要产生于黄磷生产、镁粉制备、乙炔生产、次氯酸钠生产、粮食仓储熏蒸杀虫等过程中，PH_3 作为粮食、烟草行业仓储熏蒸药剂，投药时一般都用磷化铝、磷化锌、磷化钙再生生成磷化氢。磷化氢属于剧毒气体：当空气中浓度 2 ~ 4mg/m^3 可嗅到其气味；9.7mg/m^3 以上可致人中毒；550 ~ 830mg/m^3 接触 0.5 ~ 1.0h 人会死亡，2798mg/m^3 可迅速致死。磷化氢从呼吸道吸入，首先刺激呼吸道，致黏膜充血、水肿，肺泡也有充血、渗出，严重时有点状广泛出血，肺泡充满血性渗出液，这是发生急性肺水肿的病理基础。磷化氢经肺泡吸收至全身，影响中枢神经系统、心、肝、肾等器官。经口误服，在胃内遇酸放出磷化氢，并从胃肠道吸收进入血液，与从呼吸道吸入的磷化氢引起的中毒相似。吸入不同浓度的磷化氢引起的中毒情况如表 7 – 6 所示。

表 7 – 6   PH$_3$ 的毒性

PH$_3$ 浓度		中毒情况
mg/m^3	mL/m^3	
2700	2000	立即死亡
540 ~ 800	400 ~ 600	30 ~ 60min 死亡
140 ~ 270	290 ~ 430	1h 后有生命危险
10	7	数小时后有严重影响
7	5	6h 后有中毒症状

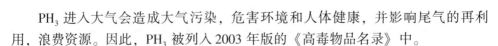

PH_3进入大气会造成大气污染，危害环境和人体健康，并影响尾气的再利用，浪费资源。因此，PH_3被列入2003年版的《高毒物品名录》中。

B　磷化氢的来源和危害

磷化氢的主要来源国内外也不尽相同，国内，磷化氢的主要来源如前所述，国外磷化氢则主要来源于半导体工业领域。在工业领域，磷化氢主要用作硅半导体、化合物半导体以及液晶等生产过程中的原料气或掺杂气，或用作蚀刻气体及半导体材料的化学气相沉淀。此外，磷化物杀虫剂是磷化氢污染的一个重要来源。如磷化锌用作灭鼠药及粮仓熏蒸杀虫剂时，遇酸将迅速分解产生磷化氢，遇水与阳光则缓慢分解产生磷化氢。磷化铝也是常用的粮仓或烟草叶堆垛熏蒸杀虫剂，遇水亦产生磷化氢。熏蒸后残余的大量剧毒气体磷化氢便弥散在仓库空气中，随后逐渐向仓库周围大气层扩散。这样将有毒的磷化氢直接排放到大气中，既对环境造成污染，又对工作场地人员和周围居民的生命安全与身体健康造成极大的威胁。尽管通过改进熏蒸工艺可以减少磷化氢的污染，但是即便是微量的磷化氢也是非常危险的，更何况磷化氢熏蒸是长期使用的。

还有，饲料发酵时，含有磷酸钙的水泥遇水时，含有磷的矿砂遇水或潮湿空气潮解，以及含有磷的锌、锡、铝、镁遇弱酸或受水的作用，都可产生磷化氢。

此外，磷化氢污染也来源于工业生产，如乙炔生产，以黄磷、氧化钙和碳酸钙为原料生产次氯酸钠的过程，镁粉制备，用黄磷制备赤磷过程中磷蒸气与水蒸气结合，或黄磷生产等工业过程中，均会产生大量有毒的磷化氢气体。如不经处理直接排入大气，势必会导致严重的环境问题。

磷化氢不仅会造成环境污染，还会危害人体健康，制约生产过程控制、安全生产及废物综合利用。比如，在黄磷生产过程中，理论上每生产一吨黄磷将排放含85%~95%的CO尾气2500~3000m^3，按此计算，2007年仅云南省黄磷电炉至少可产生CO达9.56亿立方米，折合CO排放量188万吨/年。若将这些富含CO的黄磷尾气净化后生产"碳一化工"产品，可创造110亿元价值的产值。但是，黄磷尾气中含有使CO羰基合成催化剂中毒的磷、硫等杂质。其中。磷主要以磷化氢和单质磷的形式存在，含量分别为600~1400mg/m^3和1600~3900mg/m^3；硫主要以硫化氢的形式存在，含量在1200~1800mg/m^3。如果净化后的产品气中磷、硫杂质低于1mg/m^3，则黄磷尾气可变为十分宝贵的"碳一化工"原料气，既可以避免环境污染，又可以变废为宝，降低黄磷生产的成本。但是，由于黄磷尾气中的磷化氢杂质难以高效净化，目前黄磷尾气仍只能作为磷泥蒸馏、磷矿和焦炭干燥的低级燃料使用，尾气利用率仅为20%~25%，多余的气体点火燃烧后排放。燃烧后的产物磷化氢和硫化氢、氟化氢等随温室气体二氧化碳一并进入大气，对生态环境造成极大的污染，同时也是对资源的极大浪费。由于黄磷尾气中的CO资源没能得到合理的利用，且黄磷生产能耗大、成本高、已成为目前磷化工发展的主要制约因素之一。因此，为积极推进循环经济，实施可持续发展战略，研究开发安全、经济、高效、节能、环保的低浓度磷化氢净化方法具有重大的现实意义。

7.1.4 基础有机化工行业污染物排放指标

7.1.4.1 颗粒物污染物的排放标准

大气中的悬浮颗粒物（TSP）会对人类健康产生直接的负面效应，从而受到各国政府和有关部门的高度重视。其中影响较为明显的是 PM10（空气动力学直径不大于 $10\mu m$ 的颗粒），近些年尤其是 PM2.5 污染尤为严重。基于对大气颗粒物危害的深入认识，各国纷纷制定有关颗粒物的空气质量标准和各行业的排放标准，而且标准也越来越严格。我国空气质量颗粒物排放限值如表 7 - 7 所示。

表 7 - 7　我国颗粒物浓度限值　　　　　　　　　　　（mg/m³）

污染物名称	取值时间	质量浓度限制 中国		
		一级标准	二级标准	三级标准
总悬浮颗粒物 TSP	年平均	0.08	0.20	0.3
	日平均	0.12	0.30	0.50
可吸入颗粒物 PM10	年平均	0.04	0.10	0.15
	日平均	0.05	0.15	0.25
细颗粒物 PM2.5	年平均	—	—	—
	日平均	—	—	—

尽管，国内根据实际情况对颗粒污染物制定了相关标准，但是与国外标准相比，国外更注重控制对人体健康有严重危害的污染物，比如 PM2.5。而我国目前还没有针对 PM2.5 制定相应的标准。因此，参照国外的相关标准，联系国内的实际，将为我国今后颗粒物排放标准的修改以及 PM2.5 标准的制定提供有益的启示和借鉴。

7.1.4.2 SO₂ 和 NOₓ 的排放标准

二氧化硫和氮氧化物的排放标准依据大气污染物综合排放标准加以实施，该标准在原有《工业"三废"排放试行标准》的基础上制定，新标准在原有的基础上做了相当大的修改，本标准规定了 33 种大气污染物的排放限值，其体系包括最高允许排放浓度、最高允许排放速率及无组织排放监控浓度限值。新标准在现有污染物排放限值的基础上进行了部分调整，使新标准较现有标准更加严格（见表 7 - 8）。

表7-8　新污染源大气污染物排放限值

序号	污染物	最高允许排放浓度 /mg·m⁻³	最高允许排放速率/kg·h⁻¹			无组织排放监控浓度限值	
			排气筒/m	二级	三级	监控点	浓度/mg·m⁻³
1	二氧化硫	960（硫、二氧化硫、硫酸和其他含硫化合物生产）	15	2.6	3.5	周界外浓度最高点	0.40
			20	4.3	6.6		
			30	15	22		
			40	25	38		
		550（硫、二氧化硫、硫酸和其他含硫化合物使用）	50	39	58		
			60	55	83		
			70	77	120		
			80	110	160		
			90	130	200		
			100	170	270		
2	氮氧化物	1400（硝酸、氮肥和火炸药生产）	15	0.77	1.2	周界外浓度最高点	0.12
			20	1.3	2.0		
			30	4.4	6.6		
		240（硝酸使用和其他）	40	7.5	11		
			50	12	18		
			60	16	25		
			70	23	35		
			80	31	47		
			90	40	61		
			100	52	78		

7.1.4.3　CO 的排放标准

污染源排气筒中一氧化碳排放限值一类区现有污染源改建后执行现有污染源的一级标准；二类区的污染源执行二级标准；位于三类区的污染源则执行三类标准；一类区禁止新、扩建污染源。现有污染源无组织排放监控浓度限值一类区执行一类标准；二类区执行二类标准；三类区执行三类标准；新污染源无组织排放执行新污染源一氧化碳无组织排放监控浓度限值。现有污染源和新污染源 CO 排放限值如表7-9 和表7-10 所示。

表7-9 现有污染源一氧化碳排放限值

最高允许排放浓度(标态)/mg·m⁻³	最高允许排放速率/kg·h⁻¹				无组织排放浓度限值(标态)/mg·m⁻³		
	排气筒高度/m	一级	二级	三级	Ⅰ类	Ⅱ类	Ⅲ类
5000	15	9	18	27			
	20	15	30	45			
	30	52	100	152			
	40	89	172	261			
	50	136	264	400	10	10	20
	60	193	375	569			
	70	273	530	803			
	80	370	718	1087			
	90	475	923	1398			
	100	608	1183	1790			

表7-10 新污染源一氧化碳排放限值

最高允许排放浓度(标态)/mg·m⁻³	最高允许排放速率/kg·h⁻¹			无组织排放浓度限值(标态)/mg·m⁻³
	排气筒高度/m	二级	三级	
2000	15	15	23	10
	20	26	38	
	30	85	129	
	40	146	222	
	50	224	340	
	60	319	484	
	70	451	683	
	80	610	924	
	90	785	1188	
	100	1004	1521	

7.1.4.4 H_2S 的排放标准

我国对硫化氢的排放作了如下规定:

(1) 居民区环境大气中硫化氢的最高浓度不得超过 $0.01mg/m^3$;

(2) 车间工作点硫化氢的最高浓度不得超过 $10mg/m^3$;

(3) 城市煤气中硫化氢浓度不得超过 $20mg/m^3$;

(4) 油品炼厂废气中硫化氢排放浓度要求净化后达到 $10 \sim 20mg/m^3$。

其质量标准如表 7 – 11 所示，空气中最高允许的浓度为 $10mg/m^3$。

表 7 – 11　H_2S 的排放标准

排放高度/m	排放量/kg · h⁻¹	排放高度/m	排放量/kg · h⁻¹
20	0.2	50	0.9
30	0.4	60	1.3
40	0.6	70	1.7

7.1.4.5　PH_3 的排放标准

磷化氢的排放标准可以参考《恶臭污染物排放标准》。根据相关规定，一类区执行一类标准；二类区执行二类标准；三类区执行三类标准。且要求排污单位排放的恶臭污染物，在排放单位边界上规定监测点的一次最大监测值都必须不大于恶臭污染物厂界标准值。排放单位经烟囱、排气管排放的恶臭污染物的排放量和臭气的浓度都必须不大于恶臭污染物的排放标准。

7.2　制氢工业气体污染物控制技术

7.2.1　行业现状

氢气作为重要的工业原料和还原剂，在国民经济各领域被广泛使用，石油化工行业大规模生产氢气的方法主要有：天然气蒸汽转化、轻油蒸汽转化、水煤气制氢三类。传统电解水制氢工艺是一种昂贵的制氢技术，此技术只有利用夜间过剩电力或可再生能源获得的电力，如太阳能发电和水力发电等时，其经济上才合理。电解水制氢一般是伴随在有特殊生产目的下的副产品如氯碱工业，或其产品具有特殊用途如火箭原料。

要限于各自行业的石脑油，炼厂气、焦炉气等，生产规模普遍较小，基本上是自给自足型。近年来，随着我国提高环境保护的标准，新的汽油、柴油规范要求进一步降低汽油、柴油的含硫量、汽油的烯烃含量，石化企业的氢气需求量大幅增加，一些企业开始选择天然气为原料生产氢气。国内其他化工企业如合成氨装置，甲醇装置将装置的含氢尾气等气体利用变压吸附技术回收少量的氢气。

7.2.2　工艺流程与产生的主要污染物

氢气作为重要的工业原料和还原剂，在国民经济各领域被广泛使用，制氢技术通常可分为两大类：一是电解水制氢，但此方法需要消耗大量的电能。另一类是由其他一次能源转化制氢，但此方法会伴随能量的损耗，且会产生大量的污染物。目前，石油化工行业大规模生产氢气的方法主要有：天然气蒸汽转化、轻油蒸汽转化、水煤气制氢三类。其中又以天然气制氢应用较为普遍，其工艺流程如图 7 – 1 所示。

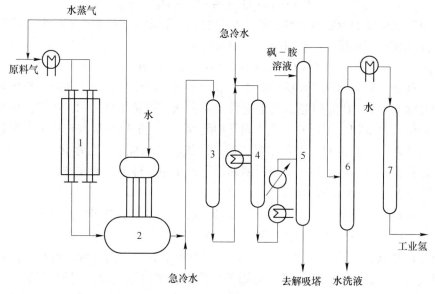

图 7-1　工业制氢工艺流程图

首先使烃类原料与蒸汽进入第一反应器，与转化催化剂发生反应，然后将该含有二氧化碳和氢气的转化产物以及平衡物料输入第二反应器（其中装有催化剂和二氧化碳脱除吸附剂的混合物）。催化后的产物经过一系列的物理和物理化学反应，最终制得工业氢气。除了石油化工涉及的天然气制氢和轻油蒸汽转化制氢外，水电解制氢也是氢气的一个重要来源。

7.2.2.1　天然气制氢

天然气制氢是以天然气为原料，用水蒸气转化制取富氢混合气，采用的是合成氨应用较为成熟的一段炉造气工艺。主要包括天然气脱硫和烃类的蒸汽转化两部分。脱硫在一定温度和压力下，利用氧化锰及氧化锌催化天然气中的有机硫和无机硫。然后以水蒸气为氧化剂，在镍催化剂的作用下，将烃类蒸汽转化为富氢混合气，具体反应为：

$$CH_4 + H_2O \Longrightarrow CO + 3H_2$$
$$CO + H_2O \Longrightarrow CO_2 + H_2$$

制得的氢气通过变压吸附装置可获得 99.9% ~99.999% 的纯氢，且氢气的收率可达 70% 以上。

7.2.2.2　轻油蒸汽转化制氢

轻油蒸汽转化制氢以甲醇蒸汽转化制氢应用较为成熟。甲醇与水混合蒸汽在一定温度下，利用双功能催化剂实现氢气的制取，通常采用的催化剂为 Cu – Zn 系催化剂。发生的主要反应为：

$$CH_3OH \Longrightarrow CO + 2H_2$$

$$CO + H_2O \Longrightarrow CO_2 + H_2$$

由于催化剂的双功能特性，使甲醇分解和一氧化碳变换耦合在一起，可实现两个反应在同一床层上同步进行，其总反应为：

$$CH_3OH + H_2O \Longrightarrow CO_2 + 3H_2$$

这种耦合充分利用了反应的热能，节约能源，简化了流程，同时在反应器中甲醇分解产生的 CO 立即与水发生变换反应，从而保持了低的 CO 浓度，促使甲醇的分解。但是相比于国外生产的同类型装置，国内的甲醇蒸汽转化工艺在催化剂性能改善，工艺流程、设备布置、设备形式、结构优化，自动化水平的提高，装置运行稳定性、可靠性、安全性的加强等方面还有待进一步改进。

7.2.2.3　水电解法制氢

水电解制氢是将两个相近的电极浸没于水中，在两电极间加直流电压，便可使水发生电极反应。从阴极逸出氢气而从阳极逸出氧气。水电解制氢的工业生产装置是电解槽，采用 KOH 溶液作为介质，控制相应的工艺参数，可获得高纯度的氢气。若经进一步纯化处理，可用于某些高、精应用领域，例如多晶硅生产。水电解制氢具有氢气纯度高，污染物产生量相对较小的优点，但也存在耗能高的缺点。尽管电解水制氢是目前国内应用较为广泛的方法之一，但在提倡节能环保的今天，水电解法制氢发展将会受到局部限制。

三种制氢方法相比而言天然气制氢技术应用较为成熟，且清洁无污染，但是存在原料利用率低，工艺较复杂、操作条件苛刻等缺点。而轻油蒸汽转化制氢可实现较高的原料利用率，一般在 95% 以上，同时该工艺流程简单，操作条件温和，但是催化剂的性能还有待进一步研究。至于水电解制氢，由于其能耗较高，一般在工业上不被广泛采用，这种方法主要应用于氢气纯度要求很高的相关领域，例如航空航天领域。三种制氢方法对比如表 7 – 12 所示。

表 7 – 12　三种制氢方法的比较

比 较 项 目	天然气蒸汽转化——变压吸附制氢	甲醇蒸汽转化——变压吸附制氢	水电解制氢——纯化
技术成熟性	成熟	较成熟	成熟
一次性投资	高	低	较高
生产成本（标态）/元·m^{-3}	约 1.3	< 2.5	5 ~ 6
适用规模（标态）/m^3·h^{-1}	>1000	20 ~ 2500	2 ~ 300（单槽）
最高纯度/%	99.999	99.999	99.9999
杂质种类	CO_2、CO、CH_4	CO_2、CO	O_2、H_2O
建设地点	受限	较自由	自由
主装置占地	大	较小	较大

就目前国际形势而言，天然气制氢和烃类蒸汽转化制氢已然成为制氢行业的主导方向。而应用较为成熟的工艺主要有：

（1）Haldor Topsøe AIs 公司工艺。以富氢排气、焦炉气、炼厂气、天然气、石脑油为原料，可生产 $H_2/CO < 1.0$ 的富氢气体和合成气。装置由进料脱硫、绝热的预转化炉和转化炉组成。转化炉管入口温度 650℃，出口温度 1000℃。用于制氢：水/碳比 2.5～3.5，用于生产合成气；水/碳比 < 1.0，已建有 24 套装置。

该公司还开发了紧凑的热交换器（Haldor Topsøe Convection Reformer—nT-CR）。可由富氢气、天然气、LPG、石脑油或煤油生产氢气，生产能力（标态）200～20000m³/h。氢气纯度 99.5%～99.999%。

进料经脱硫后进入对流式转化炉。烟气和工艺气体冷却至约 600℃，废热用于预热进料和产生蒸汽。所有蒸汽用作工艺蒸汽。工艺气体经高温变换反应增产氢气，氢气在 PSA 单元提纯。PSA 排气用作转化炉燃料。HTCR 可制成橇装式装置，投资和操作费用较低。总能耗（标态）为 12.9～15.1GJ/1000m³H₂。已有 15 套装置采用。

（2）Howe Baker Engineers lrw. 公司工艺。采用天然气、炼厂燃料气、LPGI 丁烷、轻石脑油等轻烃原料，生产高纯度氢气（99.9%）供炼厂加氢处理、加氢裂化等使用。

进料预热并经加氢处理将有机硫化物转化成 H_2S，同时使进料中不饱和烃饱和。然后进一步脱除 H_2S。脱硫进料与蒸汽混合，在进料预热炉管中过热。然后进入转化炉中充填催化剂的炉管，反应生成氢和 CO_x。离开转化炉的气体经蒸汽发生器冷却，再送入变换炉，内装有铜促进剂的 Fe–Cr 催化剂，使 CO 和水蒸气反应生成 H_2 和 CO_2。含氢气体冷却后经 PSA 氢提纯系统，PSA 排气用作转化炉燃料。现已有 170 多套装置。规模（标态）为 28000～2.52×10⁶m³/d。装置设计能力（标态）可为 28000～7.84×10⁶m³/d。

（3）Foster Wheeler 公司工艺。工艺相似于采用烃类蒸汽转化制氢（含变换转化）和 PSA 提纯相结合的工艺。生产压力为 2.75MPa、纯度为 99.9% 的氢气。已建有 50 套装置，规模（标态）为 28000～2.66×10⁶m³/d。

（4）TECHNIP（KTI）公司工艺。由进料预处理、预转化、烃类蒸汽转化、CO 变换和 PSA 氢提纯系统组成。生产 CO < 1μg/g 的高纯度氢气。典型能耗（进料 + 燃料 – 输出蒸汽，标态）为 12.5～14.6GJ/km³，已建有 120 多套装置。

（5）Lurgi 公司工艺。由进料预处理、预转化、烃类蒸汽转化、CO 变换和 PSA 氢提纯系统组成。转化炉管入口温度 600℃，出口温度 820℃，水/碳比 3.0。

（6）Krupp Uhde 公司工艺。由进料预处理、预转化、烃类蒸汽转化、CO 变换和 PSA 氧提纯系统组成。转化炉管入口温度 540℃，出口温度 850℃，水/碳比 3.5，已建有 20 多套装置。

（7）Linde 公司工艺。由进料预处理、预转化、烃类蒸汽转化、CO 变换和 PSA 氢提纯系统组成。转化炉管入口温度 550℃，出口温度 850℃，水/碳比 3.5。CO 变换为 Linde 公司专有的等温变换工艺。

（8）其他工艺。天然气也可用部分氧化法生产氢气，同时进入转化炉，在转化炉内甲烷和加入的天然气、蒸汽、氧气发生反应，产生氢气。但该工艺因需配套空分装置，投资大、能耗高。更适合重质组分的原料制氢。

德国 Caloric Anlagenbau 公司将天然气、丙烷或石脑油在单一的催化蒸汽转化中将制氢工艺推向工业化。转化后在 1.5MPa 下采用变压吸附得到纯度 99.999% 的氢气。该工艺将预转化、转化和 CO 变换组合成单一的步骤。与常规的蒸汽转化相比可节省设备投资近 2/3。该公司试验了氢气能力 50m^3/h 的设施，生产费用约 0.45 美元/m^3，据称该工艺的经济规模为 300 ~ 400m^3/h。

Niagara Mohawk 动力公司开发了利用甲烷催化裂化生产纯氢的新技术，双同心反应器的内壁为 Pd – Nb 膜（厚 1 ~ 2μm），可高度渗透氧气。

Johnson Matthey 开发了天然气或汽油部分氧化和蒸汽转化联合制氢工艺。该工艺可在较低温度下操作，可将氢气用于汽车燃料电池，缺点是副产 CO_2，脱至微量后才能用于燃料电池。

7.2.3 制氢工业气体污染物控制方法

由于制氢采用的原料主要是由 C、H、O 三种元素组成，故其污染物主要包括 CH_4、CO、CO_2 在内的碳氢有机、无机化合物。

7.2.3.1 二氧化碳的控制方法

（1）醇胺溶液吸收（MDEA）法。醇胺溶液吸收法是以 MDEA（甲基二乙醇胺）水溶液为基础，再在其中按不同的工艺要求加入各种添加剂，从而进一步改善 MDEA 溶剂的脱碳性能。其具有投资省、电耗低、热耗低等特点：MDEA 溶液对天然气的溶解度低于天然气在纯水中的溶解度。因此，MDEA 在脱除二氧化碳气体的过程中，天然气的损失很少。并且 MDEA 稳定性较好，在使用过程中很少出现降解的现象，它对碳钢设备几乎无腐蚀。

长庆气田在国内首先使用该技术进行天然气脱碳，将天然气中的 CO_2 含量由 8% 降低到 3% 以下。重庆净化厂长寿分厂和大港油田潜山净化厂也采用 MDEA 方法进行脱碳[2]，并取得了明显的经济效益。

（2）膜分离法。气体膜分离是新型 T 分离技术。它以膜两侧气体压力差为驱动力，使 CO_2 溶解并渗透膜，从而使该组分在膜原料侧浓度降低。而在膜的另一侧 CO_2 达到富集，达到脱除 CO_2 的目的。该过程具有能耗低、一次性投资较少、设备紧凑、占地面积小、操作弹性大且简单、维修保养方便和易于扩展处理等优点是高效、节能和环保的新兴技术。已成为能源和环境领域中重要的研究开发课题，对解决当前石油行业中的天然气净化、回收与利用、降低生产成本等非常有效。

（3）变压吸附法（PSA）。变压吸附技术是利用吸附剂的平衡吸附量随组分分压升高而增加的特性，进行加压吸附、减压脱附的操作方法。PSA 已广泛用于气体分离领域。PSA 技术有以下几个特点：工艺简单；装置操作弹性大；能适应气量和组成波动较大的原料气；原料气中的有害微量杂质可作深度脱除；无溶剂和辅助材料消耗；无三废排放，对环境不会造成污染。位于西南化工研究设计院的国家变压吸附技术研究推广中心在合成氨、尿素、甲醇等生产领域，应用 CO_2 脱除工艺有诸多业绩。

（4）低温甲醇吸收（rectisol）法。该技术是 20 世纪 50 年代由德国林德（Linde）公司和鲁奇（Lurgi）公司[4]联合开发的以冷甲醇为吸收溶剂，利用甲醇在低温下对酸性气体溶解度极大的优良特性，脱除原料气中的酸性气体。气体的脱硫和脱碳可在同一个塔内分段、选择性地进行。具有气体净化度高，选择性好，溶剂廉价易得等特点。已广泛应用于合成氨、甲醇、羰基合成、城市天然气脱硫气体净化装置中。

目前膜分离装置国内虽然尚无先例。需引进国外膜设备，价格较高，技术的成熟性有一定风险。变压吸附技术对原料气损耗较大，因此，吸附脱碳技术也不适于拟建的装置。MDEA 脱碳工艺因其溶剂对烃类相对低的溶解度，建议作为油田伴生气脱碳处理的候选技术，具体可根据设计院的设计进行。对于含二氧化碳较多的天然气，如果含有的硫化氢少，可以选用膜分离法，然后按醇胺法的方法进行脱除。

7.2.3.2 一氧化碳净化方法

A 醋酸铜氨液法

一氧化碳的净化主要是通过络合反应和氧化反应实现的，其主要反应为：

低价铜络离子吸收 CO：

$$2Cu(NH_4)_n^+ + 2NH_3 + 2CO \longrightarrow 2Cu(NH_3)_{n+1}CO^+ + H_2$$

高价铜还原为低价铜：

$$2Cu(NH_3)_4^{2+} + Cu(NH_3)_3CO^+ + H_2O = 3Cu(NH_3)_2^+ + CO_2\uparrow + 2NH_4^+ + 3NH_3\uparrow$$

溶解态的 CO 先与低价铜作用，将低价铜还原为金属铜：

$$2Cu(NH_3)_2^+ + CO + H_2O = CO_2\uparrow + 2Cu\downarrow + 2NH_3 + 2NH_4^+$$

生成的金属铜非常活泼，在高价铜存在下被氧化为低价铜，而高价铜也被还原为低价铜：

$$Cu + Cu(NH_3)_4^{2+} = 2Cu(NH_3)_2^+$$

其总反应为：

$$2Cu(NH_3)_4^{2+} + CO + H_2O = 2Cu(NH_3)_2^+ + CO_2\uparrow + 2NH_3\uparrow + 2NH_4^+$$

以上高价铜被溶解态 CO 还原成低价铜，CO 则被氧化成 CO_2，好比是液相中 CO 的燃烧过程，因此称为"湿法燃烧"。

B 铜铝络合溶剂法（COSORB）

COSORB 法早于 1970 年由 Tenneco 化学公司研究，1983 年 KTI 成为拥有此法的专利商，此法可以从烃蒸汽转化，天然气部分氧化，焦炉气、煤气化等各种气源中脱除和回收 CO，可得到纯度大于 98% 的 CO，回收率达到 99.5%。

COSORB 法相似于铜氨法，也是用铜的配合物吸收 CO，但与铜氨法不一样的是它使用非水溶液，其活性组分是氯化铜铝，溶于芳香苯中，吸收与解吸的反应式为：

$$CuAlCl_4C_7H_8 + CO \Longrightarrow CuAlCl_4CO + C_7H_8$$

吸收时反应向右进行，加热再生向左进行。吸收剂不与合成气中存在的 H_2、CO_2、CH_4、N_2 等气体反应，但这些气体在苯基溶剂中有一定程度的物理性溶解。气体中如果有水，会同吸收剂中的活性组分反应生成 HCl 气体。因此气体进入 COSORB 装置前，必须预先干燥，水含量最好低于（标态）$1mg/m^3$。气体中可能还含有其他杂质，如 H_2S、SO_2、NH_3、CH_3OH，烯烃等会同溶剂发生不可逆反应，因此在气体进入 COSORB 反应器前需将这些杂质降到最低水平。COSORB 法与冷冻法、吸附法回收 CO 相比的优点是：当气体中含有氮气时，采用冷冻法很难将氮气和一氧化碳通过蒸馏分离，而采用 COSORB 法得到的一氧化碳产品纯度比冷冻法高。相似的情况，当气体中含有甲烷时，因为甲烷的吸附性能强于一氧化碳，用 COSORB 法得到的一氧化碳气体纯度高于变压吸附（PSA）。但基本目的都是氢气的净化，冷冻法和吸附法一般更经济。

C 液氨洗法

液氨洗是利用 CO 比 N_2、H_2 沸点高及能溶于液氨的特性，在低温下将 CO 冷凝溶解于液氨中，并将其分离而达到分离的目的。此法具有以下优点：

液氨不但能脱除一氧化碳，还能有效地脱除甲烷、氩等惰性气体，可以得到惰性气含量低于 100mg/L 的高质量合成气，这对降低原料气消耗增加氨合成能力特别有利；液氨洗原料气来自低温甲醇洗装置，低温甲醇洗作为液氨洗的预冷阶段、相互匹配非常合理；在以煤、渣油为原料的制氨工厂都有较大的空分装置，可为液氨洗提供高纯度的氮气；现在液氨洗单元操作压力都大于 6MPa，在此高压条件下系统的冷量可以实现自身的平衡，正常情况下不需要外供液氨作为冷源。

由于具有以上优点，液氨洗脱除 CO 广泛应用于重油、渣油部分氧化，煤的纯氧和富氧气化制氨的工厂中。

液氨洗脱除微量的 CO、CH_4 和氩等杂质气体是物理过程，它是利用具有比氮气沸点高以及能溶于液氨的特性，在低温下使 CO 冷凝溶于液氨中，由于甲烷、氩的沸点都比 CO 高，在洗涤脱除一氧化碳的同时，能将其一并去除，从而达到净化原料气的目的。原料气各组分有关性质见表 7-13。

表 7-13　原料气各组分有关性质

组　分	H_2	N_2	Ar	CO	CH_4
相对分子质量	2.051	28.0134	39.948	28.0106	16.043
临界温度/K	32.976	126.1	150.7	132.92	190.7
临界压力/Pa	1.3×10^6	3.4×10^6	4.9×10^6	3.5×10^6	4.6×10^6
临界密度（标态）/kg·m^{-3}	31.45	312	535	301	162
沸点/K	20.38	77~55	87~291	81.65	111.7
汽化热/J·kg^{-1}	444.14	199.25	164.09	215.83	509.74

液氨洗实际涉及的是 $H_2 - N_2 - CO - Ar - CH_4$ 五元素系统，在讨论多组分气液平衡时，必须考虑到各组分间的相互作用，尤其是 H_2 浓度很大时更不能忽略。但文献中关于五元素气液平衡数据未见报道，故工程上常采用 $H_2 - N_2 - CO$ 三元素系统加以考虑。

D　甲烷化法

甲烷化是使合成气中少量碳氧化物，在甲烷催化剂的作用下，通过加氢转化成易于去除的水，用于净化的气体中碳氧化物最大含量约 2.5%，在合成氨工业中用甲烷化法脱除气体中的碳氧化合物的含量一般不小于 0.7%，在石油化工加氢操作中如含有 CO 和 CO_2，会使催化剂中毒，因此必须去除。在一般操作条件下，甲烷化反应进行得很完全，出口气体的碳氧化合物含量可达到小于 10mg/L。

甲烷化也可以用于从液态烃和煤生产合成天然气的工艺中，此过程不同于以净化为目的的工艺。它是使高浓度碳氧化物甲烷化，在高温下分几级进行，反应产生的热量回收用于产后高压蒸汽。

CO 和 CO_2 的甲烷化基本反应：

$$CO + 3H_2 = CH_4 + H_2O$$
$$CO_2 + 4H_2 = CH_4 + 2H_2O$$

当原料中含氧气时，氧气与氢气反应生成水：

$$O_2 + 2H_2 = 2H_2O$$

在制氢原料中含有重质烃，这部分重质烃可发生裂解反应：

$$C_2H_6 + H_2 = 2CH_4$$
$$C_3H_8 + 2H_2 = 3CH_4$$

在某些条件下可能发生碳析出反应：

$$2CO = CO_2 + C$$
$$CO + H_2 = H_2O + C$$

以上析碳是一个有害的反应,会损害催化剂的活性和强度。析碳反应的发生与气体中的 $[H_2]/[CO]$ 值有关,在氨厂和制氢厂气体条件下比值很高,发生积碳反应的可能性很小。

在一定条件下,原料气中的 CO 还能与催化剂中的金属镍生成羰基镍:

$$Ni + 4CO \Longrightarrow Ni(CO)_4$$

上述反应生成的羰基镍不仅会严重损害催化剂的活性,使催化剂性能急剧恶化。而且对人体的危害也很大,工厂空气中羰基镍允许含量为 $0.001mg/m^3$。温度低、压力高对生成羰基镍有利,在 200℃ 以上,就难有羰基镍生成。因此,在正常甲烷化操作条件下,反应温度应控制在 300℃ 以上,生成羰基镍可能性很小。只有发生事故停车,反应炉温度才有可能低于 200℃,应防止催化剂和 CO 接触,此时可用纯氮或不含 CO 的 $N_2 - H_2$ 合成气置换工艺气。在以后开车过程中也应该在这种气氛下升温到 250℃ 以上再用工艺气置换。

E 甲醇化法

甲醇化是利用甲醇催化剂先使原料气中 CO 和 CO_2 转化为甲醇,将甲醇作为化工产品冷凝分离后,气体中最后残余少量 CO 和 CO_2,通过甲烷化法将其脱除干净,获得 $CO + CO_2 < 10mg/L$ 的精制气。

甲醇化法基本反应为:

主反应:

$$CO + 2H_2 \Longrightarrow CH_3OH$$
$$CO_2 + 3H_2 \Longrightarrow CH_3OH + H_2O$$

副反应:

$$4CO + 8H_2 \Longrightarrow C_4H_9OH + 3H_2O$$
$$2CO + 4H_2 \Longrightarrow (CH_3)_2O + H_2O$$
$$2CH_3OH \Longrightarrow (CH_3)_2O + H_2O$$
$$CO + 3H_2 \Longrightarrow CH_4 + H_2O$$

经甲醇化工序后的气体,含有 CO 和 CO_2 约 0.1% ~ 0.3%,经换热后温度达到 280℃,进入甲烷化工序,CO 和 CO_2 在甲烷催化剂的作用下,与氢气产生甲烷,其反应为:

$$CO + 3H_2 \Longrightarrow CH_4 + H_2O$$
$$CO_2 + 4H_2 \Longrightarrow CH_4 + 2H_2O$$

7.3 乙炔工业气体污染物控制技术

7.3.1 行业现状

乙炔气作为石油化工的原料,用来制造聚氯乙烯、聚丁橡胶、醋酸、醋酸乙烯酯等。随着国内聚氯乙烯（PVC）行业的快速发展，工业生产对乙炔气的需求也日益增加。目前乙炔气的生产主要包括湿法工艺和干法工艺两种，相比而言无论湿法还是干法生产乙炔工艺，粗乙炔气中除了乙炔外，还含有多种杂质气体，包括硫化氢（H_2S）、磷化氢（PH_3）、砷化氢（AsH_3）、氨（NH_3）以及微量有机物，其中含量较大的是硫化氢和磷化氢气体，如果不加以处理，不仅会造成聚氯乙烯生产的催化剂中毒，直接影响聚氯乙烯的产量。还会对周边环境以及人们身心健康构成威胁。粗乙炔气中硫化氢和磷化氢的含量与电石的品位相关。研究表明，粗乙炔气中硫化氢和磷化氢的含量通常在每立方米几百到数千毫克，已然超出国标规定的范围，无法达到直接排放的标准，见表 7－14。因此，对粗乙炔气进行净化处理显得十分必要。目前脱除乙炔气中硫化氢和磷化氢的主要方法包括湿法和干法两类，相比而言，湿法由于其低廉的价格以及易于操作管理的特点被广泛应用于粗乙炔气的净化。然而却也存在着废水产生量大等缺点，对环境构成威胁。针对湿法存在的缺陷，采用干法就能有效抑制废水的产生。并且干法还具有脱除杂质效率高，材料易于再生等优点。因而，干法将会成为未来粗乙炔气净化的主导方向，具有广阔的发展前景。

表 7－14　电石质量标准

项　目			指　标		
			优等品	一级品	合格品
发气量 （20℃，101.3kPa） /L·kg^{-1}	粒度/mm	80～200	305	285	255
		50～80	305	285	255
		5～80	300	280	250
		5～50	300	280	250
乙炔中磷化氢/%（V/V）（≤）			0.06	0.08	0.08
乙炔中硫化氢/%（V/V）（≤）			0.10		

7.3.2　工艺流程与产生的主要污染物

电石生产乙炔工艺（见图 7－2）如下：

首先利用电机带动破碎机运转，破碎机的固定颚板和活动颚板通过挤压将电石破碎到适宜粒度。

电石在发生器内与水发生反应生成乙炔气，同时放出大量热。因工业电石不纯，其中杂质与水能起反应，放出相应的杂质气体。

主反应为：

$$CaC_2 + 2H_2O \longrightarrow Ca(OH)_2 \downarrow + C_2H_2 \quad \Delta_r H_m^{\ominus} = +127kJ/mol$$

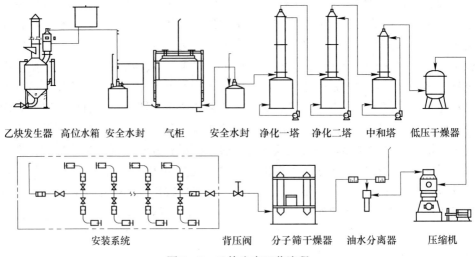

乙炔发生器　高位水箱　安全水封　气柜　安全水封　净化一塔　净化二塔　中和塔　低压干燥器

安装系统　　　　　　　背压阀　分子筛干燥器　油水分离器　压缩机

图 7-2　乙炔生产工艺流程

副反应为：

$$CaO + H_2O \longrightarrow Ca(OH)_2 \downarrow \qquad\qquad \Delta_r H_m^\ominus = +62.7 kJ/mol$$

$$CaS + 2H_2O \longrightarrow Ca(OH)_2 \downarrow + H_2S$$

$$Ca_3P_2 + 6H_2O \longrightarrow 3Ca(OH)_2 \downarrow + 2PH_3$$

$$Ca_3N_2 + 6H_2O \longrightarrow 3Ca(OH)_2 \downarrow + 2NH_3$$

$$Ca_2Si + 4H_2O \longrightarrow 2Ca(OH)_2 \downarrow + SiH_4$$

$$Ca_3As_2 + 6H_2O \longrightarrow 3Ca(OH)_2 \downarrow + 2AsH_3$$

乙炔气从正水封进入水洗塔和冷却塔进行洗涤冷却，冷却后的乙炔气进入气柜，一路经环泵加压后进入第一清净塔，第二清净塔。乙炔在 1 号和 2 号清净塔与次氯酸钠溶液逆流接触，除去气体中的硫、磷杂质。经清净后乙炔气呈酸性，进入中和塔被碱液中和，中和塔出来的乙炔气纯度达到 98.5% 以上，经冷却器冷却后，送往转化工序，清净反应为：

$$4NaClO + H_2S \longrightarrow H_2SO_4 + 4NaCl$$

$$4NaClO + PH_3 \longrightarrow H_3PO_4 + 4NaCl$$

$$4NaClO + AsH_3 \longrightarrow H_3AsO_4 + 4NaCl$$

中和反应为：

$$2NaOH + H_2SO_4 \longrightarrow Na_2SO_4 + 2H_2O$$

$$3NaOH + H_3PO_4 \longrightarrow Na_3PO_4 + 3H_2O$$

$$3NaOH + H_3AsO_4 \longrightarrow Na_3AsO_4 + 3H_2O$$

将烧碱片送来的浓次钠通过文丘里反应器进行配制，加入适量的一次水和盐酸来控制次钠的有效氯在 0.065% ~ 0.12% 之间，pH 值为 7 ~ 8。配制合格的次钠由泵打入各清净塔。来自发生器溢流管以及排渣池的渣浆，由泵送入转筛过滤槽除去矽铁，再经沉降池沉淀，由泵送至压滤机压滤，压滤后的清液和沉降池顶部溢流的清液经喷雾塔冷却、降温后由泵送往发生器重复使用。压滤后的电石渣外运处理。

电石粒度控制：一般电石粒度控制在80mm以下。电石粒度不宜过小，否则水解反应速度过快，使反应热不能及时移走，发生器局部过热而引起乙炔分解和热聚，进而使温度过高而发生爆炸；粒度过大，则电石反应缓慢，而发生器底部排渣时容易夹杂未反应的电石，造成电石消耗定额的上升破碎时严禁其他任何杂物经皮带进入料仓，以免影响发生岗位的操作而且现场不能有任何水浸入。

由于电石中或多或少都含有杂质，所以产生的粗乙炔气中也会夹杂各种杂质气体。研究表明，粗乙炔气中含有的杂质包括：硫化氢、磷化氢、氨气、砷化氢、少量的烷烃和烯烃以及大量的水蒸气。就含量而言，硫化氢和磷化氢较多，对后续生产影响也较大，故乙炔工艺除杂主要针对硫化氢和磷化氢两种杂质。

7.3.3　乙炔工业气体污染控制方法

对于粗乙炔气中的硫化氢和磷化氢的去除，单独脱除某一种气体的研究很多，而同时脱除的研究相对较少。粗乙炔气净化工艺可分为湿法和干法两类。其中湿法包括次氯酸钠法、浓硫酸法、氯水法、液相催化氧化法、湿式催化氧化法等。而干法主要包括催化分解法和吸附催化氧化法。

7.3.3.1　典型单独脱除硫化氢的方法——克劳斯法

克劳斯法是脱除硫化氢最古老的方法之一，主要是以硫化氢为原料，在克劳斯燃烧炉内使其部分氧化成SO_2继而与进气中的H_2S作用生成硫黄。这种以H_2S为原料制取硫黄的方法已有几十年的历史了。克劳斯法的主要反应为：

$$2H_2S + 3O_2 == 2SO_2 + 2H_2O$$
$$2H_2S + SO_2 == 2H_2O + 3S$$

随着温度的降低S_2可以变成S_6、S_8，生成的元素硫经冷凝后可回收硫黄产品。

传统的克劳斯法流程有单流法、分流法和催化氧化法三种。

（1）单流法是原料气全部通过燃烧炉，严格控制入炉空气量，只让1/3的H_2S燃烧生成SO_2，这些SO_2与H_2S反应生成单质硫。单流法也称部分燃烧法。

（2）分流法是将1/3的原料气送入燃烧炉，将其中的H_2S燃烧成SO_2，再与另外2/3的原料气汇合进入催化转化器发生克劳斯反应，生成硫黄。这种方法的优点是容易控制混合气中H_2S和SO_2的比例，但不宜处理含烃类气体较高的原料气。2/3的原料气中的烃类气体没有经过高温炉的氧化燃烧，因而硫黄的纯度不高，颜色变深（不呈黄色），臭味较大。而且对催化剂产生毒害，转化率下降。分流法适用于对硫化氢含量为15%～50%的原料气处理。对于硫化氢浓度为2%～15%的酸性气体，一般采用催化氧化法。

（3）催化氧化法是将脱硫后仍含有一定浓度的H_2S酸性气体进行催化氧化处理。

提高克劳斯法的硫回收率，降低尾气中硫化物浓度，应注意：一是要严格控制进入转化器内的H_2S与SO_2的摩尔比为2:1；二要选择新型、高效催化剂，选择和控制好反应器床温和气流的空速，由于该转化反应为可逆放热反应，反应温度低时转化率高，但反应速度较慢，高温下则相反。故在实际生产中，应权衡转化率和反应速度，选择适当的空速和反应温度。一般选择空速为$500h^{-1}$左右，反应温度300～320℃，比露点高180～200℃；三要提高液体硫雾的捕集效率，改进硫分离技术，采用冷凝－捕集器相结合的形式或使用新型捕集器。

另一种选择性的氧化法是超级克劳斯法。近年来，选择性氧化H_2S为元素硫的技术有了突破性的进展；1998年荷兰Comprimo等公司合作开发了超级克劳斯工艺，并在德国温特赛尔天然气净化厂克劳斯硫回收装置上进行工业化试验取得成功。

超级克劳斯工艺有两种：Supper Claus－99型和Supper Claus－99.5型。该技术成功的关键是开发一种选择性较好、对水和过量氧均不敏感的选择性氧化催化剂，其氧化H_2S的效率达85%～95%，不发生其他副反应，几乎无SO_2生成。当采用Supper Claus－99型工艺时，调整克劳斯硫回收装置空气尽量为理论量的86%～96.5%；使克劳斯装置在H_2S过量的条件下运行，使工艺中H_2S的含量为0.8%～3%（摩尔比），而几乎无SO_2，尾气进入选择性氧化反应器，即可使总硫回收率达99%。Supper Claus－99.5工艺将正常操作的克劳斯装置的工业尾气中的全部硫化氢氧化为硫，然后进行选择性氧化反应，总硫回收率达99.5%。超级克劳斯法的工艺气体不必脱水，选择性氧化时，可配置过量氧而对选择性无明显影响。可见其工艺简单，操作容易。

7.3.3.2　典型单独脱除磷化氢的方法——活性炭吸附法

Wilde Jurgen的专利介绍了采用硫化活性炭吸附废气中的磷化氢。众多研究结果表明，未经处理的活性炭对PH_3无任何吸附效果，而硫化活性炭可使磷化氢的浓度从$5 \times 10^{-4}mL/m^3$降到$0mL/m^3$。该专利还介绍了对$50m^3$的磷化氢气室进行实验的情况。实验中采用两个吸附塔串联的办法，每个吸附塔空间均为200L，填入20%的硫化活性炭吸附剂，磷化氢气室内磷化氢气体浓度为8×10^{-4}（体积分数）。混合气体采用鼓风装置进行循环吸附，吸附60min后，磷化氢浓度降到2×10^{-5}（体积分数），约65min后磷化氢的浓度变为0。郭坤敏等的专利介绍了用浸渍活性炭处理PH_3的方法。以煤质颗粒活性炭为载体，浸渍Cu、Hg、Cr、

Ag 四种组分。浸渍活性炭的制备方法为：筛取一定粒度的煤质颗粒活性炭，用 $CuSO_4$ 和 Cr_2O_3 的 NH_4OH 溶液和 $AgNO_3$ 的乙醇溶液充分混合，在 40～60℃下加入 $HgCl_2$，按活性炭水容量的 70%～80% 液相浸渍，浸渍液的 pH 值为 8～13，浸渍后放置大于 3h，在 100～150℃ 的条件下，在空气流中热处理 2～3h，即得到该浸渍活性炭。上述浸渍、放置、热处理过程反复进行两次。该活性炭对 1000μL/L 的 PH_3 气体可以净化到 0.3μL/L。实验的煤质颗粒活性炭的载体粒度为 1.2mm，浸渍组分含量为 9% Cu、2% Cr、0.04% Ag、6% Hg。实验条件：PH_3 浓度为 1000μL/L，系统压力为 9×10^6～10×10^6 Pa，实验动力管内径为 2cm，浸渍活性炭高度为 1cm，气流比速 $v = 1L/(min \cdot cm^2)$，活性炭催化氧化脱磷过程中反应温度及气体中的氧含量是影响净化效果的关键因素，增加气体中氧含量或提高反应温度至一定值后，净化效果会显著提高，反之净化效果显著降低。

实验结果如表 7-15 所示。

表 7-15　浸渍活性炭处理磷化氢效果

净化时间/min	8	9	10	13	15	17	19	21	23
磷化氢透过浓度/μL·L⁻¹	0	0.0083	0.011	0.0165	0.0248	0.0468	0.0963	0.1734	0.2752

7.3.3.3　同时脱除硫化氢和磷化氢的方法

A　次氯酸钠法

次氯酸钠法脱除硫化氢和磷化氢的原理是：在室温和碱性条件下，利用次氯酸钠的强氧化性，将硫化氢和磷化氢氧化为硫酸和磷酸，再通过碱性溶液将其去除。主要发生下列反应：

$$H_2S + 4NaClO \longrightarrow H_2SO_4 + 4NaCl$$
$$PH_3 + 4NaClO \longrightarrow H_3PO_4 + 4NaCl$$
$$H_2SO_4 + 2NaOH \longrightarrow Na_2SO_4 + 2H_2O$$
$$H_3PO_4 + 3NaOH \longrightarrow Na_3PO_4 + 3H_2O$$

传统的次氯酸钠法具有操作简便，安全性能好，净化效果佳，成本低廉等特点，广泛应用在工业生产中。但仍存在设备尺寸过大，占地空间大，废水排放易造成环境污染等缺点。

B　浓硫酸法

鉴于次氯酸钠法存在废水产生量大且不易储存的缺陷，研究者们试图通过更改氧化剂来加以克服。研究表明，由于浓硫酸的氧化性和吸水性，能够有效净化粗乙炔气，减少废水的排放量。其净化原理为：

$$3H_2S + H_2SO_4 \longrightarrow 4H_2O + 4S$$
$$H_2S + H_2SO_4 \longrightarrow S + 2H_2O + SO_2 \uparrow （少量）$$

$$H_2S + 2SO_2 \Longrightarrow H_2O + 3S$$

$$PH_3 + 4H_2SO_4 \Longrightarrow H_3PO_4 + 4H_2O + 4SO_2$$

$$H_3PO_4 + 3NaOH \Longrightarrow Na_3PO_4 + 3H_2O$$

$$SO_2 + 2NaOH \Longrightarrow Na_2SO_3 + H_2O$$

实践证明，用浓硫酸法净化粗乙炔气，经济且环保，同时也解决了乙炔气易产生爆炸的隐患。究其原因，一是由于浓硫酸较次氯酸钠更稳定，易于运输；二是由于浓硫酸的强吸水性，能有效的将粗乙炔气中掺杂的水分去除，基本实现了废水的零排放，同时也解决了乙炔气溶于废水易造成安全隐患等问题。

C　氯水法

将氯气溶于水，形成具有强氧化性的次氯酸，可去除粗乙炔气中的硫化氢和磷化氢，其净化原理与次氯酸钠法类似，即通过次氯酸的强氧化性将硫化氢和磷化氢氧化为高价态的物质。主要发生以下反应：

$$Cl_2 + H_2O \Longrightarrow HClO + HCl$$

$$4HClO + H_2S \Longrightarrow H_2SO_4 + 4HCl \uparrow$$

$$4HClO + PH_3 \Longrightarrow H_3PO_4 + 4HCl \uparrow$$

$$2NaOH + H_2SO_4 \Longrightarrow Na_2SO_4 + 2H_2O$$

$$3NaOH + H_3PO_4 \Longrightarrow Na_3PO_4 + 3H_2O$$

此方法相比于次氯酸钠法具有效果稳定，工艺先进，成本低的优点，同时装置安全可靠且净化效果理想。相比浓硫酸法可以避免污染地下水体，是一种理想的乙炔气净化工艺。

次氯酸法较其他工艺具有工艺简单，成本低廉，易于实现自动化控制，产生的废液能循环利用等优点。但是次氯酸钠溶液浓度不易控制，清净工艺耗水量多。相比于次氯酸钠工艺，浓硫酸法能有效抑制废水的产生，在环保方面具有显著的优势。但是使用浓硫酸作为清净剂难以回收利用产生的废液，容易造成资源浪费。而采用氯水法不仅能有效抑制废水的产生，还能实现废液的循环利用。但是，相比于次氯酸钠法和浓硫酸法，氯水法的工艺较复杂，投资运营成本较高。综合考虑投资成本、经济和社会效益以及环保等方面，氯水法具有明显的优势。目前，国内采用较多的是次氯酸钠法，而氯水法在国外应用较为成熟。

对粗乙炔气净化工艺的研究，国内外学者已做了大量工作，取得了一定的成果。就目前而言，粗乙炔气同时脱除硫化氢和磷化氢的研究还是以湿法为主。然而，湿法工艺存在废水产生量大，清净剂难以回收再利用，乙炔气容易溶解在废水中，不仅造成乙炔产率下降，排入下水道还存在安全隐患等缺陷。而干法能有效净化粗乙炔气，并且能克服湿法工艺存在的缺陷。只是对干法工艺的研究还不是很成熟，加强干法净化粗乙炔基础研究。适应时代的发展，干法工艺必将取代湿法工艺成为未来粗乙炔气净化的潮流。

参考文献

［1］ 王遇冬，王登海．胺法脱硫技术在长庆气田的应用与研究［J］．天然气工业，2002，22（6）：92～96.

［2］ 任晓红，安新明．油田气二氧化碳脱除工艺优选［J］．油气田地面工程，2005，24（11）：54.

［3］ 魏玺群，陈健．变压吸附气体分离技术的应用和发展［A］．第五届全国低温工程大会论文集［C］，2001.

［4］ Wilde J. Adsorbent mass for phosphine［P］. WO：00/021644，2000－04－20.

［5］ 郭坤敏，袁存桥，马兰，等．氢气流中净化磷化氢、砷化氢的浸渍活性炭［P］. CN：1076173，1993－09－15.

［6］ 郭坤敏，袁存桥，马兰，等．氢气流中净化磷化氢、砷化氢的新型催化剂和净化罐的研究［J］．化学通报，1994（3）：29～31.

［7］ 谢建川．天然气转化制氢工艺进展及其催化剂发展趋势［J］．川化，2006（2）：7～11.

［8］ 刘京林，孙党莉．甲醇蒸汽转化制氢和二氧化碳技术［J］．化肥设计，2005，43（1）：36～37.

［9］ 汪家铭．水电解制氢技术进展及应用［J］．四川化工，2006，9（1）：55.

8 精细化工与高分子化工行业
大气污染控制

8.1 精细化工与高分子化工行业概述

8.1.1 精细化工的定义与分类

8.1.1.1 精细化工的定义

在我国"精细化工"是近十几年内才逐渐被较多人所知并给予重视的。在国外，"精细化工"是"精细化学工业"（Fine Chemistry Industry）的简称，是生产"精细化学品"的工业。关于精细化工的定义，在发达国家已经展开了较长时间的讨论。然而迄今为止，仍是众说纷纭，尚无简明、确切而又得到公认的科学定义。我国目前所称的精细化学品的含义与日本基本相同。概括起来就是"精细化学品的深度加工的、具有功能性或最终使用性的、品种多、产量小、附加价值高的一大类化工产品"，其相关的工艺称为精细化工。

8.1.1.2 精细化工产品的分类

关于精细化工的分类目前国际上缺少通行准则，即使在一个国家，由于分类的目的不同，包括的范围也不尽相同。为加快发展精细化工，优化产品结构，并作为今后规划和统计的依据，1986 年 3 月 6 日，我国原化学工业部颁布了《关于精细化工产品分类的暂行规定和有关事项的通知》，规定中国精细化工产品包括 11 个产品类别：（1）农药；（2）染料；（3）涂料（包括油漆和油墨）；（4）颜料；（5）试剂和高纯物；（6）信息化学品（包括感光材料、磁性材料等能接受电磁波的化学品）；（7）食品和饲料添加剂；（8）胶黏剂；（9）催化剂和各种助剂；（10）化工系统生产的化学药品（原料药）和日用化学品；（11）高分子聚合物中的功能高分子材料（包括功能膜、偏光材料等）。

其中，催化剂和各种助剂包括以下内容。

1）催化剂。炼油催化剂、石油化工用催化剂、有机化工用催化剂、合成氨用催化剂、硫酸用催化剂、环保用催化剂、其他催化剂。

2）印染助剂。柔软剂、匀染剂、分散剂、抗静电剂、纤维用阻燃剂等。

3）塑料助剂。增塑剂、稳定剂、发泡剂、塑料用阻燃剂等。

4）橡胶助剂。促进剂、防老剂、塑解剂、再生胶活化剂等。

5）水处理剂水质稳定剂、缓蚀剂、软水剂、杀菌灭藻剂、絮凝剂等。

6）纤维抽丝用油剂。涤纶长丝用油剂、涤纶短丝用油剂、锦纶用油剂、腈纶用油剂、丙纶用油剂、维纶用油剂、玻璃丝用油剂等。

7）有机抽提剂。吡咯烷酮系列、脂肪烃系列、乙腈系列、糠醛系列等。

8）高分子聚合物添加剂。引发剂、阻聚剂、终止剂、调节剂、活化剂等。

9）表面活性剂。除家用洗涤剂以外的阳离子型、阴离子型、非离子型和两性表面活性剂。

10）皮革助剂。合成鞣剂、涂饰剂、加脂剂、光亮剂、软皮油等。

11）农药用助剂。乳化剂、增效剂等。

12）油田用化学品。油田用破乳剂、钻井防塌剂、泥浆用助剂、防蜡用降黏剂等。

13）混凝土用添加剂。减水剂、防水剂、脱模剂、泡沫剂（加气混凝土用）、嵌缝油膏等。

14）机械、冶金用油剂。防锈剂、清净剂、电镀用助剂、各种焊接用助剂、渗碳剂、汽车等机动车防冻剂等。

15）油品添加剂。防水添加剂、增黏添加剂、耐高温添加剂、汽油抗震添加剂、液压传动添加剂、变压器油添加剂、刹车油添加剂等。

16）炭黑（橡胶制品的补强剂）。高耐磨炭黑、半补强炭黑、色素炭黑、乙炔炭黑等。

17）吸附剂。稀土分子筛系列、氧化铝系列、天然沸石系列、二氧化硅系列、活性白土系列等。

18）电子工业专用化学品（包括光刻胶、掺杂物、试剂等高纯物和高纯气体）。显像管用碳酸钾、氟化物、助焊剂、石墨乳等。

19）纸张用添加剂。增白剂、补强剂、防水剂、填充剂等。

20）其他助剂。玻璃防霉（发花）剂、乳胶凝固剂等。

需要说明的是，我国原化学工业部颁布的精细化工产品分类暂行规定中不包括国家医药管理局管理的药品和中国轻工总会所属的日用化工产品以及其他有关部门生产的精细化学品，而且有些分类还需要进一步完善或修订。进入20世纪80年代后，我国又把那些还未形成产业的精细化工产品归入精细化工领域。例如，食品添加剂、饲料添加剂、工业表面活性剂、水处理化学品、造纸化学品、皮革化学品、电子化学品、油田化学品、胶黏剂、生物化工、纤维素衍生物、气雾剂等。随着科学技术和精细化工的发展，新领域精细化工的门类还会进一步增加。

8.1.2 精细化工发展历程

尽管目前全球经济态势不太景气，化学工业主要产品趋于相对稳定的平衡状态，但是精细化工仍然得到了快速的发展，全球精细化工以年均 5% 的速率增长，据报道，2001 年全世界精细化学品市场销售额达到 520 亿美元，其中医药中间体为 370 亿美元，农用精细化学品为 75 亿美元，食品添加剂和饲料添加剂为 25 亿美元，染料为 25 亿美元，其他精细化学品为 25 亿美元。这其中定制化学品达到 80 亿美元。在全球精细化学品市场份额中，40% 为西欧，北美占 25%，日本为 15%，其他国家共占 20%。

我国的精细化工发展较快，基本上形成了结构布局合理、门类比较齐全、规模不断发展的精细化工体系。精细化学品品种近 30000 种，不仅传统的染料、农药、涂料等精细化工产品在国际上已具有一定的影响，而且食品添加剂、饲料添加剂、胶黏剂、表面活性剂、电子化学品、油田化学品等新兴领域的精细化学品也较大程度地满足了国民经济建设和社会发展的需要。

总的说来，我国传统精细化工发展很快，一些重要门类的产量已跃居世界先进行列，而新领域精细化工起点较高，研究开发极其活跃，有的已初具规模，产生了良好的经济效益。但是，我国精细化工在化学工业中所占的比重还较小，接近 40%。西欧、美国、日本等发达国家化工精细化率达 60% 以上。而且一些高档精细化学品还需要进口。因此，大力发展精细化工乃是我国化学工业发展的重中之重。

8.1.3 绿色精细化工

8.1.3.1 绿色精细化工是我国化学工业可持续发展的必然选择

我国在可持续发展战略的指引下，清洁生产、环境保护受到各级政府部门的高度重视。1994 年，国务院常委会通过了《中国 21 世纪议程》，并把它作为中国 21 世纪人口、环境与发展的白皮书，在其第 3 部分"经济可持续发展"中明确指出，改善工业结构与布局，推广清洁生产工艺和技术。同年，原化工部召开了第 8 次全国化工环保工作会议，发出了"全面推行清洁生产，实现化学工业可持续发展"的号召，明确提出实施化工清洁生产是化工系统的重要任务。强调依靠科技进步，加强"三废"治理与废物综合利用，节约资源，保护环境。原化工部在"七五"期间投资 32.5 亿元，"八五"期间增加到 52.7 亿元，安排环保项目 16912 个，在防治污染方面做了大量的工作，取得了明显的成效。化学工业万元能耗由 1990 年的 7.41t 标准煤下降到 1996 年的 4.80t 标准煤，下降 35%；化工废物综合利用产值由 1990 年 12.57 亿元增至 1996 年 49.77 亿元，同时每年可少排废水 13 亿吨，废气 3000 多亿立方米，废渣近 1000 万吨。但是，由于人口基数大，工业化进程的加快，大量排放的工业污染物和生活废弃物使我国人民面临日益严重的资源短缺和生态环境危机。在我国的环境污染中，工业污染占全国负荷的 70% 以上。我国是以煤为主要能源的国家，每年由工厂废气排出的 SO_2

达 $1.6 \times 10^7 t$，我国酸雨面积不断扩大，遍及全国 22 个省市，受害耕地面积达 2.67 万平方公里，由西南、华南蔓延至华东、华中和东北。我国每年废水排放量达 366 亿吨，其中工业废水 233 亿吨，86% 的城市河流水质超标，江河湖泊重金属污染和富营养化问题突出，七大水系污染殆尽。但是，我国是一个水资源严重缺乏的国家，水资源总储量虽为 2.8 万亿立方米，但人均占有量为 2300m³，为世界人均占有量的 1/4，居世界第 88 位。全国有 300 多个城市缺水，其中 100 多个城市严重缺水，尤其是我国北方地区缺水严重，已成为社会经济发展的重要制约因素之一。化学工业由于化工生产自身的特点，品种多，合成步骤多，工艺流程长，加之中小型化工企业占多数，长期以来采用高消耗、低效益的粗放型生产模式，使我国化学工业在不断发展的同时，也对环境造成了严重的污染，成为"三废"排放的大户。我国化工行业每年排放的工业废水 $5.0 \times 10^9 t$、工业废气 $8.50 \times 10^{11} m^3$、工业废渣 $4.6 \times 10^7 t$，分别占全国工业三废排放量的 22.5%、7.82%、5.93%。在工业部门中，化工排放的汞、铬、酚、砷、氟、氰、氨、氮等污染物居第一位。例如，染料行业每年排放的工业废水 $1.57 \times 10^8 t$；废气 $2.57 \times 10^{10} m^3$、废渣 $2.8 \times 10^5 t$；染料废水 COD 浓度高，色度深，难于生物降解。农药生产目前以有机磷农药为主要品种，全行业每年排放的废水上亿吨，这类废水含有机磷和难生物降解物质，还没有很成熟的处理方法。又如铬盐行业每年排放铬渣约 $1.3 \times 10^5 t$，全国历年堆存的铬渣已达 $2.0 \times 10^6 t$，流失到环境中的六价铬每年达 1000t 以上，给地下水质和人体健康造成了严重的危害。化学工业是我国工业污染的大户，化工生产造成的严重环境污染已成为制约化学工业可持续发展的关键因素之一。而精细化工由于品种繁多，合成工艺精细，生产过程复杂，原材料利用率低，对生态环境造成的影响最为严重。因此，发展绿色精细化工具有重要的战略意义，是时代发展的要求，也是我国化学工业可持续发展的必然选择！

8.1.3.2　绿色精细化工的内涵

所谓绿色精细化工，就是运用绿色化学的原理和技术，尽可能选用无毒无害的原料，开发绿色合成工艺和环境友好的化工过程，生产对人类健康和环境无害的精细化学品。总之，就是要努力实现化工原料的绿色化，合成技术和生产工艺的绿色化，精细化工产品的绿色化，使精细化工成为绿色生态工业。

A　精细化工原料的绿色化

精细化工原料的绿色化，就是要尽可能选用无毒无害化工原料进行精细化工品的合成。这方面的研究报道很多，以碳酸二甲酯（DMC）替代硫酸二甲酯进行，以二氧化碳代替光气合成异氰酸酯，节氯碳基化合成苯乙酸等都是典型的实例。然而目前人们使用 90% 以上的有机化学品及其制品都是以石油为原料进行加工合成的。随着石油等资源的日渐枯竭，绿色化学及其产业化革命的兴起，一个可再生资源利用的时代将逐步取代石油的时代，为人类社会可持续发展提供丰富的资源和能源。

在可再生资源的利用中，人们研究的兴趣和关注的目光越来越聚焦于生物质资源。所谓生物质是指由光合作用产生的生物有机体的总称，例如各种植物、农产物、林产物、海产物及某些废弃物等。生物质资源不仅储量丰富，而且易于再生。例如植物生物质的最主要成分——木质素和纤维素，每年以约 1640 亿吨的速度再生，如以能量换算，相当于目前全球石油产量的 15 ~ 20 倍。将廉价的生物质资源转化为有用的工业化学品，尤其是精细化学品是绿色精细化工的重要发展战略之一。例如 Michigan 州立大学 R. I. Hollingsworth 教授开发出将碳水化合物中的核糖转化为氮杂糖（1，4 – Dideeoxy – 1，4 – Iminoribitol）药物作为嘌呤核苷磷酸化酶的抑制剂，在临床诊断上已用于癌症的治疗。

又如己二酸是生产尼龙 – 66、聚氨酯润滑剂及增塑剂的重要中间体。全世界己二酸的年生产能力约 230 万吨。目前工业上生产己二酸的方法是以石油提取的苯为原料进行合成制得，而苯属于有毒物质。J. W. Frost 等开发出以纤维和淀粉为原料水解制备葡萄糖，经 DNA 重组技术改进的微生物催化作用，将葡萄糖转化为乙二烯二酸，在温和条件下催化加氢合成己二酸。该法原料易得，反应条件温和，安全可靠，是通过生物催化将葡萄糖转化为有机化学品的绿色合成。值得一提的是，Noyori 等开发了一种将环己烯用 30% H_2O_2 催化氧化成己二酸的新方法，这也是一个反应只生成己二酸和水而不用有机溶剂的绿色化学合成过程（见图 8 – 1）。

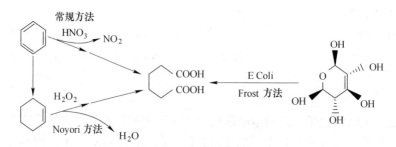

图 8 – 1 己二酸合成方法

聚乳酸（PLA）具有良好的生物降解性，安全无毒，大量用作食品包装材料、生物医学材料和农用化学品等。聚乳酸的常规方法是由乳酸直接缩合或丙交酯的开环聚合，生产成本高，聚合工艺过程复杂。Cargill Dow 公司利用可再生资源玉米谷物为原料，通过微生物发酵生产乳酸，采取熔融态聚合而不是应用有机溶剂生成高分子量的 PIA，产率达到 90% 以上，与常规方法相比，可节省化石燃料 20% ~ 50%，并且形成了年生产能力 14 万吨的工业规模。Cargill Dow 公司因开发利用可再生资源生物质生产聚乳酸技术而获得 2002 年度美国"总统绿色化学挑战奖"改变溶剂/反应条件奖。

B　精细化工工艺技术的绿色化

精细化工工艺技术的绿色化，要求化学化工科学工作者从可持续发展的高度审视"传统"的化学研究和化工过程，以"与环境友好"为出发点，提出新的化学理念，改进"传统"合成路线，创造新的环境友好化工生产过程。

例如，高效抗病毒药物 Ganciclovir（商品名为 Cyrovene）主要用于治疗免疫系统受损伤的视网膜类感染的病人，也用于艾滋病病人及固体组织移植接受者的治疗。1990 年初，Roche Colorado 公司开发生产了 Cyrovene 的第一代工艺（即 Persilylation Process）但是，随着市场需求量的增加，扩大了生产规模，许多原有工艺暴露出问题。1993 年 Roche Colorado 公司对原有工艺进行了改革，开发出从鸟嘌呤三酯（Guanine Trimester，GTE）出发的新合成路线。与旧工艺相比，GTE 缩合反应的选择性更高，省去了一些中间体的分离和提纯步骤，将反应试剂和中间体的数量从 22 种减少到 11 种，避免了 11 种化学品成为有害的液体废弃物，在 5 种没有进入最终产品的试剂中，有 4 种能在工艺过程中循环使用。因此，GTE 新合成法减少了 66% 的废气排放和 89% 的固体废物，而且产率提高了 2 倍。因此，Roche Colorado 公司成为 2000 年度美国"总统绿色化学挑战奖"变更合成路线奖的得主。

催化剂是现代化学工业的支柱，90% 石油化工产品的生产都应用了催化剂，高选择性的催化剂可以从根本上减少或消除废弃物的产生。因此，催化剂的开发和应用是现代化学工业的核心问题之一。例如，金属氧化物催化剂的常规制备方法是金属粉末在高温下用 HNO_3 氧化，加碱沉淀得到金属盐类，再水洗和干燥熔烧制得金属氧化物催化剂。常规方法产生大量有毒气体 NO_x 和废水。例如每生产 1t 金属氧化物催化剂，约排放 75t 废水、2.9t 含硝酸盐的废物和 0.8tNO_x 有毒气体。Sud – Chemie 公司研究开发了一种新工艺，利用空气中 O_2 作氧化剂，而不用 HNO_3，采用适量羧酸作活化剂，在室温条件下和金属反应 24～48h，然后干燥焙烧制得金属氧化物催化剂，两种工艺对比如图 8 – 2 所示。

新工艺达到了废水和硝酸盐废物的零排放，环境友好，而且催化剂的特性比常规方法要好。Sud – Chemie 公司因开发无废合成固体氧化物催化剂新工艺获得了 2003 年度美国"总统绿色化学挑战奖"的变更合成路线奖。

C　精细化工产品的绿色化

精细化工产品的绿色化，就是要根据绿色化学的新观念、新技术和新方法，研究和开发无公害的传统化学用品的替代品，设计和合成更安全的化学品，采用环境友好的生态材料，实现人类和自然环境的和谐与协调。例如，Messenger 是 EDEN 生物科学公司开发的一种农用化学品、一种无毒的天然蛋白质。它在一种以水为基础的发酵体系中产生，不用有毒的试剂和溶剂，只需要温和的能量输

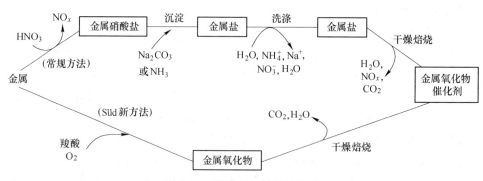

图 8 - 2 两种工艺过程的比较

入，不产生任何有害的化学废物。当它用于农作物时，能激活植物的生长系统，促进光合作用和营养成分的吸收，不改变植物的 DNA，使作物的产量提高，质量更好。同时，它能引发植物的天然保护体系抵御病虫害，40 多种作物的试验表明它可以有效地抵御众多的病毒、霉菌和细菌的侵害，而对哺乳动物、鸟、蜜蜂、水中生物则没有不利的影响。Messenger 同大多数蛋白质一样，可由 UV 和微生物快速降解，不会生物聚集或污染地表水和地下水源。Messenger 在 2000 年 4 月经美国环保局（EPA）批准正式使用。应用这种新的农用化学品，使种植者们第一次可以不依赖传统的农用化学品得到高产优质的农作物。又如，白蚁对许多家庭和建筑物来说是一大危害，美国每年约有 150 万个家庭会遭受白蚁群的侵扰，处置白蚁的费用高达 15 亿美元。传统的方法是喷洒大量的杀虫剂，既危害人体健康，又难以安全奏效。Dow 农业科学公司与 Florida 大学的 Su 博士合作开发出了一种白蚁杀虫剂 Hexaflumuron，它能抑制白蚁外壳甲壳质的合成，使白蚁蜕皮时不能生成新的骨架而死去。Hexaflumuron 对人畜安全，是 EPA 注册的第一个无公害的杀虫剂，在美国已有 30 多万家庭采用这种杀虫剂，并将迅速用于世界各地。再如，木材的防腐处理一直是人们关注的问题，美国从 1940 年以来采用铬酸化的砷酸铜（CCA）作为木材防腐剂，每年约消耗 18144t 无机砷化合物和 29030t Cr（Ⅵ）化合物。砷和铬的化合物是已知的强致癌物，对木材加工者和用户的健康都是有害的。近来，化学专用品公司（CSI）开发出碱性季铜盐化合物（ACQ）替代 CCA 作为木材的防腐处理，这是一种无砷无铬的木材防腐剂。从 1996 年以来已投放美国木材防腐加工市场，很受欢迎，在 2001 年，CSI 有 450 多吨 ACQ 用于木材防腐处理。预计不久的将来，ACQ 将完全取代 CCA 防腐剂。为此，CSI 获得了 2002 年度美国"总统绿色化学挑战奖"设计更安全化学品奖。

生态环境材料是 20 世纪 90 年代为应对"白色污染"的挑战，在高新技术材料研究中形成的一个新领域。这类材料消耗的资源和能源少，对生态环境污染小，再生利用率高。从材料的制造、使用、废弃直至再生循环利用的整个过程，都与生态环境相协调。如上所述，Cargill Dow 公司开发的聚乳酸（PLA）就是替代聚烯烃和聚苯乙烯类树脂作为食品、药物包装和农用薄膜的良好生态材料。又如，Donlar 公司开发的聚天冬氨酸（TPA）可以替代聚丙烯酸（PAC）作为工业水处理的阻垢剂。壳聚糖及其衍生物可以作为生物医用材料。

8.1.3.3 绿色精细化工的发展对策

绿色精细化工的发展对策有：

（1）加强绿色精细化工的宣传和引导。21 世纪是绿色化学和绿色产业快速发展的世纪，对未来社会和经济发展将产生深刻的影响。我国各级政府部门及相关企业应充分认识发展绿色精细化工，实现化学工业的绿色化，对促进我国社会和经济的可持续发展具有重要的现实意义。我国人口基数大，矿产资源相对短缺，生态环境又比较脆弱，必须改变传统的以大量消耗资源，粗放经营为特征的发展模式，大力发展绿色技术和绿色产业，走资源–环境–经济–社会协调发展的道路。为此，应加强宣传和引导，正确认识绿色精细化工的内涵，制定相应的扶持政策，与"清洁生产促进法"的实施相统一，顺应潮流，加快我国绿色精细化工的发展。

（2）加快发展绿色精细化工的关键技术。精细化工品种多，更新换代快，合成工艺精细，技术密集度高，专一性强。加快发展绿色精细化工，必须优先发展绿色合成技术。例如，新型催化技术是实现高原子经济性反应、减少废物排放的关键技术。抗帕金森药物 Lazabemide 的合成就是一个典型例证。传统的合成方法是从 2 – 甲基，5 – 乙基吡啶出发，经过 8 步合成反应，总产量只有 8%。Hoffmann La Roche 公司采用催化碳基化反应，从 2，5 – 二氯吡啶出发，仅一步反应就合成了 Lazabemide，其经济性达到 100%，并且形成了年产 3000t 的生产规模。特别是不对称催化合成已成为合成药物、香料、功能材料等精细化学品的关键技术。又如生物催化技术具有清洁高效、高选择性，可避免使用贵金属和有机溶剂，反应产物易于分离纯化，能耗低。应用生物催化技术可以将廉价的生物质资源转化为化工中间体和精细化学品。我国目前生物质资源总量约为 5×10^9t，其中甘蔗渣为 3.4×10^7t，若将甘蔗渣利用现代发酵技术生产乙醇，可生产乙醇 1.3×10^7t，其经济效益可想而知。电化学合成技术，尤其是有机电化学合成是发展绿色精细化工必不可少的，因为有机电合成反应无需有毒或危险的氧化剂和还原剂，"电子"就是清洁的反应试剂，通过改变电极电位合成不同的有机化学品，反应可在常温常压下进行。例如对氨基苯酚（PAP）采用硝基苯进行电化学合成比以对硝基氯苯为原料的化学合成法来说，是一个清洁高效的绿色合成过程。

（3）加大科研开发和科技创新的力度。创新是一个民族的灵魂，创新是科学技术不断进步的动力。纵观美国"总统绿色化学挑战奖"的获奖项目，都体现在观念创新、品种创新和技术创新上。要加快发展我国的绿色精细化工，既要跟踪时代，更要加强自主创新，要加强对新观念、新理论、新方法、新工艺的探索，坚持与时俱进，指导精细化工绿色化的研究和开发，突破关键技术，推进产学研相结合，加快科技转化和工业应用。

创新的主体是人，要培养和造就一大批高水平的从事绿色合成技术研究开发和管理的技术人员队伍，为实现我国精细化工的绿色化发挥骨干作用。

（4）加强国际间的学术交流和合作。绿色化学是 21 世纪的中心科学，绿色化学及其应用技术在欧美等国发展很快，精细化工的绿色化已成为现代化学工业的一个重要发展方向。因此，我们应主动跟踪国际绿色化学研究及其产业发展动向，广泛开展和加强国际间的学术交流和合作，更多地吸收国外新学科、新工艺和新技术，促进我国精细化工产业结构的优化和绿色化的进程。

绿色是人类之根，绿色是生命之源，绿色象征着人与自然的和谐。精细化工的绿色化是可持续发展的必然之路，利在当代，功在千秋！

8.2 传统精细化工气体污染物控制技术

8.2.1 染料与涂料行业气体污染物控制技术

涂料生产过程中 VOCs 的产生量相对较少，其产生量取决于溶剂种类、生产设备和工艺等。溶剂沸点高，生产过程密闭性好、温度较低、时间短、自动化程度高，品种类型少（清洗频次少），VOCs 的产生量就少；涂料中低沸点溶剂用量多、生产过程为开放式、温度较高、时间长、自动化程度低，清洗频繁，则 VOCs 的产生量就多。显然通过采用密闭型设备，提高自动化水平，优化生产工艺，可以有效地从源头上控制 VOCs 的产量。

8.2.1.1 生产废气中粉尘的治理

涂料生产中产生的粉尘主要是颜料和填料，除去的方法有干法和湿法两种，干法分离的粉尘可回用，湿法脱除的粉尘不可回用。干法除尘设备有：电除尘器、旋风除尘器、布袋除尘器。电除尘器效率高，可除去的颗粒粒径小，但存在造价高、运行费用高和管理成本高等缺点。旋风除尘器造价低、处理能力大，但对小粒径的粉尘除去效率低；布袋除尘器除尘效率高，价格适中，但存在易堵塞的缺点。目前大多数企业都采用布袋除尘器。湿法除尘器是采用水作为洗涤液，通过气液两相的接触，将粉尘转移到了水相中，该方法的除尘效率较高，运行成本较低，但增加了废水量。湿法除尘的主要设备有：喷淋吸收塔、液柱吸收塔（改进喷淋吸收塔）、动力波洗涤器等。

8.2.1.2 生产废气中 VOCs 的治理

生产废气中 VOCs 的治理方法有：

（1）吸附分离技术。吸附分离技术是利用固体吸附剂对混合气体中 VOCs 进行吸附，在加热的条件下解吸吸附的 VOCs，通过冷却冷凝回收 VOCs 或利用焚烧设备热分解 VOCs。目前工业常用的吸附剂除活性炭外，还有活性炭纤维、分子筛等，活性炭依据不同的原材料，又有煤质活性炭、椰子壳活性炭等。活性炭价格相对较低，对 VOCs 的吸附选择性较小，因此一般大多数企业都是采用活性炭吸附剂。吸附设备的类型有固定床、移动床和吸附转轮等，解吸的热源是水蒸气或热空气。水蒸气再生脱附的含 VOCs 的气体进行冷却冷凝可回收剂；热空气再生脱附的含 VOCs 的气体也可以冷凝回收有机溶剂，还可以利用焚烧设备进行焚烧分解 VOCs 并回收热能。水蒸气再生法会导致再生后的活性炭的吸附容量显著降低，因此会缩短吸附分离的时间，导致吸附-解吸的周期缩短，从而增加能量和水的消耗。热空气再生法对活性炭吸附容量的影响较小，但冷凝分离回收 VOCs 的设备更大。活性炭吸附分离只有在合适的工艺条件下，才可能具有较高的除去 VOCs 的效果，首先将吸气罩安装到离废气产生部位 1m 左右，捕集点适宜的风速取在 0.5～1m/s。活性炭吸附法能耗低，设备投资较小，适用于低浓度的多种有机物，并且有回收溶剂的可能性，但是不宜处理高浓度的有机物，并且对于含水或含颗粒物的废气需进行预处理。

（2）催化燃烧技术。催化燃烧技术与吸附分离技术最大的差别是解吸的条件及对解吸 VOCs 的处置方式不同。由于催化燃烧技术在解吸阶段采用的温度更高，采用活性炭吸附剂存在着火的安全隐患，因此多采用分子筛作为吸附剂。由于分子筛的吸附容量小于活性炭，因此吸附-解吸的周期缩短。催化燃烧后的气体温度较高，一般加热热交换器进口的气体后，部分用于吸附 VOCs 的解吸，达到废热利用和节能的目的。催化燃烧技术对高浓度有机废气处理效率高，催化燃烧室将有机气体转变成无害的 CO_2 和 H_2O，并保持稳定的自燃烧状态，处理较为完全，一次启动后无需外加热，燃烧后的热废气又用于对吸附剂的脱附再生，可达到废热利用、有机物处理彻底的目的。但是，催化燃烧对催化剂要求比较高，在催化氧化过程中还会产生一些二次污染物，含硫和含氯的 VOCs 易使催化剂中毒等。对一些低浓度的有机物直接进行催化燃烧的运行成本高，治理高浓度废气，对其控制要求较高，存在安全隐患。

（3）生物净化技术。生物法主要是利用微生物的代谢作用，将 VOCs 转化为 CO_2、H_2O 等无机物。生物滤塔、生物洗涤塔和生物滴滤塔是 3 种主要的生物处理工艺。生物处理优点是工艺设备简单、操作方便，投资少、运行费用低，无二次污染，可处理含不同性质组分的混合气体等。由于生物降解速率较慢，废气中 VOCs 的浓度不宜高于 $5000mg/m^3$，承受负荷不能过高，处理的废气量有限，废气中不能含有具有生物毒性的物质。

（4）低温等离子体分解技术。低温等离子体技术又称非平衡等离子体技术，是在外加电场的作用下，通过介质放电产生大量的高能粒子，高能粒子与有机污染物分子发生一系列复杂的等离子体物理－化学反应，从而将有机污染物降解为无毒无害的物质。低温等离子体的特点是能量密度较低，重粒子温度接近室温而电子温度却很高，整个系统的宏观温度不高，其电子与粒子有很高的反应活性。低温等离子体技术的优势是处理效率高，易操作，运用低浓度 VOCs 的处理。

8.2.2　橡胶与塑料行业气体污染物控制技术

橡胶行业产生废气与其生产工艺有着不可分割的联系。通常生胶如天然、氯丁、顺丁、丁苯橡胶等，在正常储存和使用的条件下不会产生毒害作用。然而生胶在炼胶、压延、硫化等工序的高温塑炼和氧化过程中，容易产生有害的物质，与此同时，原材料中沸点较低的有机物质也会被释放。从而发生一系列化学反应，产生较为密集的烟气，且伴随有难闻的恶臭气味。橡胶工业生产中，挥发出的有机溶剂也是一种重要的组成橡胶工艺废气污染的成分。有机溶剂的主要作用是对胶布、胶片等半成品的表面进行涂拭，从而达到活化、去污、增黏等作用。但其具有较低的沸点。易挥发，在加热干燥或自然条件下汽化后排放在空气中。

橡胶工业废气主要组成成分是硫化物、水蒸气及具有挥发性质的有机化合物。其成分的具体组成和含量是复杂多变的。当前，国内外还没有对其组成成分做出准确、全面的鉴定。由于有机化合物和硫化物是主要的产生恶臭的物质，故橡胶废气均有较强烈的、难闻的异味。通过大量的调查和研究发现，橡胶制品排放的废气污染物对人体健康和生态环境有较为严重的危害，容易引发人体呼吸系统、血液神经系统、神经中枢系统等疾病，尤其低挥发性的甲醛、苯、甲苯等，对人类身体健康有严重的影响和伤害。在橡胶工业生产附近的地区，人类特殊疾病以及常见疾病均有较高的发生率。如挥发性的有机物 VOCs，当其总质量浓度不超过 $0.2mg/m^3$ 时，对人体健康不会产生危害；在 $0.2 \sim 0.3mg/m^3$ 的范围时，会导致人体出现一些不适应症状；在 $3 \sim 25mg/m^3$ 的范围时，人体通常会出现头痛等其他症状，当超过 $25mg/m^3$ 时，就会对人体产生明显的毒害性效应。

（1）吸附法。吸附法是一种有效处理低浓度 VOCs 的方法，其主要原理是利用吸附剂对 VOCs 进行吸附净化，再将废气排放到大气中。因此，废气中有害物质去除率的大小和吸附效果有着密切的联系，而吸附效果主要是由 VOCs 的浓度、种类、吸附剂的性质，以及吸附系统的操作湿度、温度、压力等因素决定的。当前，较常用的吸附剂有活性炭纤维、颗粒活性炭、分子筛、沸石、硅胶、活性氧化铝、多孔黏土矿石及高聚物吸附树脂等。由于活性炭的吸附效果好，而且价格便宜，所以是一种较常用的吸附剂。相关研究表明，活性炭对 $100mg/m^3$ 左右浓度的 VOCs 有良好的净化效果，使用周期可以超过 1000h。当前。商业化的活性炭空气净化器的停留时间在 $0.025 \sim 0.1s$，净化层厚度在 $12.6 \sim 75mm$ 间。然而吸附法存在吸附剂运行费用高、吸附剂再生及易形成二次污染问题，对其应

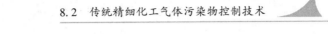

用产生了一定的限制。

（2）吸收法。该方法是利用 VOCs 的化学性质和物理性质，用化学吸收剂或水对废气进行吸收，如填充塔、喷淋塔、筛板塔、各类洗涤器等，考虑到设置本身的操作难易程度和本身阻力，吸收效率等选择适合的塔器，也可采取多级联合吸收。对不产生废弃物和二次污染的再处理问题进行着重考虑。

（3）冷凝法。该方法是通过对 VOCs 有价值的成分进行再利用的处理过程，其基本原理是不同压力和不同温度下气态污染物的蒸汽压不同，以调节压力和温度使某种有机物过饱和而产生凝结现象，从而对其进行净化回收。废气中的 VOCs 含量常在爆炸极限浓度范围中，故对运行设备有较高的要求，在实际应用中，为了降低运行成本，常和其他方法联合使用。

（4）生物法。先将废气在湿度控制器中做加湿处理，然后令其通过生物滤床的布气板，使废气沿着滤料向上均匀的移动。在一定的时间内，气相物质通过吸附、扩散效应、平流效应等综合作用，和滤料表面的活性生物层中的微生物产生反应实现生物降解，形成水和二氧化碳。这种生物处理方法的优点是成本低、处理量大、无二次污染。

8.2.3　人造革与合成革行业气体污染物控制技术

8.2.3.1　合成革工艺中的气体污染物

废气污染物同具体工艺、配方组成有关。对于一定工艺，配方往往可以更改，所以其产生的具体污染物也并不固定。生产过程中一般的污染物有：

（1）聚氨酯干法工艺：有机溶剂（DMF、甲苯、二甲苯、丁酮等）；

（2）聚氨酯湿法工艺：有机溶剂（DMF）；

（3）聚氯乙烯等相关工艺：增塑剂烟雾（邻苯二甲酸二辛酯等）、氯乙烯、氯化氢、有机溶剂、铅；

（4）后处理工艺：有机溶剂（DMF、甲苯、二甲苯、丁酮、乙酸丁酯等）、颗粒物；

（5）超纤工艺：有机溶剂（DMF、甲苯、二甲苯等）。

8.2.3.2　合成革废气的治理技术

制革生产工艺中加入甲苯、丁酮和 DMF 作为溶剂，由于较易挥发、回收困难，这些溶剂大部分随着废气排入环境。目前，对高浓度的有机废气的净化处理，人们早就有研究，而且已经开发出一些卓有成效的控制技术。在这些控制技术中研究较多并且广泛采用的有吸附法、热破坏法、冷凝法、吸收法等。近年来形成的新控制技术有生物膜法、电晕法、臭氧分解法、催化燃烧法和等离子体分解法等。但对于低浓度的有机废气，净化处理难度大且费用高。因而这类工业废气的净化处理在国内外都是环境保护的难题之一。废气处理方法一般有：焚烧法、吸收法、吸附法、催化燃烧法、冷凝法、静电法和玻纤过滤器法等。对较稀有机溶剂废气采用催化燃烧法的很多。我国加入 WTO 后，国家对环境的治理越来越严格。而现在的制革废气中有机物含量达不到新的排放标准，已有方法少且不理想。合成革废气治理技术的发展是随着合成革工艺的改变而不断变化的。合成革生产中 DMF 使用规模与其他工业相比并不算大，但回收技术并不简单。与主体设备相比，回收设备费用的投资相当高。废弃物回收利用是合成革行业最有潜力的清洁生产途径，经济效益明显。我国 DMF 大部分需进口，且价格昂贵，回收 DMF 可大幅度节约成本，具有重要的现实意义。干法生产线的有机废气主要在烘箱和涂台等处产生。废气排放特征为：废气温度低，一般低于 75℃；废气量大，一条典型的干法生产线排放含 DMF 工艺废气的量约大于 2000 ~ 25000m³/h；废气中有机污染物浓度高，其中 DMF 的浓度约为 1500×10^{-6} L/L；污染物 DMF 可与水混溶。根据以上废气的特征，可以将干法生产线 DMF 废气进行回收利用。现有制革废气治理技术一般采用水喷淋塔吸收并回收废气中的 DMF，或者活性炭吸附废气中的有机溶剂，再经直接燃烧处理。喷淋水吸收法虽然能较好地除去废气中的 DMF，但对甲苯和丁酮的去除率很低，甲苯和丁酮会随废气排入大气中。活性炭吸附在制革废气治理中，由于气量较大，活性炭再生困难。现多采用吸附饱和后直接送去燃烧的方式，因此运行费用很高，一般企业难以承受。我国有些合成革厂采用分段浓缩提取法，即将初始溶剂蒸发到浓缩的区域中，采取有形隔绝稀薄区域的措施，将此段浓废气单独吸出处理。有些厂采用串联多级吸收塔，循环吸收，直到达到允许的排放浓度才放空。要串联多少塔取决于废气的排放浓度。

8.2.3.3 基于绿色设计概念的吸收法治理工艺

绿色设计和绿色产品的概念最早出现在 20 世纪 70 年代。经过几十年的发展，对绿色设计已有了较为科学的定义。绿色设计是以环境资源为核心概念的设计过程，即在产品的整个生命周期内，优先考虑产品的环境属性，如可拆卸性、可回收性等，并将其作为产品更新换代的设计目标，在满足环境目标的同时保证产品的经济价值化目标。绿色设计综合了面向对象设计，并进行工程、寿命周期设计等，包含了产品从概念形成到生产制造，乃至废物的回收、再利用及处理的各个阶段，即涉及产品的整个生命周期。

参考文献

[1] Rouhi A M, Rouhi A M Amoco. Haldor Topsoe Develop Dimethyl Ether As Alternative Diesel Fuel [J]. Chemical & Engineering News, 2010, 73 (22): 37 ~ 39.

[2] Blaser H U. Heterogeneous catalysis for fine chemicals production [J]. Catalysis Today, 2000,

60（3～4）：161～165.

[3] 尹仪民. 新世纪发展精细化工应关注的几个问题 [J]. 精细化工, 2001, 10 (10)：559～565. DOI：doi：10. 3321/j. issn：1003－5214. 2001. 10. 001.

[4] 杨锦宗, 张淑芬. 21 世纪的精细化工 [J]. 无机化工信息, 2000, 3：4～9. DOI：doi：10. 3321/j. issn：1000－6613. 2000. 01. 003.

[5] 王墨林. 面向 21 世纪精细化工的发展战略对策 [J]. 化学工程, 1997, 2：6～9.

[6] 《化工百科全书》编辑委员会. 化工百科全书, 第 8 卷 [M]. 北京：化学工业出版社, 1994.

[7] Banister S D, Wilkinson S M, Longworth M, et al. The synthesis and pharmacological evaluation of adamantane－derived indoles：cannabimimetic drugs of abuse [J]. Acs Chemical Neuroscience, 2013, 4 (7)：1081～1092.

[8] 李春燕. 精细化工装备 [M]. 北京：化学工业出版社, 1996.

[9] 宋启煌. 精细化工工艺学 [M]. 北京：化学工业出版社, 1995.

[10] 杜灿屏. 21 世纪有机化学发展战略 [M]. 北京：化学工业出版社, 2002.

[11] Santus C G, Baker R W. Transdermal delivery of the eutomer of a chiral drug：EP, doi：WO1994010985 A1 [P]. 1994.

[12] 王大全. 中国精细化工的现状和发展预测 [J]. 化学与生物工程, 2003, z1：1～7.

[13] 韩秋燕. 高性能合成胶料剂需要大力发展 [J]. 中国化工信息, 2000.

[14] 贡长生. 磷系水质稳定剂的合成和应用 [J]. 天然气化工：c1 化学与化工, 1998, 3：39～43.

[15] Boadway R, Tremblay J F. Mobility and fiscal imbalance. [J]. National Tax Journal, 2010, 63 (4)：1023～1053.

[16] Pigeau R, Naitoh P, Buguet A, et al. Modafinil, d－amphetamine and placebo during 64 hours of sustained mental work. I. Effects on mood, fatigue, cognitive performance and body temperature. [J]. Journal of Sleep Research, 1995, 4 (4)：212～228.

[17] 梁文平, 唐晋. 当代化学的一个重要前沿——绿色化学 [J]. 化学进展, 2000, 2 (02). DOI：doi：10. 3321/j. issn：1005－281X. 2000. 02. 012.

[18] 王延吉, 王淑芳, 崔咏梅, 等. 硝基苯加氢合成对氨基苯酚绿色催化反应过程 [J]. 河北工业大学学报, 2013, 1：14～18.

[19] Clark J H. Green chemistry：challenges and opportunities [J]. Green Chemistry, 1999, 1 (1)：1～8.

[20] Anastas P T, Warner J C. Green Chemistry：Theory and Practice [M]. Oxford：Oxford Univ Press, 1988.

[21] Leitner W. Toward Benign Ends [J]. Science, 1999, 284：1780～1781.

[22] Horton B. From bench to bedside | [hellip] | research makes the translational transition [J]. Nature, 1999, 402 (6758)：213～215.

[23] Downie E, Craig M E, Hing S, et al. Continued Reduction in the Prevalence of Retinopathy in Adolescents with Type 1 Diabetes [J]. Diabetes Care, 2011, 34 (11)：2368～2373.

[24] Centi G, Cavani F, Trifirò F. New Fields of Application for Solid Catalysts [M]. Selective

Oxidation by Heterogeneous Catalysis Springer US, 2001: 285 ~ 324.

[25] Farrauto R J, Heck R M. Environmental catalysis into the 21st century [J]. Catalysis Today, 2000, 55 (1 ~ 2): 179 ~ 187.

[26] Petersen M, Kiener A. Biocatalysis [J]. Green Chemistry, 1999, 1: 99 ~ 106.

[27] R, Sheldon. Enzymes. Picking a winner [J]. Nature, 1999, 399 (6737): 636 ~ 637.

[28] Leitner W. Green chemistry Designed to dissolve [J]. Nature, 2000 (405): 129 ~ 130.

[29] Ahmadi T S, et al. Shape – Controlled Synthesis of Colloidal Platinum Nanoparticles [J]. Science, 1996, 272: 1924 ~ 1926.

[30] 刘志俊. 备受瞩目的安万特农化业务 [J]. 中国化工信息, 2000, 24: 13.

[31] 刘育蓓. 清洁生产与可持续发展 [J]. 贵州师范大学学报 (自然科学版), 1999, 2: 81 ~ 87.

[32] 郭斌, 张辉, 王红华, 等. 哒嗪硫磷废水综合预处理研究 [J]. 环境科学与技术, 2008, 31 (10): 104 ~ 107.

[33] Ritter S K. GREEN CHEMISTRY PROGRESS REPORT [J]. Chemical & Engineering News, 2002, 80 (47): 19 ~ 23.

[34] 香山科学会议办公室. 人类基因组计划与21世纪医学发展战略 [J]. 科学发展对社会的影响, 1998 (1): 43 ~ 49.

[35] Sheldon R A. Catalysis: The Key to Waste Minimization in J. Chem [J]. Tech. Biotechnol., 1997, 68, 381 ~ 388.

[36] 贡长生. 绿色化学化工实用技术 [M]. 北京: 化学工业出版社, 2002.

[37] Graedel T. Green Chemistry in an industrial ecology context [J]. Green Chemistry, 1999, 1 (5): G126 ~ G128.

[38] 赵景联, 苏科峰, 王云海. 固体酸催化甲醇和叔丁醇合成甲基叔丁基醚的研究 [J]. 精细石油化工进展, 2000, 6: 14 ~ 17. DOI: doi: 10.3969/j. issn. 1009 – 8348. 2000. 06. 003.

[39] 闵恩泽, 吴巍. 绿色化学与化工 [M]. 北京: 化学工业出版社, 2001: 9 ~ 22.

[40] Santus C G, Baker R W. Transdermal delivery of the eutomer of a chiral drug: EP, doi [P]. WO1994010985 A1. 1994.

[41] Draths K M, Frost J W. Environmentally compatible synthesis of catechol from D – glucose [J]. J. Am. Chem. Soc, 1995, 117: 2395 ~ 2400.

[42] Sato K, Aoki M, Noyori R. A "green" route to adipic acid: direct oxidation of cyclohexenes with 30 percent hydrogen peroxide [J]. Science, 1998, 281: 1646.

[43] Gilman H, Gorsich R D. Cyclic Organosilicon Compounds. II. Reactions Involving Certain Functional and Related Dibenzosilole Compounds [J]. J. Am. Chem. Soc, 1958, 80 (13): 3243 ~ 3246.

[44] Sheldon R A. Reactions In Non – Conventional Media for Sustainable Organic Synthesis [J]. New Methodologies & Techniques for A Sustainable Organic Chemistry, 2008: 1 ~ 28.

[45] Ritter S K. A green agenda for engineering [J]. C&EN, 2003, 81: 30 ~ 32.

[46] 李洁. VOC 废气处理的技术进展 [C]. 中国环境保护优秀论文集 (下册), 2005: 1411 ~ 1413.

［47］韩晓强，黄伟．VOC 废气蓄热式热氧化处理方法［J］．中国环保产业，2012（12）：43～45.

［48］王方圆，盛贻林．涂料生产 eevoc 的污染与防治［J］．中国涂料，2003，18（8）：29～30.

［49］吕唤春，潘洪明，陈英旭．低浓度挥发性有机废气的处理进展［J］．化工环保，2001，21（6）：324～327.

［50］邹航．蓄热式废气焚烧炉（RTO）在彩涂线的应用［J］．工业炉，2010，32（2）：24～25.

［51］黄慧诚，史韵，郑秀亮．冲山 VOC 治理创造效益［J］．中国环境报，2011，8（7）.

［52］王新，方向晨，刘忠生，等．橡胶废气催化燃烧处理技术［J］．当代化工，2009，38（2）：191～193.

［53］罗鹏，陈富新．橡胶硫化废气的净化处理［J］．特种橡胶制品，2006，27（4）：37～39.

［54］程文红，袁晓华．田凤杰．催化氧化技术在橡胶废气处理中的应用［J］．化工环保，2012，32（2）：156～159.

［55］陆龙根，钱亚玲．二甲基酰胺的毒性及职业危害［J］．职业卫生与病伤，1998，13（4）：245～247.

［56］张文俊，邓九兰，韩国君．低浓度、大风量有机废气治理技术发展和现状［J］．安全，1998，19（6）：7～9.

［57］袁贤鑫，罗孟飞，马洛娅．PU 合成革生产工艺废气催化燃烧净化处理［J］．中国环境科学，1993，1（12）：68～71.

［58］孙曦，程小榕．PU 合成革干法生产线 DMF 废气回收技术［J］．中国环保产业，2004（6）：33.

［59］叶向群．绿色设计与绿色化学设计［J］．环境污染与防治，2002，24（3）：190～192.

9 其他有毒或危险气体污染物控制

9.1 化工行业中有毒或危险气体概述

9.1.1 化工行业中有毒或危险气体的来源和分类

9.1.1.1 化工行业有毒或危险气体的来源

(1) 煤炭工业源。煤炭加工主要有洗煤、炼焦及煤的转化等,在这些加工中均会不同程度地向大气排放各种有害物质,主要包括颗粒物、二氧化硫、一氧化碳、氮氧化物及挥发性有机物及无机物。

(2) 石油和天然气工业源。

1) 石油炼制:石油原油是以烷烃、环烷烃、芳烃等有机化合物为主成分复杂的混合物。除烃类外,还含有多种硫化物、氮化物等。

2) 天然气的处理过程:从高压油井来的天然气通常经过井边的油气分离器去除轻凝结物和水。天然气中常含有天然气油、丁烷和丙烷,因此要经天然气处理装置回收这些可液化的成分方能使用。

(3) 钢铁工业。钢铁工业主要由采矿、选矿、烧结、炼铁、炼钢、轧钢、焦化及其他辅助工序(例如废料的处理和运输等)组成。各生产工序都会不同程度地排放污染物。生产 1t 钢要消耗原材料 6~7t,包括铁矿石、煤炭、石灰石等,其中约 80% 变成各种废物或有害物进入环境。排入大气的污染物主要有粉尘、烟尘、SO_2、CO、NO_x、氟化物和氯化物等。

(4) 有色金属工业。有色金属通常指除铁(有时也除铬和锰)和铁基合金以外的所有金属。有色金属可分为四类:重金属、轻金属、贵金属和稀有金属。重有色金属在火法冶炼中产生的有害物以重金属烟尘和 SO_2 为主,也伴有汞、镉、铅、砷等极毒物质。生产轻金属铝时,污染物以氟化物和沥青烟为主;生产镁和钛、锆、铬时,排放的污染物以氯气和金属氯化物为主。

(5) 化学工业。化学工业又称化学加工工业,其中产量大、应用广的主要化学工业有无机酸、无机碱、化肥等工业。其排放的污染物,由原料,加工工艺,生产环境等方面决定。

9.1.1.2 化工行业有毒或危险气体分类

化工行业有毒或危险气体可分为:

（1）以 SO_2 为主的含硫化合物：大气污染物中的含硫化合物包括硫化氢、二氧化硫、三氧化硫、硫酸、亚硫酸盐、硫酸盐和有机硫气溶胶，以 SO_2 为主。

（2）以 NO 和 NO_2 为主的含氮化合物：大气中对环境有影响的含 N 污染物主要是 NO 和 NO_2，还有 NO_2、NO_3 及铵盐。

（3）有机污染物：主要为二噁英、苯并芘等物质。

（4）重金属：主要指汞（水银）、镉、铅、铬及类金属砷等生物毒性显著的重元素。

（5）含卤素的化合物：存在于大气中的含卤素化合物很多，在废气治理中接触较多的主要有氟化氢（HF）、氯化氢（HCl）等。

9.1.2 化工行业中有毒或危险气体的性质及危害

9.1.2.1 氯及氯化氢的主要性质及危害

A 氯及氯化氢的主要性质

氯是元素周期表第Ⅲ族中的主族元素，在常温下为黄绿色气体，相对密度为空气的 2.43 倍，熔点为 -101℃，沸点为 -34.05℃，临界温度为 144℃，临界压力为 7.71MPa。氯气在水中的溶解度在 20℃ 和 0.099MPa 时为每 100g 水 0.732g。氯气溶于水中部分生成盐酸和次氯酸。氯气极易溶于碱液，在室温或低于室温时生成氯化物和次氯酸盐，在不小于 75℃ 时，次氯酸盐歧化为氯酸盐。氯气易溶于苯，一氯化硫、四氯化碳、氯磺酸等，溶剂和二氯磺化物水溶液中，当加热吸收了氯的溶剂或减压时氯气又重新逸出来。

B 含氯废气的危害

氯是黄绿色带强烈窒息性臭味的有毒气体，它与 CO 反应形成毒性更大的光气。由于氯气密度大，排入环境后一般都由高处向低处流动，顺风沿地面扩散，从而加剧了对地面人类、动植物的危害。

氯气对人体健康的危害，表现在氯气能刺激眼、鼻、喉和呼吸道，并能通过皮肤黏膜使人产生中毒，当空气中氯浓度达到 $(0.02 \sim 0.05) \times 10^{-6}$ L/L 时，多数人开始咳嗽，眼和鼻感到刺激并伴有头痛。如果浓度达到 2×10^{-6} L/L 以上，眼和鼻及喉均有灼痛感，气管发生难忍的强酸刺激、呼吸加快。浓度达到 $(50 \sim 100) \times 10^{-6}$ L/L 时，瞬时吸入有可能出现吐血和急性肺水肿。

对植物的危害：超过 SO_2 的 2 倍，水稻生长在 2×10^{-6} L/L 的氯气环境中，可降低产量。

氯化氢是一种无色、有刺激性臭味的气体。氯气与干燥氯化氢遇水蒸气极易生成白色盐酸烟雾，它的刺激性和腐蚀性都很强。

氯化氢气体，有极强的刺激性，能腐蚀鼻黏膜和皮肤，致使鼻黏膜溃疡，眼角膜混浊，咳嗽直至咯血，严重者出现肺水肿甚至死亡。

9.1.2.2　砷及其化合物的主要性质及危害

A　砷及其主要化合物的性质

砷是有金属光泽的暗灰色固体，相对密度为 5.727（14℃），熔点为 450℃（升华），质脆，故不能进行机械压力加工。砷有多种同素异构体，除灰色晶体的砷以外，还有黑色无定形砷，所有砷的同素异构体在加热时，都不经熔融而升华。

自然界中的砷多以金属化合物或硫化合物的形式存在，如雌黄（As_2S_3）、雄黄（As_4S_4）、斜方砷铁矿（$FeAs_2$）、砷镍矿（$NiAs_3$）、砷钴矿（$CoAs$）、砷硫铁矿（$FeAsS$）等，间或成单质存在。砷的化合物价态有三价、五价、负三价（如砷化氢）。所有砷化物，无论是无机或有机砷化物全部具有毒性，三价砷（As^{3+}）的毒性比五价砷（As^{5+}）大，无机砷比有机砷更毒。金属砷和硫化砷毒性较小；但会刺激皮肤。

常温时砷氧化很慢，但灼烧时迅速氧化为 As_2O_3（又称砒霜）。As_2O_3 溶于水生成 As（OH）$_3$ 或 H_3AsO_3，砷的氢氧化物为两性物，可溶于酸或碱。因酸性较强故称为亚砷酸。As_2O_3 为亚砷酸酐，溶于碱生成亚砷酸盐，溶于水生成砷酸（H_3AsO_3）。碱金属砷酸盐和亚砷酸盐都溶于水。

金属砷化物水解或砷化物被初生态的氢还原时生成砷化氢（AsH_3）。它是极不稳定的化合物，室温下自动分解为砷和氢。它是强还原剂，能使高锰酸钾、重铬酸钾等还原，能分解重金属盐使金属沉积下来。

B　砷及其主要化合物的危害

砷是人体微量元素之一，其含量仅次于铁、锌、铅、铜居第五位，当人体摄入适量的砷时，能促进新陈代谢，每昼夜允许量为 0.1mg，As_2O_3 对人的致死量为 0.006~2g。

砷中毒是由于三价砷的氧化物与细胞蛋白的巯基（—SH）结合，抑制了酶的活性，引起细胞代谢障碍，从而使中枢神经系统发生紊乱。

慢性砷中毒的主要表现是神经衰弱、多发性神经炎、腹痛、呕吐、肝痛、肝大等消化系统障碍。

砷进入人体后主要集中在角化蛋白质的毛发、指甲、骨骼和皮肤中；进入人体后的砷需 10 天才能通过尿缓慢排出。

进入人体的砷，可引起皮肤癌、肝癌、肾癌。皮肤癌的发病率达 10.59%。另外，砷还可以使人致畸。

9.1.2.3　HCN 的主要性质及危害

A　HCN 的主要性质

HCN 常温下为无色透明液体，易挥发，具有苦杏仁气味。能与乙醇、乙醚、甘油、氨、苯、氯仿和水等混溶。HCN 是弱酸，与碱作用生成盐，其水溶液沸腾时，部分水解生成甲酸铵。在碱性条件下，与醛、酮化合生成氰醇，与丙酮作用生成丙酮氰醇。气态氢氰酸一般不产生聚合，但有水分凝聚时，会产生聚合反应，空气（氧）并不促进聚合反应。液态氢氰酸或其水溶液，在碱性、高温、长时间放置、受光和放射线照射、放电及电解条件下，都会引起聚合。聚合开始后，产生的热量又会引起聚合的连锁反应，从而加速聚合反应的进行，同时放出大量热能，引起猛烈的爆炸，爆炸极限 5.6% ~ 40%（体积分数）。其蒸气燃烧呈蓝色火焰。

B　HCN 的危害

氰化物对人体的危害分为急性中毒和慢性影响两方面。氰化物所致的急性中毒分为轻、中、重三级。轻度中毒表现为眼及上呼吸道刺激症状，有苦杏仁味，口唇及咽部麻木，继而可出现恶心、呕吐、震颤等；中度中毒表现为叹息样呼吸，皮肤、黏膜常呈鲜红色，其他症状加重；重度中毒表现为意识丧失，出现强直性和阵发性抽搐，直至角弓反张，血压下降，尿、便失禁，常伴发脑水肿和呼吸衰竭。氢氰酸对人体的慢性影响表现为神经衰弱综合征，如头晕、头痛、乏力、胸部压迫感、肌肉疼痛、腹痛等，并可有眼和上呼吸道刺激症状。皮肤长期接触后，可引起皮疹，表现为斑疹、丘疹，极痒。

9.1.2.4　Hg 的主要性质及危害

A　汞的性质

汞是元素周期表上第 Ⅱ 类副族元素，熔点为 - 38.87℃，沸点为 356.90℃，汽化热 58.6kJ/mol，是在室温下唯一的液体金属。汞的蒸气压随温度升高而增大，在常温下汞饱和浓度也较高。

汞是一种极易挥发的一种金属，在实际工作中，只要有暴露于空气中的汞，就会产生汞蒸气，对空气造成污染。汞极易挥发，在工业生产中，单纯依靠降低冷凝温度使汞全部从废气或者其他气体中分离出来是十分困难的，甚至是不可能的，即降到0℃，气体中汞的平衡浓度仍有 2174μg/mL，这个数值远远高于国家标准。

汞的相对密度为13.6，表面张力为 4.7×10^{-3} N/cm，因此落地无孔不入，要求进行三废治理车间，无论哪一个面都应该是光滑致密而无缝隙的，最好涂上过氯乙烯涂料。

汞在空气中不易被氧化，但汞极易被高锰酸钾、重铬酸钾、碘、次氯酸钠、氯气等强氧化剂氧化生成相应的盐或 HgO。某些采用溶液吸收以净化含汞废气的方法就是建立在这一性质的基础上的。

汞一般不溶于盐酸、稀硫酸和碱溶液中，只能在热浓硫酸、硝酸和王水中溶解。汞具有溶解许多金属于其中并生成液态或固态合金（汞齐）的性能。

B　汞对人体的危害

空气中汞蒸气通过呼吸道进入人体，无机汞和有机汞往往以粉尘形式进入气管和肺部，氯化汞及脂溶性有机汞可经皮肤吸收而引起中毒。

经呼吸道吸入的汞只有一部分进入血液，汞在血液中以金属蒸气或氧化汞两种形态存在。元素汞在人体内被氧化成汞离子，以至产生中毒作用。因此，大多数汞中毒是由于汞离子所引起的。

汞可使人体产生急性中毒和慢性中毒，其症状开始是疲乏、头晕、肢体麻木和疼痛，随后便是动作失调、语言不清、耳聋、视力模糊。如治疗不及时，将造成终生残疾和丧失劳动能力，以至中毒死亡。

如吸入浓度为 $1200 \sim 1500\mu g/m^3$ 含汞蒸气，会产生严重的急性中毒，导致生命危险和长期破坏神经系统；吸入浓度为 $100\mu g/m^3$ 的汞蒸气，并延续 $3 \sim 4$ 年会导致慢性中毒。

9.1.2.5　二噁英的性质与危害

A　二噁英的主要性质

二噁英（dioxin），又称二氧杂芑，是一种无色无味、毒性严重的脂溶性物质，二噁英实际上是二噁英类的简称，它指的并不是一种单一物质，而是结构和性质都很相似的包含众多同类物或异构体的两大类有机化合物。二噁英包括 210 种化合物，这类物质非常稳定，熔点较高，极难溶于水，可以溶于大部分有机溶剂，是无色无味的脂溶性物质，所以非常容易在生物体内积累，对人体产生严重危害。

B　二噁英的危害

二噁英为剧毒物质，其毒性相当于人们熟知的剧毒物质氰化物的 130 倍、砒霜的 900 倍。大量的动物实验表明，很低浓度的二噁英就对动物表现出致死效应。从职业暴露和工业事故受害者身上已得到一些二噁英对人体的毒性数据及临床表现，暴露在含有 PCDD 或 PCDF 的环境中，可引起皮肤痤疮、头痛、失聪、忧郁、失眠等症，并可导致染色体损伤、心力衰竭、癌症等。有研究结果指出，二噁英还可能导致胎儿生长不良、男子精子数明显减少等，侵入人体的途径包括饮食、空气吸入和皮肤接触。一些专家指出：人类暴露在含二噁英污染的环境中，可导致男性生育能力丧失、不育症、女性青春期提前、胎儿及哺乳期婴儿疾患、免疫功能下降、智商降低、精神疾患等。

此外还有致死作用和"消瘦综合征"、胸腺萎缩、免疫毒性、肝脏毒性、氯痤疮、生殖毒性、发育毒性和致畸性、致癌性。

9.1.2.6　氟及氟化物的性质与危害

A　氟及氟化物的主要性质

氟是最活泼的卤族元素，几乎能和任何其他元素，如硅、碳等元素相互作用形成氟化物。氟在大气中与水蒸气反应很快变成氟化氢。

氟化氢是无色、有强烈刺激性气味，并有腐蚀性的有毒气体。在 $1.0133 \times$

10^5Pa 下、0℃时常以二分子状态 H_2F_2 存在，它的密度为 $0.829kg/m^3$，沸点为 19.54℃，极易溶于水成为氢氟酸，干燥时氟化氢与大多数元素以及它们的氧化物都不发生作用，但当存在水分时，则会发生猛烈的反应。氢氟酸是一种极弱的酸，在 25℃时其电离常数为 7.4×10^{-4}，只比醋酸稍强，它可与许多碱性物质如碱、氨、石灰等发生反应，生成氟化物。

B 氟及氟化物的危害

氟是人体组成元素之一，人体正常含氟量为 $70 \times 10^{-6}kg/kg$，体内含氟过多会引起病变，如骨质疏松、骨膜增生等，其临床症状为躯干、骨干、骨节疼痛、四肢麻木、肢体畸形等。

饮用水中含 $1 \times 10^{-6}kg/L$ 的氟，可防止龋齿发生，但超过 $1.5 \times 10^{-6}kg/L$ 时，则损伤牙齿，产生氟斑牙并使牙齿变脆等。

人体摄入过量氟会出眼、鼻及呼吸道黏膜刺激及溃疡，气管炎及支气管炎等，甚至引起化学肝炎、肺水肿及反射性窒息等呼吸功能衰竭而死亡。

含氟气体对大气的污染其影响面虽不及 H_2S 和 SO_2 那样大，但其毒性也较大。如 FH 和 SiF_4 对人体的危害比 SO_2 大 20 倍，对植物的毒害作用比 SO_2 大 10~100 倍，因此必须引起重视并防治。

9.1.2.7 有机硫的性质和危害

A 有机硫的主要性质

有机硫化物（硫醇、硫醚、噻吩、二硫化碳、羰基硫等）不少是具有特殊臭味的恶臭物质，有的在大气中浓度很低时就给人们带来不愉快的感觉。大部分有机硫化物不易溶于水，而易溶于乙醇、乙醚等多种有机溶剂。

B 有机硫的危害

工业生产中产生的有机硫，容易腐蚀仪器设备，对催化剂产生毒害作用。当释放到空气中时，易在大气环境中发生反应，形成酸雨，对森林、建筑物等造成腐蚀。有机硫进入人体，会对人体的血液、神经等系统造成危害，甚至产生致癌、致畸作用。

9.2 化工行业中有毒或危险气体污染物的治理措施

9.2.1 化工行业中氯气控制技术

9.2.1.1 含氯废气净化方法的选择

A 按废气中氯含量选择净化方法

根据废气中氯含量和相应的净化方法可分为五种：

（1）合格淡氯气。氯含量小于 $1 \times 10^{-6}L/L(0.0001\%)$ 或氯化氢气体含量小于 $5 \times 10^{-6}L/L$ 时，对人体健康和动植物的生长没有危害，不必经过任何处理就

可直接排入大气。

（2）低浓度含氯废气。氯含量在 $1 \times 10^{-6} L/L$ 至 $10^4 \times 10^{-6} L/L（0.0001\% \sim 1\%）$ 之间，它危害人的健康和动植物的生长。通常用水、碱净化或者水－碱联合净化后排入大气，回收价值不大，常作为废液排放，而碱液多用石灰乳进行吸收。

（3）淡氯废气。氯含量 $1\% \sim 20\%$ 之间，它的毒性大，且严重影响人类健康和动植物的生长，腐蚀金属器物，具有回收价值。

现代工业生产中排放的含氯废气，大多属于这一类型，其净化技术既复杂，又困难，为了有效地回收氯和氯化氢气体，国内外进行了大量的研究工作，提出了许多方案，有些已实现了工业化，这些方法不仅净化了含氯废气，还回收了氯气，并制成工业产品，如碱液吸收法制取次氯酸和漂白剂，溶剂吸收法回收纯氯气或者有机氯产品；氯化亚铁溶液或铁屑吸收制取 $FeCl_3$（或者再燃烧 $FeCl_3$ 回收氯气和 $FeCl_3$），固体吸附法、联合法和其他方法可获得高浓度氯气或者纯氯气等。

（4）富氯废气。含氯在 $20\% \sim 70\%$ 之间，对人和动植物及金属器物的危害很大。回收价值高，常用液化法回收氯或者用试剂直接与之作用制成中间产品。

（5）高含量富氯废气。含氯量高于 70%，可直接返回氯化过程循环利用，或液化制液氯。

B 按含氯废气组成选择净化方法

（1）只含有氯气的废气而不含氯化氢气体的纯氯废气，可直接选取合适的方法进行净化，而不必预先经过水洗步骤。

（2）只含有氯化氢废气：浓度较低或者在短时间内产生较高浓度的盐酸烟雾等，一般多采用水流喷射泵进行水吸收，而浓度较高的氯化氢废气，一般采用水吸收制盐酸后再水吸收后排放，或者用 Shell 法、Kel－Chlor 法进行催化氧化将 HCl 氧化为氯气回收，或与其他试剂加工成产品，如国内用甘油吸收氯化氢气制取二氯丙醇、环氧氯丙烷等。也可用氧氯化法，用于氯乙烯或其他有机氯产品的生产。

（3）同时含有氯化氢和氯气的废气，一般先采用水洗法除去 HCl 后，再按含氯废气的方法处理。

（4）含有 Cl_2、HCl、$COCl$、$TiCl_4$、CO_2、CO 的四氯化钛尾气，采用燃烧－水吸收法制取盐酸来净化含氯废气。

该种废气除了用一般的氯废气处理法外，美国的"冷凝－四氯化钛液－喷淋－高压低温冷冻"联合法，日本大阪钛公司的"燃烧－水喷淋－石灰乳淋洗"联合法及"活性炭催化法"都是为处理这类废气而发展起来的。

C 按废气量大小选择合适的净化方法

对大气中含氯的废气可采用压缩冷冻法、燃烧－水吸收－电解盐联合法、氯化亚铁溶液吸收－高温氧化三氯化铁联合法。对中等气量的含氯废气采用氢氧化钙吸收－酸分解联合方法，溶剂吸收法，固体吸收法。对小气量的含氯废气采用碱液吸收法，溶剂吸收法，固体吸收法，$Ca(OH)_2$ 吸收－酸分解联合法。

究竟采用哪种方法，要根据含氯废气的组成、浓度、气量大小、各工厂企业的设备技术条件及当地环境保护的具体要求和情况，在进行科学试验的基础上，进行技术论证和分析，选取合适的处理方法。

在可能的条件下，要做到净化与综合利用同时进行，尽可能将废气中的氯及氯化氢转化成有用的氯产品。

9.2.1.2 液体吸收法净化含氯废气

液体吸收法有水吸收法、碱液吸收法、氯化亚铁溶液或铁屑吸收法、溶剂吸收法等。

A 水吸收法

氯气在水中的溶解度取决于氯气的分压和溶液中氯的摩尔分子数，当增加氯的分压和降低温度（不低于零度）时，就能增加氯在水中的溶解度，国外多采用低温高压水吸收氯气，然后用加热和减压的方式解吸来回收氯气，如英国采用加压水吸收－减压解吸系统，水温维持在 10～100℃之间，对氯－CO_2 混合气体的 CO_2 真分压 <0.15MPa 与水接触，氯形成氯－水溶液，然后通过降压的方法从氯－水溶液中释放出来，再将残余的氯－水溶液返回吸收系统循环利用。

由于氯－水系统带压操作，对设备要求较高，未见在国内有加压水吸收法回收氯气的工艺流程报道。不过可作为用水吸收来处理低浓度含氯废气的治理。

B 碱吸收法

碱液吸收是我国当前处理含氯废气的主要方法，常用的吸收剂有 NaOH、Na_2CO_3、$Ca(OH)_2$ 等碱性水溶液或浆液。吸收过程中能使废气中氯有效地转变为副产品——次氯酸盐。因此，只要溶液中有足够的 OH^- 离子，氯的溶解、吸收，就将继续下去，因此，碱液吸收氯废气的效率较高，可达到99.9%。

在一定温度下，碱液吸收氯气的吸收速率取决于碱溶液的浓度或者 pH 值。碱液吸收设备常有填充塔、喷淋塔、波纹塔、旋转塔等，矿吸收后的出口氯气含量可小于 10×10^{-6}L/L，随着吸收过程 pH 值的降低，溶液中次氯酸盐和金属氯化物浓度会提高，应定期抽出合格的次氯酸盐溶液，并补充新鲜碱液，以保证在较高 pH 值下吸收，并防止吸收液的结晶而堵塞管道。

由于碱液吸收效率高，吸收速率较快，工艺设备比较简单，价格低廉，并可回收废气中的氯，制取中间产品，因此在工业中得到了广泛的应用。但由于次氯酸盐易分解，会造成二次污染，因此，需要控制工艺条件。

a 制取次氯酸钠

碳酸钠溶液吸收含氯废气可制取次氯酸钠：我国某厂含氯废气 1000～

$6000 m^3/h$，其中氯含量高达 $10 \sim 28 g/m^3$，同时含有 CO_2，酸雾和金属溶液液滴，在波纹吸收塔内对这种废气采用 $80 \sim 120 g/L$ 的 Na_2CO_3 溶液逆流吸收，生成副产品次氯酸钠，其流程如图 9 – 1 所示。

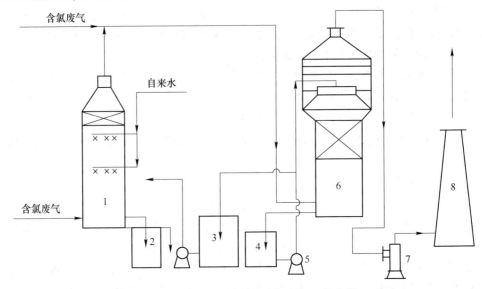

图 9 – 1 碳酸钠溶液吸收含氯废气工艺流程

1—淋洗塔；2—水封槽；3—成品槽；4—碱液槽；
5—循环泵；6—波纹吸收塔；7—风机；8—烟囱

含氯废气从塔底部进入与自上而下的喷淋水逆流洗涤，除去含尘的固体和盐酸雾，并降低了气温。经洗涤后的含氯废气送入波纹板塔底部与自上而下的含 Na_2CO_3 为 $80 \sim 120 g/L$ 的溶液逆流吸收，碳酸钠溶液在塔内通过循环泵进行循环，直到 Na_2CO_3 含量只有 $15 \sim 20 g/L$ 时制成成品次氯酸钠和氯化钠，此时溶液含氯达到 $45 \sim 65 g/L$。

采用 $\phi 1200 \sim 3400 mm$ 的波纹板塔，内装 4 层波纹板填料，其规格为 500×800，比表面为 $383 m^2/m^3$，孔隙率高达 95%，阻力小，动力消耗低，在波纹板塔上部还设有小波纹板（10cm），目的是去除盐酸雾并进行气液分离。

在气源负荷最大时的设备运转数据见表 9 – 1。

表 9 – 1 气源负荷最大时的设备运转数据

运转数据	数值	运转数据	数值
管道气流速度/$m \cdot s^{-1}$	8.74	波纹塔喷淋密度/$m^3 \cdot (m^2 \cdot h)^{-1}$	2.47
风量/$m^3 \cdot h^{-1}$	4000	波纹塔阻力/Pa	158
水淋洗塔空塔速度/$m \cdot s^{-1}$	0.781	系统总阻力/Pa	686
波纹塔空塔速度/$m \cdot s^{-1}$	0.981	吸收液循环量/$m^3 \cdot h^{-1}$	28
波纹塔液气比/$L \cdot m^{-3}$	7（废气）	吸收温度/℃	<32

在此条件下，碳酸钠溶液吸收氯气的效率达到9999.99%。

b 制取漂白剂

$Ca(OH)_2$乳液吸收含氯废气制取漂白剂：工业上可利用$Ca(OH)_2$乳液与氯废气反应制取漂白液、漂白粉和漂白精三种不同的有效氯含量的漂白剂。

要求漂白剂的石灰含CaO量很高，而$CaCO_3$含量应小于5%，Mg和Si的氧化物含量小于1%，Mn和Fe的氧化物不得超过痕迹量。

(1) 漂白液是用石灰乳吸收废气中的氯制得的，在漂白塔内，石灰乳从塔顶向下流动，与逆流向上的含氯废气接触，石灰乳经多次循环吸收直至CaO含量仅为2~4g/L为止，澄清后其上清液即为漂白液产品。

(2) 漂白粉是含水4%左右的硝石灰（$Ca(OH)_2$）吸收含氯废气中的氯而制得的。

(3) 漂白精是含有$Ca(ClO)_2$达到70%的与$NaCl_2$的混合物，避免了由于含有$CaCl_2$吸湿而导致$Ca(ClO_2)$的分解，为远道运输创造了良好的条件，其制造方法主要是：

首先取100份质量比为40% NaOH、18.5% $Ca(OH)_2$和41.5%的H_2O的混合悬浮液，在10~16℃下吸收废氯气，生成三重盐$Ca(ClO)_2 \cdot NaClO \cdot NaCl \cdot 12H_2O$，呈六方晶体析出。另将100份含35% $Ca(OH)_2$石灰乳液，在25℃下吸收废氯，得到漂白液。将漂白液分离出来并冷却到10℃，在搅拌条件下徐徐加入到上面制得的三重盐晶体中，并加热到16℃，发生反应，得到固态浆糊状漂白精，经真空干燥，即得其产品，理论上含$Ca(ClO)_2$达71%，而实际只含有$Ca(ClO)_2$为65%~70%。

C 氯化亚铁溶液或铁屑吸收法

用铁屑或氯化亚铁溶液吸收废氯气，可制得三氯化铁产品。

a 两步氯化法

两步氯化法是先用铁屑与浓盐酸或$FeCl_3$溶液在反应槽中反应生成中间产品氯化亚铁水溶液，再用氯化亚铁溶液吸收废氯。

反应过程逸出的氢，氯化氢气体和水汽在洗涤塔中用水洗后排空，氯化亚铁水溶液经砂滤器除去悬浮物，后经贮槽送到由三个串联的废氯吸收塔中吸收氯气，$FeCl_2$溶液经三个吸收塔逆流吸收氯后，基本上全部转化为$FeCl_3$溶液。由于$FeCl_2$易结晶析出，贮存时需夹套保温或用蒸气加热。

b 一步氯化法

一步氯化法是将废氯直接通入反应塔中，将铁、氯和水一步合成三氯化铁水溶液，避免了复杂的两步法工艺流程，消耗大量盐酸，且氢气不能回收，蒸汽消耗量过大的缺点：

$$2Fe + 3Cl_2 \longrightarrow 2FeCl_3 + Q$$

一步反应是强烈的放热反应，可升温到 120℃ 左右，反应速度很快，氯气经 2~3m 高的水浸泡铁屑反应塔，即已完全。当塔顶出现余氯时表明铁屑反应完毕，此时停止通氯，放出溶液，再进行下一个循环生产，为了保证下一个循环生产开始不出现铁的水解沉淀物 FeOCl 和 Fe(OH)$_3$，在一塔生产完成后，应保留 FeCl$_3$ $\frac{1}{3}$~$\frac{1}{5}$ 于塔中，然后用水稀释，以保证初始浓度为 10% 左右。

一步法的反应速度、产品质量和数量与氯气的纯度、流量、压力、介质的酸度，铁屑的加入量和分散状况等有关。

生产中在保证 FeCl$_3$ 初始浓度约为 10%，反应温度为 100~120℃，pH < 2 时，可保证不发生水解。每次生产 1t FeCl$_3$ 溶液的反应塔，氯气流量控制在 30~50kg/h 为宜，以塔顶不出现游离氯气为准，压力以保证能穿过溶液层，铁和水的量以控制 FeCl$_3$ 溶液的相对密度为 1.4~1.5 左右为准。若要获得固体 FeCl$_3$ 只要把 FeCl$_3$ 溶液过滤，并加热浓缩至含 60% 的 FeCl$_3$（相当于 25℃ 时的相对密度为 1.65%），然后冷却结晶即得到六水三氯化铁固体。

D　溶剂吸收法

所谓溶剂吸收法净化含氯废气是指除水以外的有机或无机溶剂洗涤含氯废气，使溶剂吸收其中的氯，再加热或减压解吸溶剂中的氯气，解吸后的溶剂循环使用，或将含氯溶剂作为生产原料用于生产过程。

目前，所用的代表性溶剂有苯（C$_6$H$_6$）、二氯化硫（S$_2$Cl$_2$）、四氯化碳（CCl$_4$）、氯磺酸（HSO$_3$Cl）及二氯化碘水溶液等。用作净化含氯废气的溶剂有：（1）单位溶剂溶氯量大；（2）吸收氯气后易于解吸或再生；（3）溶剂价格便宜；（4）溶剂应无毒或毒性远小于氯气等。但实际中所有溶剂几乎不能同时满足上述四个条件。

一氯化硫具有窒息性气味，对人的伤害比较大，如引起上呼吸道黏膜的刺激等，但它对氯的容量很大，与氯发生化学反应生成二氯化硫（SCl$_2$），在低温下继而又生成 SCl$_4$。在高温下氯气释放出来，溶剂又还原为 S$_2$Cl$_2$，因此，可用它来处理含氯废气，其回收率可达 100%。

法本公司 Oppau 厂采用 S$_2$Cl$_2$ 吸收处理含氯废气的流程如图 9-2 所示。

该厂采用装有拉西环填料塔，塔径 0.444m，塔高 7~8m，空塔速度 50cm/s，塔内气体平均温度 25℃。当处理氯气量为 1t/h 时，所用的吸收剂 S$_2$Cl$_2$ 量为按 S$_2$Cl$_2$ + Cl$_2$ ⟶ 2SCl$_2$ 计算量的 79.3kg/h 的 13 倍，即 1030kg/h，以确保填料的润湿。

组成 Cl:S 在 1~2 间的吸收液用泵压缩至 6.86 × 10^{5}Pa 送入解吸塔中，在塔下部沸腾器中加热至 230℃，从沸腾器下部流出，经冷却器降温返回吸收塔吸收。解吸塔中部系填料，自吸收塔来的 SCl$_2$ 主要在此分解，大部分 S$_2$Cl$_2$ 下流入

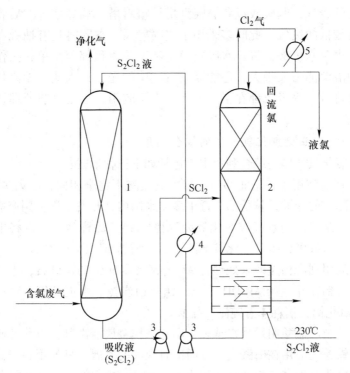

图 9 - 2 　S_2Cl_2 回收氯气工艺流程

1—吸收塔；2—解吸塔；3—循环泵；4，5—冷凝器

沸腾器，少部分上升的 S_2Cl_2 在塔上部 2 ~ 3m 的活性炭层用从上面回流的液氯回收，解吸出来的 Cl_2 在上端的冷却器中被冷却，常温液化而流出。解吸塔上端的 Cl_2 冷却，可用水冷或空气冷却，因在操作压力下冷至 25℃ 即可液化。

本方法的优点是由于 S_2Cl_2 和 Cl_2 结合很好，故吸收剂用量少，解吸塔加压，可直接得液氯，耗动力少。由于 S_2Cl_2 和 SCl_2 是刺激性物质，防止其泄漏的操作难度大。

9.2.2　含氯化氢废气的净化与综合利用

9.2.2.1　含氯化氢废气的净化

氯化氢在水中的溶解度相当大，一个体积的水能溶解 450 个体积的氯化氢，对于浓度较高的氯化氢废气，用水吸收后可降至 0.1% ~ 0.3%。含氯化氢 3.15mg/m^3 的废气，水吸收后可降至 0.025mg/m^3，吸收率达 99.9%。水吸收氯化氢是一个放热反应。因此，在用水吸收后，吸收液温度会升高，而增高水面上的氯化氢分压，此时需要用冷却方式移去溶解热，以提高吸收率。

水吸收含氯化氢的废气后可直接制取盐酸或作废水排放。前者适应于氯化氢浓度较高的废气，其吸收设备有喷淋塔、填料塔、湍球塔等。后者适应于含氯化氢浓度较低的废气，此时多采用水流喷射泵，它同时具有抽吸和洗涤吸收两种作用。由于水价廉无毒，水吸收设备和工艺流程都很简单，操作方便，水对氯化氢的溶解能力又很大，还能吸收废气中的光气，因此，无论是吸收后制取盐酸还是排放，水吸收都在工业上得到广泛应用，也是目前处理氯化氢废气的主要方法。

9.2.2.2　工业废氯化氢气体的综合利用

工业废氯化氢气体的综合利用主要包括如下三种形式：

（1）副产盐酸用于各工业部门。与工业盐酸不完全相同，在大多数情况下，由水洗废气副产的盐酸是较稀的。近十多年来国内外开发了许多副产盐酸的利用方法，如我国某工厂用水吸收氯化氢废气得到 15% 的稀盐酸，再将生产过程中逸出的氨通入盐酸中，得到氯化铵溶液，蒸发结晶出固体氯化铵。

某矿务局用副产稀盐酸来处理含 Al_2O_3 30% ~50% 的煤矸石，生产结晶氯化铝和固体聚合铝，并生产 $Al(OH)_3$、Al_2O_3、白炭黑、水玻璃等多种产品。生产 1 万吨结晶氯化铝，消耗 4 万吨副产盐酸。

在国外，副产盐酸用量越来越多，用它来作金属清洗剂，以代替硫酸。处理铁矿石生产铁粉及应用在磷酸生产方面都有很大的发展。另外用副产盐酸与金属或其他氧化物化合生产相应的金属氯化物，也可用来水解一些有机化合物。

（2）废氯化氢气体直接利用。某些有机氯化过程或其他过程产生的废气中，含有较高浓度的氯化氢，用这种废气可与其他化工原料直接加工成相应的产品。如国内用甘油吸收氯化氢废气制取二氯丙醇，并在催化剂的作用下制取环氧氯丙烷，二氯异丙醇等。此外，废 HCl 气体可用来制取氯磺酸、染料、二氯化碳等化工产品。

（3）利用废氯化氢气生产氯气。近年来有机氯化技术的迅速发展，引起了氯气的短缺，电解法生产的氯气早已满足不了日益增长的需要，这就要求开发生产氯的新方法。有机氯化过程中约有一半的氯转化为氯化氢，其数量极大。因此许多国家广泛开展了由废氯化氢生产氯气的研究工作，它既寻找了氯源，又保护了环境。其中有催化氧化法、电解法、硝酸氧化法等。

1）催化氧化法。100 多年前，欧洲发明了用空气中的氧在锰盐或氯化铜催化和 430~751℃ 的条件下，将 HCl 气氧化为 Cl_2 的 Deacon 法。

20 世纪 60 年代研究了迪坑（Deacon）法的改进方法，其中有谢尔（Shell）法和凯尔-哈罗（Kel-Chlor）法等。

Shell 法的特点是反应速度快，HCl 气体转化率高，触媒寿命长，产品纯度高，成本低。

Shell 法反应器为流动床，触媒为含有金属氯化物的混合物，反应温度为

330～340℃，从而提高了氯化氢的转化率，催化剂为 CuCl。损失较少，并可循环使用，设备腐蚀性小。

2）电解法：

①吸收和增浓，把有机氯化过程中的废 HCl 气引入吸收塔底部，而来自电解槽的稀电解液（约20%盐酸）进入吸收塔中部，水则从塔的上部流入。通过水的蒸发吸收释放出溶解热，以水蒸气的形式与废气一起排出，同时除去了废氯化氢气中含有的气态烃杂质。由吸收塔出来的 30% 的盐酸与电解槽出来的另一部分 15% 稀盐酸配成 22% 的盐酸，经过滤除去悬浮物后电解。

②22% 的盐酸在隔膜电解槽（特殊聚氯乙烯布作隔膜，石墨作电极）中进行电解，盐酸经电化学作用而分解为氯和氢，在阳极析出氯气，在阴极析出氢气。

22% 的盐酸在电解槽内电解，至20% 时流出，并送到最初的废盐酸吸收塔，提高浓度到30% 并配制后送入电解系统。

③冷却与干燥：由电解槽出来的氯气和氢气的温度在 347～350K，饱和着水蒸气和氯化氢气，需要冷却和水洗。

氯气在冷却塔内用循环水直接接触，并有石墨换热器移去冷凝热，以保持恒温，大部分蒸气被冷凝下来，HCl 气被 14%～16% 的稀盐酸吸收。此稀盐酸与来自最初的废 HCl 气吸收塔产出的 30% 的盐酸配成 22% 的盐酸进入电解槽电解。冷却并除去氯气中的大部分水蒸气（纯度为99.8%），用浓硫酸分两步进行干燥制得精制氯气。

氢气用类似氯气的方法冷却，用稀释的 NaOH 中和氢气中的少量氯化氢，得到精制氢气。

9.2.3 化工行业中砷化物控制技术

9.2.3.1 改革工艺，加强管理，减少砷污染

砷在很多情况下可与有色金属硫化矿伴生，若采用高温火法冶炼，会使砷大量挥发进入烟气。我国现在开采的铜、铅、锌、镍、钴、金、锡、钨、锑矿中，除个别矿山外，普遍含砷，最高可达金属含量的 10 倍。如韶关冶炼厂每年随入厂精矿带来的砷就有 300 多吨。而这些砷，50% 以上的砷由鼓风炉渣烟化产出的氧化锌烟尘中富集，该烟尘年产量为 3000～4000t，含砷高达 5%～15%。

若采用火法冶炼，在氧化性气氛中加热时，硫化物精矿中的含砷矿物，如砷黄铁矿（FeAsS）、雌黄（As_2S_3）、雄黄（As_4S_4）等发生氧化反应而生成 As_2O_3：

$$2FeAsS + 5O_2 \longrightarrow As_2O_3 + 2SO_2 + Fe_2O_3$$

$$As_2S_3 + \frac{9}{2}O_2 \longrightarrow As_2O_3 + 3SO_2$$

$$As_4S_4 + 7O_2 \longrightarrow 2As_2O_3 + 4SO_2$$

生成的 As_2O_3 相当一部分以蒸气形态进入烟气，当烟气温度降低时又从气相析出 As_2O_3 结晶，进入烟尘。反应生成的另一部分 As_2O_3 会在高温和氧化性气氛下进一步氧化为难升华的 As_2O_5，它与一些金属氧化物结合而形成稳定的砷酸盐。在还原熔炼或蒸馏过程中，结合形态的五氧化二砷被还原成三氧化二砷和元素砷。元素砷与金属形成金属砷化合物，溶于金属熔体或冰铜中。

可见，在铜、铅、锌、锡等重有色金属火法冶炼过程中，砷的走向比较分散，它进入到粗金属、烟尘、烟气、废水（如水洗除尘的洗涤水）中，形成"三废"，污染环境，并积存于各种金属中。其中随冶炼废气、废水和废渣排放的砷约占进厂砷量的 25%～30%，只有少数企业对含砷较高的物料（如烟尘）单独处理，或在冶炼过程中增加回收工艺以制取三氧化二砷，这部分回收利用的砷约占 20%；对那些既不好回收处理，又不能排放的含砷物料，只好堆存使部分砷在生产系统中恶性循环。

改革冶炼工艺，可有效减少砷污染，其中湿法冶炼工艺是一条较好的途径。

在无砷害冶炼工艺的研究方面，国内进行了二氯化铜溶液直接浸出含砷硫化铜精矿的研究。例如，童志权研究的无砷害湿法冶炼含砷铜精矿的新工艺如图 9－3 所示。含砷铜精矿用返回的含 NaCl、少量 $CaCl_2$ 和 $CuCl_2^-$ 络离子的 $CuCl_2$ 溶液浸出。由于试验的精矿中含有难以浸出的砷黝铜矿，需在 100～130℃ 和 $(0.98～1.96) \times 10^5 Pa$ 压力下，鼓风氧化浸出 2～2.5h，使铜的浸出率达 97% 以上，同时使被浸出的铁、砷等氧化为高价。加入适量石灰或石灰石使铁、砷等沉淀入渣。接着，在相同温度、压力，但不鼓风的条件下再浸出 0.5h（称为还原浸出），进一步提高铜的浸出率，并利用浸出反应最大限度地将浸出液中的 Cu^{2+}

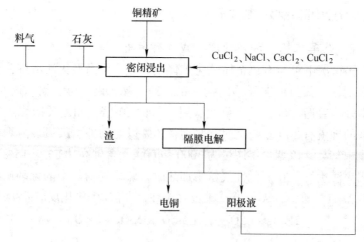

图 9－3　无砷害湿法冶炼铜精矿工艺

还原为 Cu^+。结束后，用石灰或石灰石将浸出浆液 pH 值调整到 2.8～3.0，以便将铁、砷、锑和其他杂质进一步从溶液中沉淀入渣，以保证下一步电积铜的质量。铜的浸出率达 98% 以上，渣含铜小于 0.5%。过滤后，浸出液中 Cu^+/($Cu^+ + Cu^{2+}$) >90%，送入石棉隔膜电解槽进行一价铜离子电积铜。在阴极得到电解铜产品，在阳极产生 $CuCl_2$，以返回浸出过程。这样，整个含砷铜精矿的冶炼过程缩短为"直接浸出"和"一价铜离子电积"两步，没有高温过程，流程短，原材料消耗少，电耗低（一价铜络离子电积的电耗量只有硫酸铜二价铜离子电积的四分之一），铜的回收率高，并可直接制得铜产品。浸出渣中砷的物相分析表明，以砷酸铁形式存在的砷占 83%，砷酸钙形式的砷占 16%，水溶砷极微。这样，砷实际上被固化在浸出渣中，消除了砷害。

上述工艺也适用于低砷铜精矿，这时浸出温度和压力可以降低。因为砷黝铜矿的浸出很困难，故需要较高温度和一定压力。

此外，为了减少进入火法炼铜工艺的砷量，有人还用 Na_2S 或 NaOH 溶液对含砷特别高的铜精矿进行预脱砷浸出的研究。

在火法冶炼工艺中，金属熔炼过程产生的熔融炉渣中的砷主要呈稳定的砷酸盐形式存在，这些砷一般不易对环境造成污染。因此，在火法冶炼工艺中，可改变炉渣成分，使更多的砷进入炉渣，达到无害排放。

在管理方面，可以采取各种措施，从根本上减少砷污染，如限制含砷农药及产品的生产和使用，积极开发无毒或低毒的砷产品，严格管理含砷炉渣及烟尘的堆放，不使其受潮，含砷固体废料应尽量资源化或进行固化掩埋处理等等。

9.2.3.2 含 As_2O_3 烟气净化

A 冷凝、收尘

在火法冶炼过程中，在氧化性气氛条件下，进入烟气的砷主要以 As_2O_3 形态存在。As_2O_3 是一种易升华的氧化物，随温度升高，蒸气压增大，As_2O_3 蒸气压与温度的关系为：

$$\lg p = -\frac{3132}{T} + 7.16$$

上式计算结果列于表 9-2。

表 9-2 不同温度下 As_2O_3 的蒸汽压

温度/℃	252	282	352	465	522
$p_{As_2O_3}$/Pa	1466.54	5466.2	19598.33	101325	67994.22

可见，随着温度降低，蒸气状态的 As_2O_3 迅速冷凝为 As_2O_3 微粒。因此，含砷烟气的治理其主要机理是冷凝和微粒捕集。

当冶炼含砷量较高的精矿时，烟气含砷量较高。为使砷与其他重金属烟尘分类富集，便于回收，可用热、冷两段收尘器分别进行捕集。如瑞典波利顿公司隆斯卡尔炼铜厂用多膛炉处理含砷 2% 的铜精矿时，先用 300～350℃ 的热电收尘器捕集铜、铅、锌烟尘，在此温度下，砷大部分呈气态留在烟气中，然后用蒸发冷却器冷却烟气，并用 120～130℃ 的低温电收尘器，使 As_2O_3 呈固态收集。烟气中砷的回收率达 97.81%。加拿大卡贝尔雷德湖矿山公司采用热电收尘器和布袋收尘器分别回收两种烟尘。低温收尘器的温度也不能太低，否则烟气中的 SO_3 和水汽会形成酸雾，腐蚀设备。

当用加热升华法从含砷烟尘或其他含砷物料回收 As_2O_3（即白砷生产）时，烟气中的 As_2O_3 就是需要回收的产品。因此，从升华法白砷生产烟气中回收 As_2O_3 既是生产工艺本身的需要，也是环境保护的需要。

与冶炼烟气相比，升华法生产白砷的烟气含砷量最高，如云南某冶炼厂白砷电热回转窑烟气含尘（主要为 As_2O_3）高达 335.58～347g/m³，江西某钴冶炼厂白砷电炉烟气含尘 72～345g/m³。对这种高浓度的含砷废气，一般采用多级收尘系统回收 As_2O_3，使排出尾气中含砷量降至最小范围。

从国内主要白砷生产厂看，在高温炉（窑）后面一般都设有冷凝沉降室，它既起到降温使 As_2O_3 冷却析出的作用，又起到部分沉降作用。沉降室后一般再配备二级收尘装置，如旋风收尘 - 电收尘系统，布袋收尘 - 水浴收尘系统，旋风收尘 - 卧式旋风水膜收尘系统等。个别厂在冷凝沉降室后只设布袋收尘器。采用布袋收尘时，换袋劳动条件差，布袋破损难发现，而改为湿式收尘则必须进行污水处理。

一般重有色金属冶炼烟气中含砷量较低，并且，这些冶炼工艺一般都有较完善的收尘设施。因此，烟气中的砷可以通过收尘系统与各种重金属烟尘一并收集，使烟气中的砷大部分混入烟尘。但由于收集效率不可能达到 100%，仍有部分细小的 As_2O_3 微粒和少量未析出的气态 As_2O_3 随烟气排出，特别是当排烟温度较高时。

B 吸收

为进一步提高砷的回收率，广西某白砷厂采用冷凝、收尘、石灰乳吸收工艺，效果良好，其工艺流程如图 9-4 所示。

该白砷厂生产工艺包括原料破碎、过筛、定量加料、焙烧、冷凝、沉降、布袋收尘、尾气吸收、排渣、废水处理、产品包装等工序。

从反射炉（炉温 700～900℃）出来的含 SO_2、As_2O_3 的烟气，经冷却水间接冷却至 350℃ 左右，蒸气状态的 As_2O_3 迅速冷凝为 As_2O_3 微粒，进入沉降室（温度 150℃）沉降分离出部分粒度较大的 As_2O_3，经布袋除尘器进一步回收细粒 As_2O_3 后，含 SO_2 及少量 As_2O_3 的尾气进入喷雾塔用石灰乳洗涤，净化后尾气除

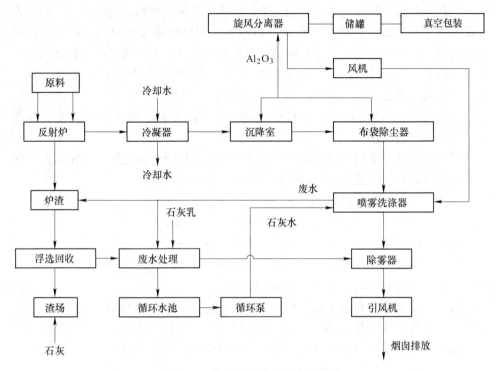

图 9-4　生产工艺及三废治理流程

雾、经引风机排空。在洗涤塔内，主要吸收机理为：

$$SO_2 + H_2O \longrightarrow H_2SO_3$$

$$Ca(OH)_2 + H_2SO_3 \longrightarrow CaSO_3 \cdot \frac{1}{2}H_2O \downarrow + \frac{3}{2}H_2O$$

$$As_2O_3 + 3H_2O \longrightarrow 2As(OH)_3 \text{ 或 } 2H_3AsO_3$$

$$H_3AsO_3 + Ca(OH)_2 \longrightarrow Ca(AsO_3)_2 \downarrow + 6H_2O$$

将 SO_2 及 As_2O_3 转为沉淀除去。渣则采用经防渗漏处理的池子堆放，并用混凝土覆盖后，掩埋处理。

9.2.3.3　含 AsH_3 尾气净化

砷化氢（AsH_3）是一种毒性极强的气体。金属砷化物水解或砷化物被初生态氢还原时都会产生砷化氢。

砷化氢具有较强的还原性，在空气中可以燃烧，易溶于有机溶剂，如二硫化碳等。

国外对含砷化氢尾气的治理，早期多用化学吸收法，主要是利用氧化性物质如高锰酸钾、次氯酸钠、硝酸银、氯化汞和三氯化磷等的水溶液与砷化氢发生氧化还原反应将其转化为无毒或低毒的物质。由于该法对设备腐蚀严重以及吸收液的二次污染问题使其应用受到限制，于是燃烧法和催化燃烧法相继出现。但前者在低浓度下所需燃料（甲烷、丙烷）量较多，而燃烧热量又难以回收，能量利用不合理，后者也必须提供足够的热能以达到催化剂（铂、钯等）的活性温度。20世纪80年代人们开始采用化学吸附手段，主要吸附剂有金属氧化物（氧化铜、氧化铅、氧化钡）、金属卤化物（三氯化铁、氯化亚铅）及金属有机化合物（三烷基铝）等。由于化学吸附法设备简单，脱除率高，操作简单，无二次污染，受到人们的关注。

某研究院试验负载于多孔物质上的活性组分氧化铜和氧化锌与砷化氢发生化学反应，砷被氧化还原为高价的固体砷化物，从而被除去：

$$3CuO + 2AsH_3 \longrightarrow Cu_3As + As + 3H_2O$$
$$3ZnO + 2AsH_3 \longrightarrow Zn_3As_2 + 3H_2O$$

该化学吸附器实际是气固非均相催化反应器，其实验结论为：

（1）反应温度为200℃，空速为 $2.7 \times 10^4 h^{-1}$ 的条件下，穿透脱砷容量为270.9mg/g，出口 AsH_3 浓度在 1×10^{-8} 以下。

（2）该法穿透脱砷容量随反应温度升高而增大，在 160～200℃ 内增长迅速，说明这是最佳反应温度范围。穿透脱砷容量随空速降低而增加，最后趋于一定值，在空速为 $(2.7～3.5) \times 10^4 h^{-1}$ 内，均具有较好的脱砷效果。

9.2.4　化工行业中 HCN 控制技术

由于 HCN 一般是在还原性环境下生成的，其工业废气通常含有大量 CO、H_2、CH_4 等资源化利用价值高的气体组分，并伴生 COS、CS_2 等形式的有机硫和 H_2S 等形式的无机硫，部分废气还含大量 NH_3 和微量 O_2。由于 HCN 的强毒性，HCN 废气净化首先要满足严格的环境排放及卫生标准，防止 HCN 造成大气污染和危害人体健康。其次，HCN 净化也是工业废气资源化利用及工业气体净化的需要。HCN 具有很强的腐蚀性、毒性，在工业废气后续生产或处理过程中，对生产设备、管道产生极强的腐蚀，引起合成气化学反应催化剂中毒失活，严重影响最终产品的收率和质量。含 HCN 工业废气不论是用作工业合成原料气或用于燃料气，都必须采用相适应的工艺方法，进行脱氰净化处理，减少其对环境的污染和设备的腐蚀。目前国内外脱除废气中 HCN 的方法主要有：吸收及液相催化氧化法、吸附法、燃烧法、气固相催化氧化法、气固相催化水解法以及气固相催化氧化/催化水解联合脱除法。

9.2.4.1　吸收及液相催化氧化法

吸收法是先将含有 HCN 的废气通过碱液进行吸收生成 CN^-，然后对吸收液中的 CN^- 进行处理。根据对吸收后溶液处理方法的不同，又可分为解吸法、碱性氯化法、酸化曝气法、电解氧化法、加压水解法等。其中解吸法处理不彻底，出水水质不稳定，处理后的水容易带色，因此现在已很少使用；碱性氯化法是目前使用最普遍的方法，但存在处理后有余氯、设备腐蚀严重、运行费用较高等缺点；电解氧化法的问题在于电解效率不稳定，易产生有害气体，处理费用较高，当废水中含硫酸盐时，处理效果不好；加压水解法不仅可处理游离氰化物，还可处理氰的络合物，对废水含氰浓度的适应范围较广，操作简单，运行稳定，但其工艺复杂，成本较高。以 $A/O_1/H/O_2$ 为主体的生物三相流化床组合工艺能够有效地去除焦化废水中的 HCN，但在降解的过程中，络合氰的降解比游离氰慢，总氰化物降解不够彻底。由于液相吸收法原则上可以将 HCN 转变为 NaCN 等产品进行回收，但反应生成的 NaCN 和 $Ca(CN)_2$ 仍属于剧毒的不挥发物质，易造成二次污染。因 HCN 酸性极弱，故 NaCN 和 $Ca(CN)_2$ 化学性质不稳定，有 CO_2 和 H_2O 存在时会重新释放 HCN。尽管 NaCN 等副产品作为重要的化工原料，有市场需求，但从废气、废水中回收氰化物的技术难度大、剧毒化学品管理困难，产量难以形成规模；氰酸钠、氢氰酸、氰化锌、氰化钾、氰铵化钙等已被列入国家环保部发布的"高污染、高环境风险"产品名录，若采用回收方式处理，具有较大的环境风险。

目前普遍采用的液相催化氧化法脱硫具有一定的脱氰作用，利用有机胺等有机碱或无机碱液吸收 H_2S 和 HCN，在载氧体的催化作用下，将吸收的 HCN 氧化分解，是焦炉煤气脱硫脱氰比较普遍使用的方法。但在反应过程中，HCN 由于具有强配位能力，与催化活性成分发生不可逆反应，致使吸收剂失活，因而导致碱消耗量增大、净化效率降低。因此，吸收及液相催化氧化一般用于 H_2S 含量高、HCN 含量相对低且需要回收硫资源的工业废气净化中。液相催化氧化脱硫过程中主要的脱氰反应为：

$$HCN + Na_2CO_3 \Longrightarrow NaCN + NaHCO_3$$
$$2NaCN + 2H_2S + O_2 \Longrightarrow 2NaCNS + 2H_2O$$
$$NaCN + Na_2S_2O_3 \Longrightarrow NaCNS + Na_2SO_3$$

9.2.4.2 吸附法

吸附法是采用吸附剂通过物理或化学吸附的方法吸附 HCN 气体，从而减少 HCN 排放浓度，其优点是对脱除条件要求不高，适合低浓度 HCN 气体的深度净化。活性炭、分子筛、硅藻土等对 HCN 均有较强的吸附作用。其中，活性炭对低浓度 HCN 的吸附效果最显著，值得深入研究，特别是当活性炭中填充某些过渡金属离子如 Cu^{2+}、Cr^{6+}、Co^{2+}、Zn^{2+} 时，对 HCN 的化学吸附表现得尤为明显。通过载体进行吸附是物理或物理化学分离过程，通常没有对 HCN 进行降解转化，如果不能对解吸产物进行处理，将会产生二次污染问题，而且对于氨氧化法间苯二甲腈废气、PAN 碳纤维废气等 HCN 含量高的废气，由于活性炭吸附容量有限，加上气体中的共存组分存在竞争吸附导致活性炭的吸附选择性变差，很难满足高浓度 HCN 废气的净化需求。

9.2.4.3 燃烧法

燃烧法分为催化燃烧法与直接燃烧法两种。催化燃烧法的实质是活性氧参与的剧烈氧化作用。催化剂活性组分在一定温度下连续不断地将空气中的氧活化，活性氧与反应物接触时，将自身获得的能量迅速转移给反应物分子而使其活化，使 HCN 氧化反应的活化能降低。用于 HCN 催化燃烧反应的催化剂和助剂主要有贵金属催化剂、过渡金属催化剂与碱金属氧化物，其中对贵金属及其负载催化剂的研究较多。

直接燃烧主要是针对 HCN 体积分数在 3% ~6% 的高浓度 HCN 气体，对低浓度 HCN 废气治理无效；一般工业废气除了 HCN 外还有含氮、硫等元素的其他污染物和燃烧产物，可能带来 SO_2、NO_x 等二次污染。另外，对于类似电石炉尾气和黄磷尾气等工业废气来说，由于尾气含高浓度 CO，是重要的一碳化工原料气，若将尾气进行直接燃烧作为初级燃料使用，虽然能将尾气中的各种杂质气体燃烧后消除，但燃烧时气体腐蚀性大，尾气中的大量 CO 燃烧后形成 CO_2，带来温室效应和空气污染。如能将尾气通过净化和提纯后得到的高纯度 CO 用于羰基合成反应，则能制造出多种极有经济价值的一碳化工产品，既避免了环境污染，又增加了企业的经济效益。

9.2.5 化工行业中气态 Hg 控制技术

目前国内汞蒸气的净化主要有吸收法、吸附法和联合净化法。

9.2.5.1 溶液吸收法

一般具有较高氧化还原电位的物质如 $KMnO_4$、I_2、$Ca(OCl)_4$，HNO_3、$NaClO$、$K_2Cr_2O_7$(酸性)、$FeCl_3$(盐酸化) 以及与汞生成络合物的物质，都可作为汞蒸气的吸收剂。根据与汞蒸气作用时的反应速度快、净化效率高、溶液浓度低、不易挥发、沉淀物少以及经济性好等要求，我国目前采用的汞吸收剂主要有高锰酸钾和次氯酸钠溶液。

A 高锰酸钾溶液吸收法

高锰酸钾溶液具有很高的氧化还原电位，当与汞蒸气接触时，生成的 HgO 和络合物 Hg_2MnO_4 而沉降下来，达到净化汞蒸气的目的。

齐齐哈尔某化工厂水银法氯碱车间，含汞氢气的高锰酸钾溶液吸收除汞流程如图 9-5 所示。

从电解工段解汞器来的氢气，由于含汞浓度高，首先进入冷凝塔 2，经水冷降温至 30℃ 以下，回收大部分汞，未冷凝的含汞氢气，自下而上流入填料吸收塔 3，在塔内与塔顶喷淋的高锰酸钾吸收液逆流接触，进行气液反应，使氢气净化。净化后的氢气经水环泵 1 抽出，高锰酸钾吸收液循塔而下进入贮液槽 6，经

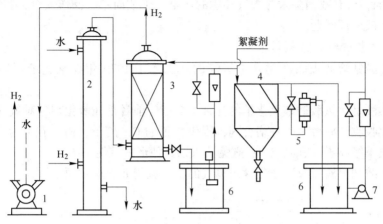

图 9 - 5 高锰酸钾除汞流程
1—水环泵；2—冷凝塔；3—吸收塔；4—斜管沉降器；
5—增浓器；6—贮液槽；7—离心式水泵

立式泵送入斜管沉降器 4，生成固体悬浮物，进行絮凝沉淀，使吸收液的浊度降至 20 ~ 250mg/L。澄清吸收液一部分流出增浓器 5 补充高锰酸钾后与另一部分一起流入贮液槽 6 混合，经离心式泵 7 送入吸收塔 3 喷淋。整个过程分化学吸收、固液分离和溶液增浓三个部分，在固液分离过程中，间歇投加一定量的絮凝剂 $FeCl_3$ 以加快悬浮物的絮凝，每 48h 投加一次，每次投加量为 250g，1h 加完。主要设备有吸收塔，斜管沉降器，溶液增浓器。

吸收塔为内涂氯乙烯钢制的填料塔，规格为 $\phi500 \times 2159mm$，填有 $35mm \times 35mm \times 4mm$ 标准瓷环，填料层厚 1200mm，喷淋采用多孔环形管装置。

斜管沉降器为硬聚氯乙烯制成，其规格为 $950mm \times 555mm \times 1230mm$，内装 300 根 $\phi79.05 \times 1000mm$ 的聚氯乙烯管。

工艺条件及效果：

吸收塔空塔速度：0.26m/s；

吸收液浓度：高锰酸钾 0.3% ~ 0.4%，pH = 8.5 ~ 9.7；

喷淋液量：塔速低于 0.16m/s 时为 1.0m³/h；

塔速高于 0.16m/s 时为 2.2m/h；

相应喷淋密度：3.64m³/(h·m²) 和 8.01m³/(h·m²)；

填料表面积：170m²/m 塔高；

当量气量：101 ~ 223m³/h，空速 0.118 ~ 0.262m/s；

氢气中含汞量 8750 ~ 29000μg/mg 时，经过吸附尾气含汞降到 5 ~ 10mg/m³，净化效率为 99.93% ~ 99.97%。

高锰酸钾吸收法净化含汞氢气，净化效率高（> 99.9%），尾气含汞量

＜10mg/m，可有效消除汞对大气环境的污染，工艺简单，操作安全，容易控制，不存在废液处理问题。

B 次氯酸钠溶液吸收法

次氯酸钠溶液吸收净化含汞氢气的新工艺于 1979 年在某造纸厂实现了工业化。

吸收液是次氯酸钠和氯化钠的混合水溶液，前者是强氧化剂，对氢气中的汞进行氧化吸收，后者是一种络合剂，提供大量的 Cl^- 离子，Hg^{2+} 在大量 Cl^- 存在时生成氯汞络离子（$HgCl_4$）$^+$；避免了汞以其他形式沉淀。

次氯酸钠溶液吸收法净化含汞废气的工艺流程如图 9-6 所示。

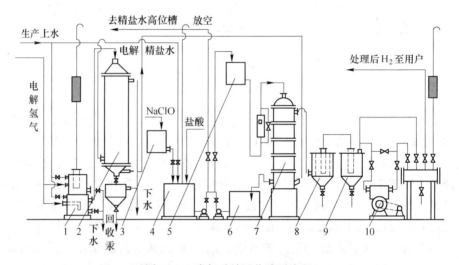

图 9-6 次氯酸钠吸收除汞流程

1—水封槽；2—氢气冷却器；3—次氯酸钠高位槽；4—吸收液配制槽；5—吸收液高位槽；
6—吸收液循环槽；7—吸收塔；8—除雾器；9—碱洗罐；10—罗茨真空泵

含汞废气进入水封槽 1，再进入氢气冷却器 2，冷却到 10~12℃，部分汞蒸气冷却凝结下来，流进器底，定期排出。冷却后的氢气由冷却器 2 进入吸收塔 7 底部与自塔顶喷淋的吸收液逆流接触，由塔顶排出进入纤维除雾器 8，将氢气中的液雾捕集下来使之进一步净化。除雾后的氢气进入碱洗罐 9，用稀碱溶液吸收其中的微量氯气，最后用罗茨真空泵 10 抽出。

吸收液在配制槽 4 内配制，定量注入含有效氯 50%~70% 的次氯酸钠溶液，后定量注入精盐水，使新配制的吸收液有效氯含量为 20~25g/L。用盐酸调 pH 值至 9~9.5。新配制的吸收液，在循环使用中，当有效氯降至 5g/L 以下时（或含 Hg 量增至 300mg/L 左右），即可回收处理。回收时，将吸收液送入电解工段精盐水高位槽。要控制精盐水含汞量应小于 10mg/L。

工艺条件及效果：

用含有效氯 50～70g/L 的次氯酸钠溶液与含氯化钠 310g/L 的精盐水和工业盐酸配成含有效氯 20～25g/L，NaCl 120～220g/L 的新鲜吸收液（pH=9～9.5）。

吸收操作条件：氢气进塔温度 9～12℃，出塔温度 14～16℃。吸收液流量 150～180g/h（相当于喷淋密度为 1200～1450L/（m² · h））。循环吸收液有效氯含量 5～20g/L，pH=9～10。空塔速度 0.3～0.4m/s。

在上述操作条件下，含 Hg 340～5520μg/m³ 的氢气经次氯酸钠吸收后含汞降至 17～74μg/m³，再经除雾器后含汞 2.3～21μg/m³，大部分小于 10μg/m³。

9.2.5.2　吸附法

单纯的活性炭对汞蒸气的吸附容量低，因而一般先在活性炭上吸附某种化学物质，当汞被吸附时与吸附剂上的化学物质发生化学反应，生成汞化合物，残留在活性炭上。有人用化学物质处理过的活性炭和软锰矿作汞的吸附剂，并进行了比较，其结果列于表 9-3 中。

表 9-3　相同体积的各种吸附剂除汞性能比较

吸附剂名称	试样体积/mL	试样质量/g	汞浓度/mg · L⁻¹	穿透时间/min
$CuSO_4 \cdot 5H_2O$ 和 KI 溶液浸渍的活性炭	30	20.6	0.099	9863
Cl_2 处理的活性炭	30	15.8	0.099	6369
I_2 处理的活性炭	30	15.7	0.099	5421
多硫化钠溶液浸渍活性炭	30	16.8	0.099	3310
软锰矿	30	51.9	0.099	460
$Na_2S \cdot 9H_2O$ 溶液浸渍的活性炭	30	16.8	0.099	22

由表可见，在气体含汞浓度相同时，穿透时间越长，相同体积吸附剂吸汞越多，说明吸附剂除汞性能越好。结果表明：$CuSO_4 \cdot 5H_2O$ 和 KI 处理过的活性炭除汞性能最好，但成本高。Cl_2 处理过的活性炭除汞性能次之，处理成本低且方便。因此，对于处理低浓度含汞废气和高浓度含汞废气，多用经过 Cl_2 处理的活性炭，但在汞冶炼、其他高浓度或在大气量含汞废气治理中，考虑经济成本等原因，多采用硫化钠和焦炭作吸附剂。

9.2.6　化工行业中二噁英控制技术

9.2.6.1　烟气中二噁英脱除技术

（1）采用烟气净化装置。湿法除尘器可有效地脱除二噁英，其主要原因在于湿法除尘器中的水带走了烟气中携带的吸附有二噁英的微小飞灰颗粒。陈彤等的实验表明在垃圾焚烧流化床锅炉系统中运用湿法除尘器可有效地脱除烟气中的二噁英，但湿法除尘的废水和水中的废渣仍需进一步处理。

由于布袋除尘器要求运行温度较低（250℃以下），在这种温度较低的情况下焚烧炉内生成的二噁英主要以固态形式存在。设置高效除尘器可以除去大部分的二噁英，实践证明，采用布袋除尘器去除二噁英的效果更好。

（2）活性炭吸附。活性炭由于具有较大的比表面积，所以吸附能力较强，不但能吸附二噁英类物质，还能吸附 NO_x、SO_2 和重金属及其化合物，其工艺主要由吸收、解吸等组成，目前有两种常用方法，一种是在布袋除尘器之前的管道内喷入活性炭，另一种是在烟囱前附设活性炭吸附塔。一般控制其处理温度为 $130 \sim 180℃$，吸附塔处理排放烟气的空速一般为 $500 \sim 1500h^{-1}$，将废弃活性炭送入焚烧炉高温焚烧可以处理掉被吸附的二噁英，但活性炭中的 Hg 会回到烟气中，需要通过其他方法脱除，这种烟气脱除二噁英的方法是通过调节活性炭的量和温度来达到的，但活性炭的消耗增加了运行费用。

（3）催化分解。一些催化剂，如 V、Ti 和 W 的氧化物在 $300 \sim 400℃$ 可以选择性催化还原（SCR）二噁英，Ide 等采用 $TiO_2 - Cr_2O_5$、WO_3 催化剂在 SCR 装置中研究了垃圾焚烧烟气中二噁英和相关化合物的分解，实验结果表明，90% 以上的二噁英高分解转化或较高分解转化，且气态组分的分解转化要高于粒子组分的分解转化。

由于考虑催化剂中毒问题，SCR 通常安装在湿式洗涤塔和布袋除尘器后，烟气在布袋除尘器出口处的温度一般为 $150℃$，在此温度下无法进行二噁英的催化还原，所以需要对烟气再进行加热，从而增加了成本。

（4）化学处理。可在烟气中喷入 NH_3，以控制前驱物的产生或喷入 CaO 以吸收 HCl，这两种方法已被证实有相当大的去除二噁英能力。

（5）烟气急冷技术。烧炉尾部烟气温度一般为 $200 \sim 300℃$。二噁英在 $300℃$ 左右形成的速率最高，如果对烟气温度进行迅速冷却，从而跳过二噁英易生成的温度区，可大大减少二噁英的形成，在流化床焚烧垃圾过程中，尾部烟气温度的冷却实验表明，烟气温度急速冷却到 $260℃$ 以下时，可以抑制二噁英的形成，烟气温度冷却速率对抑制二噁英影响较大，冷却速率越大，二噁英形成越少。

（6）电子束照射。使用电子束让烟气中的空气和水生成活性氧等易反应性物质，进而破坏二噁英化学结构，日本原子能研究所的科学家使用电子束照射烟气的方法分解、清除其中的二噁英，取得了良好效果。

9.2.6.2 从飞灰中脱除二噁英

通过改进燃烧和烟气处理技术，排入大气的二噁英类物质的量达到最小，被吸附的二噁英类物质随颗粒一起进入飞灰系统中。所以飞灰中二噁英的量比大气中二噁英的量多得多，自 1977 年 Olive 等在城市垃圾焚烧飞灰中发现氯化二苯并二噁英以来，世界各国对垃圾焚烧飞灰进行了严格的规定。

（1）高温熔融处理技术将焚烧飞灰在温度为 $1350 \sim 1500℃$ 的熔融燃烧设备中进行熔融处理。在高温下，二噁英类物质被迅速地分解和燃烧，实验证明，通过高温熔融处理后，二噁英的分解率99.77%，TEQ为99.7%，因此高温熔融处理技术是较为有效的二噁英处理手段，但是采用熔融处理技术的缺点在于此法需要耗用一定的能量，同时挥发性的重金属如汞在聚合反应中可能会重新生成，使飞灰中重金属含量超标。

（2）低温脱氯。低温脱氯技术最早是由Hagenmaier提出的。垃圾焚烧过程产生的飞灰能够在低温（250~450℃）缺氧条件下促进二噁英和其他氯代芳香化合物发生脱氯/加氢反应，在下列条件下飞灰中的二噁英可被脱氯分解：1）缺氧条件；2）升温250~400℃；3）停留时间为1h；4）处理后飞灰的排放温度低于60℃。日本研究者按照上述原则设计了一套低温脱氯装置，安装在松户的垃圾焚烧炉上投入运行，结果表明，在飞灰温度为350℃和停留时间为1h的条件下，二噁英的分解率达到99%以上，用低温脱氯技术处理二噁英，当氧浓度增加时，在低温范围内会出现二噁英的再生反应，因此必须严格控制气氛中氧的含量，增加了运行难度。

（3）光解二噁英。可以吸收太阳光中的近紫外光发生光化学反应，且这一降解途径可以通过人为加入光敏剂、催化剂等物质而得到加速，目前，在二噁英的各种控制技术中，采用光解方法处理垃圾飞灰污染的研究主要集中在：飞灰的直接降解、将飞灰中二噁英转移到有机溶剂中，目前光解研究的重点是结合其他催化氧化方法，比如结合臭氧、二氧化钛等催化氧化剂，以达到更好的降解目的。

（4）热处理飞灰。热处理方法如化学热解和加氢热解等对二噁英的分解率很高，二噁英在一定条件下通过热处理可分解，研究揭示：1）在有氧气氛，加热温度600℃，停留时间为2h的条件下，飞灰中二噁英脱除率为95%左右，但在温度低于600℃的情况下，二噁英会重新形成；2）在惰性气氛下，加热温度为300℃，停留时间为2h，大约90%的二噁英被分解，特别提出的是加热温度、停留时间和气氛三者间存在着一定的关系。在惰性气氛下，加热温度可降低；而在有氧气氛下，则需要较高的加热温度；当温度高于1000℃，停留时间很短，若高温熔炉处理飞灰温度在1200~1400℃，二噁英的分解率为99.97%。

9.2.7　化工行业中气态氟化物控制技术

9.2.7.1　液体吸收法
液体吸收法分水吸收法、碱液吸收法和氨吸收法。

A　水吸收法
水吸收法是以水作吸收剂，吸收净化含氟废气的气态氟化物。主要基于HF和SiF_4都极易溶于水，氟化氢溶于水生成氢氟酸，四氟化硅溶于水生成氟硅酸。

温度越低，氟化氢的溶解度越大。如果温度在19.84℃以下时，用水吸收氟化氢，可以获得较高的吸收率。

氟废气中的氟主要以 SiF_4 的形式存在，一般为 $15 \sim 25mg/m^3$，SiF_4 与水反应生成氟硅酸（H_2SiF_6）。SiF_4 是极易溶于水的，温度越低 SiF_4 的溶解度越大。用水吸收含氟废气时，能够获得较高的净化效果。

（1）吸收设备。水吸收设备净化含氟废气的选择原则：1）气体通过吸收设备时压力降要小，以节省气体输送设备的动力消耗。2）要便于清理硅胶，以保证生产的正常运行。3）用水量要兼顾吸收液加工利用时对浓度的要求和尾气中含氟量要达到排放标准。4）吸收效率高，结构简单，操作方便，投资少，占地少。

（2）水吸收流程。在磷肥生产和电解铝工业中，含氟废气量大且浓度低，为了满足尾气中氟的排放标准，必须除去废气中的粉尘和湿法除氟后夹带的雾沫，因此含氟废气的净化处理通常由除尘、氟的吸收和除雾沫等组成。

（3）含氟吸收液的处理。用水吸收法吸收 HF 和 SiF_4 气体得到氢氟酸和氟硅酸溶液，可用来制取冰晶石、氟硅脲、氟硅酸钠等产品，由于溶液含有大量的氟且呈酸性，不宜排入下水道。一般在另一槽中用石灰中和或用电石渣中和处理，使氟离子生成氟化钙沉淀，过滤后排出或者滤液循环使用。

B　碱液吸收法

碱液吸收法即采用碱性溶液（NaOH、Na_2CO_3、NH_3 或石灰乳）来吸收含氟废气，从而达到净化的目的，它可净化铝厂含 HF 的烟气，也可净化磷肥厂含 SiF_4 废气，并可副产冰晶石等氟化盐。

（1）Na_2CO_3 法。用浓度为 $20 \sim 30g/L$ 的 Na_2CO_3 水溶液，吸收电解铝厂含 HF 的烟气，烟气中的 HF 气体与碱液反应生成 NaF。在循环吸收过程中，当吸收液中 NaF 达到一定浓度时，再加入定量的偏铝酸钠（$NaAlO_2$）溶液，即可制取冰晶石。

（2）NH_3 吸收法。用氨水作吸收剂，洗涤吸收钙镁磷肥生产中排出的含氟废气，生成 NH_4F，并析出硅胶。

9.2.7.2　干式吸附法

干式吸附法采用氧化铝作吸附剂，吸附净化电解铝烟气中 HF 气体，该法净化效率高，可以回收氟，且所用的氧化铝吸附剂是铝电解生产的原料，不必专门制备和处理吸附剂，由于是干法净化，不存在废水二次污染和设备腐蚀问题。

吸附原理：利用白色粉末状的工业氧化铝，颗粒细，比表面积大，且具有极性，易于吸附分子小，电负性大的 HF 气体分子，因而使 HF 气体分子从烟气中得到分离。

干法吸附净化方法有输送床吸附法和沸腾床吸附法等。

输送床吸附法即管道吸附法，其流程如图 9-7 所示。来自铝电解槽 1 的含 HF 的烟气，通过管道进入输送床 3 与搅拌器 2 均匀加入的氧化铝粉末相混合，在管道中的高速气流带动下，氧化铝高度分散与 HF 充分接触，在很短的时间内完成吸附过程。吸附后的含氟氧化铝在旋风分离器 4 中被分离出来，分离中进一步完成吸附过程，经袋式过滤器 5 分离干净，分离出来的含氟氧化铝既可循环吸附，也可返回铝电解槽。

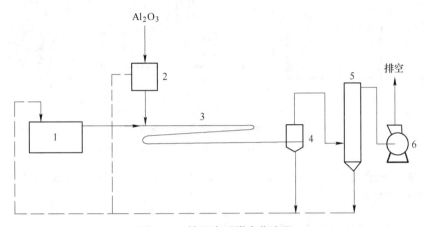

图 9-7　输送床吸附净化流程

1—铝电解槽；2—搅拌器；3—输送床；4—旋风分离器；5—袋式过滤器；6—空气泵

影响吸附效率的因素有：

（1）固气比影响吸附效率。烟气中 HF 浓度越高则要求固气比越大，一般氟浓度为 $50mg/m^3$ 时，固气比为 $70 \sim 80g/m^3$。

（2）输送床流速影响吸附效率。吸附效率随管内气流速度增大而增大，当流速达 16m/s 时，再提高流速，吸附效率提高很少，一般控制管内烟气流速为 $15 \sim 18m/s$。

（3）吸附时间和输送床长度影响吸附效率。为保证烟气和吸附剂有一定的接触时间，一般输送床长度为 10m 以上。并且保证吸附剂和烟气的接触时间为 1s 内。

输送床吸附流程简单，运行可靠，便于管理，净化效率可达 95% ~98%，系统总压降为 2.5 ~3kPa。

沸腾床吸附法，其流程如图 9-8 所示，铝电解槽内的含氟烟气由沸腾床底部进气分配室进入沸腾床，气体以一定速度通过床面上的氧化铝层，氧化铝形成流态化的沸腾层，并与烟气中的 HF 混合、接触、扩散完成吸附过程，气体携带的氧化铝被沸腾床上部装设的袋式过滤器过滤，烟气由排风机排出。床上的氧化铝由床的一端加入，由另一端排出，它可以循环吸附，又可送到铝电解槽。

沸腾床内氧化铝的层厚一般为 3 ~4cm，既可减少阻力，又可防止用量过多，烟气流速为 0.28m/s 左右。

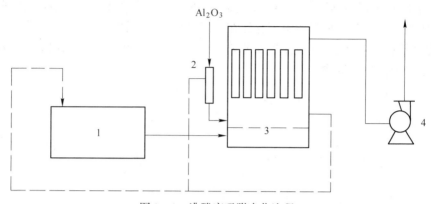

图 9 - 8　沸腾床吸附净化流程
1—铝电解槽；2—Al₂O₃ 加料器；3—沸腾床；4—排风机

沸腾床吸附净化效率高达 89%，压降约为 1.3kPa，设备紧凑但安装调整及维修管理复杂。

9.2.8　化工行业中其他有机硫控制技术

有机硫化物（硫醇、硫醚、噻吩、二硫化碳等）不少是具有特殊臭味的恶臭物质，有的在大气中浓度很低时就给人们带来不愉快的感觉，例如硫醇在大气中含量为 0.003×10^{-6} L/L 时，就可以嗅到。因而人们常常要求将它们维持在较低的浓度水平。

硫醇常存在于燃料燃烧及炼焦工业的废气中，噻吩则常存在于煤焦油中。进入大气的噻吩可形成气溶胶。

脱除气体中有机硫化物的方法一般有吸收法，吸附法及将有机硫化物转化为 H_2S 和 SO_2 再净化的方法。

9.2.8.1　吸收法

吸收法由于采用的吸收剂不同，可分为物理吸收法、物理化学吸收法和化学吸收法等。

（1）物理吸收法的吸收剂有 N - 甲基 - ε - 己内酰胺（NMC）、N - 甲基吡咯烷酮、磷酸三丁酯、碳酸丙烯酯等。其中，NMC 是一种新型的有机硫化物的吸收剂，它对甲硫醇的溶解能力很强，同时也能溶解硫化氢、乙硫醇和 CO_2，是一种性质优良的有机硫化物吸收剂。此外，N - 甲基吡咯烷酮、磷酸三丁酯对硫醇、硫氧化碳等具有良好的吸收能力。

（2）物理化学吸收法的吸收剂有二乙醇胺 - 甲醇 - 磷酸酯，二乙醇胺 - 甲醇，二异丙醇胺 - N - 甲基吡咯烷酮，甲醇 - 苛性钾和烷醇胺 - 磷酸烷酯等，它们均可选择性地吸收 H_2S 和 COS 等硫化物。

（3）化学吸收法的碱液是脱除硫醇（RSH）的良好吸收剂，但它不能脱除二硫化物与噻吩。碱液脱除气体中硫醇是基于下列反应：

$$RSH + NaOH \rightleftharpoons NaRS + H_2O$$

温度升高时，硫醇在碱液中的溶解度急剧降低，因而硫醇可在加热（100～110℃）条件下解吸。

烷醇胺（三乙醇胺或二甲基乙醇胺）与哌嗪配制的吸收剂也能很好地脱除焦炉煤气中的 COS、H_2S 和 CO_2。其他溶剂如胺硼酸 - 碳酸盐，多烷醇胺，N - 甲基乙醇胺和含仲胺的烃油等都具有吸收 COS 及 H_2S 的能力。1967 年，哥格林（Gogolin）指出，在螯合铁溶液中加异丙醇或丙二醇，加入量按溶液体积计算醇含量约 30%，可将尾气中的 H_2S、CS_2、COS 和 RSH 同时脱除，获得满意的结果，另据报道，用含三乙醇胺和螯合铁的碱性溶液（pH = 9.0～9.2）。净化黏胶丝厂废气（H_2S 4.55g/m³，CS_2 17g/m³），脱除率可在 99.9% 以上，同时可获得元素硫，纯度在 99% 以上。

9.2.8.2 吸附法

吸附法用于吸附有机硫化物的吸附剂有活性炭、合成沸石、活性矾土以及金属氧化物吸附剂和铁碱吸附剂等。

活性炭吸附噻吩和二硫化碳的效果较好，吸附硫氧化物、二硫化物较差。活性炭在吸附硫化物的同时，还能吸附气体中的 VOCs。随着循环次数的增加，在活性炭表面，由于树脂和聚合产物的积聚，吸附容量将逐渐下降。在焦炉气中有硫化氢存在时，活性炭上未解吸物质的数量会增加。为避免活性炭过早地被污染和频繁地更换，应预先除去气体中的硫化氢。

合成沸石（分子筛）脱除有机硫的优点是对噻吩、杂环硫化物、硫醇都可以吸附。在 25℃下，NaX 合成沸石总的吸附容易，以乙硫醇计为 0.19kg/kg。

日本将天然矾土（含铁氧化物 12%～18%，铝氧化物 60%～82%，硅氧化物 5%～25%）在 300℃ 左右的温度下活化 3h，再把活化产物在常温常压下用 H_2S、CS_2 或 COS 等硫化物气硫化处理 2h 后，催化剂同时兼做吸附剂。通入水蒸气，使其吸附在催化剂上。当含有机硫化物的气体在 - 10～30℃ 的常温下通过这种吸附剂时，气体中 COS、CS_2 等有机硫化物与吸附的气体在活性矾土上的水分发生催化反应；并被水分解成 H_2S，H_2S 被吸附除去。被 H_2S 饱和的矾土填充塔加温到 100～150℃，使 H_2S 解吸。这种催化吸附法的特点是在常温或低于常温以下都有脱除有机硫的活性，而且对有机硫的脱除不受气体中共存的 C_4～C_{10} 烃、丙醇、丁醇等物质的影响。

在吸附剂中加入添加剂能提高其脱除有机硫化物的能力，例如，载有 CuO、CdO 和 Fe_2O_3 的活性炭对硫醇的吸附能力比未载有这些氧化物的活性炭提高 2～4 倍。因此，这类吸附剂常用于气体或空气中微量有机硫化物的净化。添加锌、铁、铜氧化物的吸附剂在被加热到 200～400℃时，能与有机硫化物生成金属硫化物，从而被脱除。以氧化锌为例，有机硫化物的脱除反应为：

$$2ZnO + CS_2 \longrightarrow 2ZnS + CO_2$$

$$ZnO + COS \longrightarrow ZnS + CO_2$$

$$ZnO + C_2H_5SH \longrightarrow ZnS + C_2H_5OH$$

$$ZnO + C_2H_5SH \longrightarrow ZnS + C_2H_4 + H_2O$$

在 400～500℃下，氧化锌与有机硫化物的上述反应实际上是不可逆的，因而有可能完全从尾气中将这些污染物脱除。氧化锌吸附剂用于脱除噻吩的效果较差。

由活性氧化铁（主要成分为 $\gamma - Fe_2O_3$）和碱（碳酸钠、碳酸铵或碳酸氢钠）制得的所谓铁碱吸附剂也可深度净化 RSH、CS_2 和 COS 等。这种吸附剂常制成 5～15mm 的颗粒，总的孔隙率为 50% 左右，典型的组成（质量分数，%）为：Fe_2O_3 41～44、Na_2CO_3 30、SiO_2 2.6、Al_2O_3 1.8、CaO 2.0～2.5、TiO_2 3.4。

铁碱吸附剂的净化条件为温度 150～250℃，空速 100～200h^{-1}。可脱除 COS、CS_2 和 RSH，并生成硫酸盐、硫化物和元素硫。但这种吸附剂不能脱附噻吩。

由于氧化锌和铁碱吸附剂均不能再生，故它们只能用在硫化物含量不高，而又要求精细净化的场合（残余硫达 1～2mg/m³）。

9.2.8.3　再净化法

将有机硫化物转化为易于脱除的 H_2S 或 SO_2 的方法，当气体中含有吸收法难以完全脱除噻吩、二硫化碳等物质时，可采用加氢的方法或水解的方法，使含硫有机物转化为 H_2S 而方便地除去。

加氢过程一般在 300～400℃、空速 1000～5000h^{-1} 和压力 0.98×10^5～39.2×10^5Pa 的条件下进行。一般采用钴钼或镍钼催化剂，前者含 5% CoO 和 15% MoO_3；后者含 10% NiO 和 10% MoO_3。催化剂的活性取决于它的组成中是否存在硫化物或溶解硫，因而在净化过程中，所有催化剂都要进行硫化。为了取得高的活性，当气体中不含 H_2S 和 CS_2 时，最好将催化剂在 300～450℃下用 H_2S 或 CS_2 这类气体进行专门的硫化处理。硫化物水解可采用铁铬催化剂，水解在 300～500℃、空速 300～3000h^{-1}、压力 0.98×10^5～39.2×10^5Pa 条件下进行。与水蒸气相互作用的水解反应为：

$$COS + H_2O \longrightarrow CO_2 + H_2S$$

$$CS_2 + 2H_2O \longrightarrow CO_2 + 2H_2S$$

实际中，加氢或水解都可达 90%～99.9% 的转化率。

当净化焦炉气时，有机硫化物的加氢是困难的，因为气体中存在大量杂质并发生副反应，催化剂常结炭而影响加氢率。

当采用高温净化含硫有机废气时,可能会发生有机硫化物的热离解,并生成 H_2S,例如在净化前预处理阶段的加热器或热交换器中都有可能发生此现象。热离解的分解率取决于有机硫化物的类型及在热区内的停留时间、热区温度等。

除了利用加氢或水解方法将有机硫化物转化为易脱除的 H_2S 以外,还可利用燃烧法将有机疏化物和 H_2S 转变成易脱除的 SO_2。杭州大学化学系研制了 RS-1 型含硫有机废气焚烧催化剂,采用 V_2O_5 为主要活性组分,以过渡金属氧化物 MO_x 及微量的贵金属 Pt 相辅佐,对载体、天然沸石用 H_2SO_4 改性,经合理的制备工艺研制而成。该催化剂在 $340 \sim 400℃$、空速 $10000h^{-1}$ 下,对甲硫醇、乙硫醇、二硫化碳、硫酸二甲酯蒸汽具有较高的氧化活性,并无需引入臭氧,有明显的抗硫中毒能力。且催化剂不与有机硫的氧化产物 SO_2 发生化学吸收反应,产生的 SO_2 放出率高。在杭州民生药厂"雷尼西丁"生产线上,用该催化剂进行了甲硫醇废气催化燃烧在线试验,转化率均在90%以上。

参考文献

[1] Rouhi A M, Rouhi A M Amoco. Haldor Topsoe Develop Dimethyl Ether As Alternative Diesel Fuel [J]. Chemical & Engineering News, 2010, 73 (22): 37 ~ 39.

[2] Blaser H U. Heterogeneous catalysis for fine chemicals production [J]. Catalysis Today, 2000, 60 (3 ~ 4): 161 ~ 165.

[3] 李晓东, 杨忠灿, 严建华, 等. 垃圾焚烧炉氯源对氯化氢和二噁英排放的影响 [J]. 工程热物理学报, 2003, 6 (6): 1047 ~ 1050.

[4] 宁平, 蒋明, 王学谦, 等. 低浓度氰化氢在浸渍活性炭上的吸附净化研究 [J]. 高校化学工程学报, 2010, 6: 1038 ~ 1045.

[5] 张奉民, 李开喜, 吕春祥, 等. 氰化氢脱除方法 [J]. 新型炭材料, 2003, 2 (2): 151 ~ 157.

[6] 宣昭林, 刘戎, 李艳杰. 砷化物及其毒性 [J]. 中国地方病防治杂志, 2004, 3: 162 ~ 163.

[7] 和文祥, 陈会明. 汞铬砷元素污染土壤的酶监测研究 [J]. 环境科学学报, 2000, 3: 338 ~ 343.

[8] 陈彤. 城市生活垃圾焚烧过程中二噁英的形成机理及控制技术研究 [D]. 杭州: 浙江大学, 2006.

[9] 谢正苗, 吴卫红, 徐建民. 环境中氟化物的迁移和转化及其生态效应 [J]. 环境科学进展, 1999, 2 (2): 40 ~ 53.

[10] 王雁, 彭镇华. 植物对氟化物的吸收积累及抗性作用 [J]. 东北林业大学学报, 2002, 3: 100 ~ 106.

[11] 孙成功, 李保庆. 煤中有机硫形态结构和热解过程硫变迁特性的研究 [J]. 燃料化学学报, 1997, 4 (4): 358 ~ 362.

[12] 马翠卿，许平，俞坚. 微生物脱有机硫的研究进展 [J]. 中国生物工程进展，2000，3：55～59.

[13] 杜彩霞. 有机硫加氢转化催化剂的使用 [J]. 工业催化，2003，9：13～17.

[14] 杨成锁，赵瑞林. 一步氯化法生产氯乙酸的工艺改进 [J]. 石家庄化工，1992，4：24～25.

[15] 吴庆辉. 溶剂吸收法在鞋业"三苯"废气治理中应用 [J]. 福建环境，1999，4：13～14.

[16] 周学永，尹业平. 多功能试剂——一氯化硫的合成及应用 [J]. 化学与生物工程，2000，3：32～34.

[17] 谷开才. 一氯化硫在合成酞菁绿的过程中催化氯化原理探讨 [J]. 中国高新技术企业，2008，6：34.

[18] Zhang Y L，Ren J H，Cui L Y，et al. Effects of As$_2$O$_3$ on the Proliferation，Differentiation and Apoptosis of HL – 60 Cells and Its Related Mechanisms [J]. Journal of experimental hematology / Chinese Association of Pathophysiology，2015，23：647～652.

[19] He X W，Yan W，Yang W. Effect of As$_2$O$_3$ on Hedgehog Pathway in Chronic Myeloid Leukemia Cells [J]. Journal of experimental hematology / Chinese Association of Pathophysiology，2015，23.

[20] 覃用宁，黎光旺，何辉，等. 含砷烟尘湿法提取白砷新工艺 [J]. 中国有色冶金，2003，3：37～40.

[21] 李纹，云锡一冶. 云锡电热回转窑焙烧法生产白砷 [J]. 云锡科技，1996，2：26～30.

[22] 王世通，戴天德，严寿康. 蒸馏法处理高砷烟尘生产白砷及回收锡 [J]. 中国有色冶金，1982，11.

[23] 郭翠红，牛青坡，石会，等. 2 – 羟基丙腈合成工艺研究 [J]. 山东化工，2015，6：23～24.